普通高等学校计算机教育
"十三五"规划教材

**C Programming
Language (3rd Edition)**

C语言
程序设计 第3版

熊聪聪 宁爱军 ◉主编

人民邮电出版社
北　京

图书在版编目（CIP）数据

C语言程序设计 / 熊聪聪，宁爱军主编. -- 3版. --
北京：人民邮电出版社，2021.4（2024.1重印）
普通高等学校计算机教育"十三五"规划教材
ISBN 978-7-115-55486-4

Ⅰ. ①C… Ⅱ. ①熊… ②宁… Ⅲ. ①C语言－程序设
计－高等学校－教材 Ⅳ. ①TP312.8

中国版本图书馆CIP数据核字（2020）第241675号

内 容 提 要

本书以 Visual C++ 2010 为编程环境，通过分析问题、设计算法、编写和调试程序等步骤，介绍了
顺序结构、选择结构、循环结构的算法分析和程序设计方法，力求让读者掌握分析问题的方法，培养
读者算法设计的能力、编程和调试的能力以及模块化程序设计思想。

全书共 14 章。第 1～2 章介绍程序设计基础与 C 语言的编程环境；第 3～7 章介绍结构化程序设
计的 3 种基本结构与函数和数组的基础知识；第 8 章介绍字符型数据处理；第 9～11 章介绍编译预处
理、指针以及其他的数据类型；第 12、13 章介绍位运算与文件；第 14 章介绍几个综合的编程实例。
每章后均配有针对性强的习题，供读者练习、复习和提高。

本书内容由浅入深，可读性强，适合大学生作为 C 语言程序设计课程的教材，也可作为 C 语言爱
好者编程的参考书。

◆ 主　　编　熊聪聪　宁爱军
　　责任编辑　张　斌
　　责任印制　王　郁　马振武
◆ 人民邮电出版社出版发行　　北京市丰台区成寿寺路 11 号
　　邮编　100164　电子邮件　315@ptpress.com.cn
　　网址　https://www.ptpress.com.cn
　　北京隆昌伟业印刷有限公司印刷
◆ 开本：787×1092　1/16
　　印张：18.5　　　　　　　　　　　2021 年 4 月第 3 版
　　字数：534 千字　　　　　　　　　2024 年 1 月北京第 8 次印刷

定价：64.00 元

读者服务热线：(010)81055256　印装质量热线：(010)81055316
反盗版热线：(010)81055315
广告经营许可证：京东市监广登字 20170147 号

第3版前言 FOREWORD

党的二十大报告指出，教育、科技、人才是全面建设社会主义现代化国家的基础性、战略性支撑。必须坚持科技是第一生产力、人才是第一资源、创新是第一动力，深入实施科教兴国战略、人才强国战略、创新驱动发展战略，开辟发展新领域新赛道，不断塑造发展新动能新优势。这就为教学、科研和人才培养指明了方向。程序设计能力是实现科技创新的重要途径，也是教育和人才培养的重要内容。

C语言是结构化的程序设计语言，它功能丰富、使用灵活、可移植性好，被广泛应用于科学计算、工程控制、网络通信、图像处理等领域。C语言是特别适合程序设计初学者学习的语言，也是实用性较强的编程语言。

本书以 Visual C++ 2010 为编程环境，讲解基本的C语言语法知识和程序设计方法，培养学生分析问题和设计算法的能力。

教师选用本书作为教材，可以根据各自的授课学时适当取舍教学内容。建议如下。

（1）如果学时充足，建议系统学习全部内容。如果学时较少，建议以第1～11章为教学重点。后续章节的内容可以在选修课或课程设计中介绍，也可以让学生自学。

（2）在学习第3章编程基础时，学生可先重点掌握简单格式的输入/输出方法，在需要使用复杂格式的输入/输出时再返回学习。

（3）在学习第3～8章时，应该先进行问题分析、算法设计，后进行程序设计和程序调试。注重培养学生分析问题、解决问题的能力；注重通过应用函数的方式完成指定习题，培养学生养成模块化的程序设计思想。

（4）学生应该认真完成课后习题，以巩固所学的语言和语法知识，培养实际的编程能力，力求达到全国计算机等级考试（二级C语言）要求的水平。

（5）书中有部分带※的内容，初学者若感觉较难理解，可以在掌握一定基础后再返回学习。

本书的编者都是长期从事软件开发和大学程序设计课程教学的一线教师，具有丰富的软件开发和教学经验。本书由熊聪聪和宁爱军担任主编，负责全书的总体策划、统稿和定稿。本书编写分工如下：第1～2章由张艳华编写，第3～5章由熊聪聪编写，第6～8章由宁爱军编写，第9～11章由满春雷编写，第12～14章由赵奇编写。对本书的编写工作做出贡献的还有何志永、王淑敬等。此外，本书的编写和出版还得到了天津科技大学各级领导的关怀和多位老师的指导，在此一并表示感谢。

由于编者水平有限，书中难免存在疏漏和不足，恳请各位专家和读者批评指正。联系信箱：ningaijun@sina.com。

编　者
2023年8月

目录 CONTENTS

第1章 程序设计基础

本章主要介绍程序的概念及程序设计语言的分类、C 语言的发展历史与特点、程序设计的本质、算法及算法表示方法、结构化的程序设计等内容。目的是使读者初步了解程序设计的内容与方法。

1.1 程序设计语言

计算机和人类之间不能直接使用自然语言进行交流，而是需要借助计算机能够理解并执行的"计算机语言"来交流。和人类语言类似，计算机语言是语法、语义与词汇的集合，它可用来编写计算机程序。计算机语言也称为程序设计语言。

程序设计语言种类繁多，C 语言是比较常用的程序设计语言之一，通过对 C 语言的扩充还产生了如 C++、Java、C#等语言，这几种语言颇有相通之处，因此学好 C 语言可以为学习其他语言打下基础。

1.1.1 什么是程序

人们操作计算机完成各项工作，实际上是由计算机执行其中的各种程序来实现的，如操作系统、文字处理程序、手机内置的各类应用程序等。简单的程序可能仅仅向屏幕输出一段符号，而复杂的程序可以会实现更多功能。

程序是用来完成特定功能的一系列指令。通过向计算机发布指令，程序设计人员可以控制其执行某些操作或进行某种运算，从而解决一个具体问题。一个程序总是按照既定顺序执行，完成编程人员设计的任务。虽然每个程序内部执行顺序可能不同，完成的任务有大有小，但程序编译成功进入执行状态后，其功能是不能被随心所欲修改的，除非重新编写、编译并执行程序。

1.1.2 程序设计语言的分类

自计算机诞生以来，产生了上千种程序设计语言，有些已被淘汰，有些则得到了推广和发展。程序设计语言经历了由低级到高级的发展过程，可以分为机器语言、汇编语言、高级语言和面向对象的语言。低级语言包括机器语言和汇编语言；高级语言有很多种，包括 C、Basic、Fortran 等；面向对象的语言包括 C++、Visual Basic、Java 等。越低级的语言越接近计算机的二进制指令，越高级的语言越接近人类的思维方式。

1. 机器语言

机器语言是计算机能够直接识别并执行的二进制指令，执行效率高。但机器语言指令由计算机的指令系统提供，采用二进制，人们阅读与编写比较困难，效率低下，容易出错。不同计算机的指令系统也不同，使得机器指令编写的程序通用性较差。

2. 汇编语言

汇编语言采用了助记符来代替机器语言的指令码，使机器语言符号化，编程效率得到提高。例如，加法可表示为 ADD，指令 "ADD AX, DX" 的含义是将 AX 寄存器中的数据与 DX 寄存器中的数据相加，并将结果存入 AX 内。汇编程序要转换成二进制形式交由计算机执行，因此执行效率逊于机器语言。使用汇编语言编程，程序设计人员需要对机器硬件有深入的了解，汇编语言并没有摆脱对具体机器的依赖，编程仍然具有较大的难度。

3. 高级语言

为了解决计算机硬件的高速度和程序编制的低效率之间的矛盾，20 世纪 50 年代末期产生了"程序设计语言"，也称高级语言。高级语言比较接近自然语言，它具有直观、精确、通用、易学、易懂，编程效率高，便于移植等特点。例如，语句 "c = a + b" 表示"求 a + b 的和，并将结果存入 c 中"。高级语言有上千种，但得到广泛应用的仅有十几种，如 Basic、Pascal、C、Fortran、ADA、COBOL、PL/I 等。

4. 面向对象的程序设计语言

面向对象的程序设计语言更接近人们的思维习惯。它将事物或某个操作抽象成类，将事物的属性抽象为类的属性，将事物所能执行的操作抽象为方法。常用的面向对象语言有 Visual C++、Visual Basic、Java 等。

计算机不能直接识别高级语言，它需要借助编译软件将高级语言编写的源程序转换成计算机能识别的目标程序。

程序执行有编译执行和解释执行两种方式。

（1）编译执行方式是将整个源程序翻译生成一个可执行的目标程序，该目标程序可以脱离编译环境及源程序独立存在和执行。

（2）解释执行方式是将源程序逐句解释成二进制指令，解释一句执行一句，且不生成可执行文件。它的执行速度比编译方式慢。

1.1.3　C 语言简介

C 语言的诞生源于系统程序设计的深入研究和发展。它作为书写 UNIX 操作系统的语言，伴随着 UNIX 的发展和流行而得到发展与普及。

（1）1967 年，英国剑桥大学的理查兹（M. Richards）在 CPL（Combined Programming Language，组合编程语言）的基础上，实现了 BCPL（Basic Combined Programming Language，基本组合编程语言）。

（2）1970 年，美国贝尔实验室的汤普森（K. Thompson）以 BCPL 为基础，设计了一种类似 BCPL 的语言，称为 B 语言。他用 B 语言在 PDP-7 机上实现了第一个实验性的 UNIX 操作系统。

（3）1972 年，美国贝尔实验室的里奇（D. M. Ritchie）为克服 B 语言的诸多不足，在 B 语言的基础上重新设计了一种语言，由于是 B 的后继，故称其为 C 语言。

（4）1973 年，美国贝尔实验室的汤普森和里奇合作，用 C 语言重新改写了 UNIX 操作系统。此后随着 UNIX 操作系统的发展，C 语言的应用越来越广泛，影响越来越大。此时的 C 语言主要还是作为实验室产品在使用，并且依赖于具体的机器，直到 1977 年才出现了独立于具体机器的 C 语言编译版本。

随着微型计算机的普及，C 语言的版本也越来越多。由于没有统一的标准，这些语言之间出现了许多不一致的地方。为了改变这种情况，美国国家标准学会（ANSI）为 C 语言制定了一套 ANSI 标准，也就是标准 C 语言。1983 年，美国国家标准学会颁布了 C 语言的新标准版本"ANSI C"。"ANSI C"较标准 C 语言有了很大的补充和发展。

C 语言使用灵活，并具有强大生命力，已被广泛应用于科学计算、工程控制、网络通信、图像处理等领域。C 语言是结构化的程序设计语言，它具有如下特点。

（1）语言简洁、使用灵活，便于学习和应用。C 语言的书写形式较其他语言更为直观、精炼。

（2）语言表达能力强。其运算符达 30 多种，涉及的范围广、功能强。

（3）数据结构系统化。C 语言具有现代语言的各种数据结构，并具有数据类型的构造功能，因此便于实现各种复杂的数据结构的运算。

（4）控制流结构化。C 语言提供了功能很强的各种控制流语句（if、while、for、switch 等），并以函数作为主要结构，便于程序模块化，符合现代程序设计风格。

（5）C 语言生成的程序质量高，运行效率高。有实验表明，C 语言源程序生成的可执行程序的运行效率仅比汇编语言的效率低 10%～20%。C 语言编程速度快，程序可读性好，易于调试、修改和移植，这些优点是汇编语言无可比拟的。

（6）可移植性好。据统计资料表明，C 语言程序 80%以上的代码是公共的，因此稍加修改就能移植到各种不同型号的计算机上。

C 语言也存在一些不足之处，如编程自由度比较大。但总的来说，C 语言是一个出色而有效的现代通用程序设计语言。

1.1.4　C 程序的组成

C 语言编写的程序（也叫 C 程序）由函数构成。一个由 C 语言编写的程序至少由一个函数构成，而且至少包含一个名为 main()的主函数。函数由函数首部和函数体组成。函数首部指出函数的类型和函数名，函数体由若干条语句构成，语句的末尾用分号表示。

【例 1.1】通过一个 main()函数构成的程序，向屏幕输出字符串。

```
#include<stdio.h>              //预处理命令
void main()                    //函数首部
{  printf("青年强,则国家强。\n");   //输出
}
```

程序的运行结果如下。

青年强,则国家强。

说明：

（1）花括弧"{}"括起来的部分是函数体，其中包括若干语句。

（2）语句由一些基本字符和定义符按照 C 语言的语法规定组成。每条语句均以分号结束。

（3）"//"后边的文字为注释，它们不执行，不影响程序的运行。

1.2　计算机的组成与程序设计的本质

程序设计与计算机组成有密切关系，学习计算机组成方面的知识，可以帮助读者更好地理解程序设计的本质。

1.2.1　计算机系统结构

"计算机之父"冯·诺依曼提出的计算机系统结构如下。

（1）计算机由控制器、运算器、存储器、输入设备和输出设备 5 个部分构成。

（2）计算机指令及数据均以二进制数的形式表示和存放。

（3）计算机按照程序规定的顺序将指令从存储器中取出，并逐条执行。

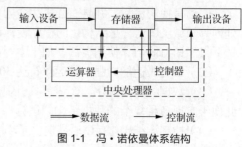

控制器集中控制其他设备。信息分为数据信息和控制信息两种。如图 1-1 所示，在控制指令的控制下，数据按照如下方式"流动"：由输入设备输入数据，存储在存储器中，控制器和运算器直接从存储器中取出数据（包括程序代码和运算对象）进行处理，结果存储在存储器内，并由输出设备输出。

图 1-1　冯·诺依曼体系结构

1.2.2　程序设计的本质

程序设计的本质是设计能够利用计算机的 5 个部件完成特定任务的指令序列。

【例 1.2】从键盘输入价格与重量，计算樱桃的总金额。

```
#include<stdio.h>
void main()
{  int price,number,total;
   scanf("%d%d",&price,&number);     //输入两个整数
   total=price*number;                //计算，将 price 与 number 的乘积存入 total
   printf("total=%d\n",total);        //输出，在 %d 处对应输出 total 的值
}
```

在运行程序时输入数据"10　30"后按回车键，显示总价为 300，程序的运行结果如下。

```
10 30
total=300
```

说明：

（1）整个程序保存在计算机的存储器中。

（2）数据存储在存储器中。变量 price、number 和 total 分别占用一块存储空间，用于存放价格、重量和总价。

（3）通过键盘输入价格与重量。

（4）由运算器来执行乘法，求出总价。

（5）通过输出设备显示程序执行的结果。

通过本例可见，一个程序离不开 5 个部件的配合。一个程序可以没有输入，但是一定要有输出才能知道程序的运行结果。

1.2.3　程序设计的过程

程序设计的一般过程如表 1-1 所示，在编程解决具体问题时，一般应按照这 6 个步骤一步步完成程序。

表 1-1　程序设计的一般过程

1	分析和定义实际问题	做什么
2	建立处理模型	如何做
3	设计算法	
4	绘制流程图	
5	编写程序	实现程序
6	调试程序和运行程序	

1. 分析和定义实际问题

通过对实际问题的深入分析，准确地提炼、描述要解决的问题。

2. 建立处理模型

实际问题都是有一定规律的数学及物理过程，用特定方法描述问题的规律和其中的数值关系，是为确定计算机的实现算法而做的理论准备。如求解图形面积一类的问题，可以归结为数值积分，积分公式就是为解决这类问题而建立的数学模型。

3. 设计算法

将要处理的问题分解成计算机能够执行的若干特定操作，也就是确定解决问题的算法。例如，由于计算机不能识别积分公式，就需要将公式转换为计算机能够接受的运算，如选择梯形公式或辛普森（Simpson）公式等。

4. 绘制流程图

在编写程序前给出处理步骤的流程图，能直观地反映出所处理问题中较复杂的关系，以便编程时思路清晰、避免出错。流程图是程序设计的良好辅助工具，它作为程序设计的资料也方便了程序设计人员之间的交流。

5. 编写程序

编写程序是指用某种高级语言按照流程图描述的步骤写出程序，也叫作编码。使用某种语言编写的程序叫源程序。

6. 调试程序和运行程序

调试程序和运行程序就是将写好的程序上机检查、编译、调试和运行，并纠正程序中的错误。

1.3　算法的概念和特性

编写程序之前，首先要找出解决问题的方法，并将其转换成计算机能够理解并执行的步骤，即算法。算法设计是程序设计过程中的一个重要步骤。

1.3.1　什么是算法

算法即解决一个问题所采取的一系列步骤。著名的计算机科学家尼古拉斯·沃斯（Niklaus Wirth）提出如下公式：

$$程序 = 数据结构 + 算法$$

其中，数据结构是指程序中数据的类型和组织形式。

算法给出了解决问题的方法和步骤，是程序的灵魂，它能决定如何操作数据，如何解决问题。同一个问题可以有多种不同算法。

1.3.2　算法举例

计算机程序的算法，必须是计算机能够运行的方法。理发、吃饭等动作计算机不能运行，而加、减、乘、除、比较和逻辑运算等就是计算机能够执行的操作。

【例 1.3】求 $1 + 2 + 3 + 4 + \cdots + 100$。

第一种算法是书写形如"$1 + 2 + 3 + 4 + 5 + 6 + \cdots + 100$"的表达式，其中不能使用省略号。这种算法太长，写起来很费时，且经常出错。

第二种算法是利用数学公式：

$$\sum_{n=1}^{100} n = (1+100) \times 100 / 2$$

相比之下，第二种算法要简单得多。但是，并非每个问题都有现成的公式可用，如求 $100! = 1 \times 2 \times 3 \times 4 \times 5 \times \cdots \times 100$。

【例 1.4】求 $5! = 1 \times 2 \times 3 \times 4 \times 5$。

```
step1:  p=1
step2:  i=2
step3:  p=p × i
step4:  i=i+1
step5:  如果 i<=5，就转去执行 step3
step6:  输出 p，算法结束
```

其中 p 和 i 是变量，它们各占用一块内存，变量中存储的数据是可以改变的，如图 1-2 所示。变量可以被赋值，也可以取出值参加运算。本例通过循环条件 "i<=5"，使得乘法操作被执行了 4 次。

图 1-2　变量示意

【例 1.5】求 $1 \times 2 \times 3 \times \cdots \times 100$。

```
step1:  p=1
step2:  i=2
step3:  p=p × i
step4:  i=i+1
step5:  如果 i<=100，就转去执行 step3
step6:  输出 p，算法结束
```

只需要在例 1.4 的算法基础上，将循环条件改为 "i<=100"，使得乘法操作执行 99 次就可以求出 100 个数的乘积。

【例 1.6】求 $1 \times 3 \times 5 \times \cdots \times 101$。

```
step1:  p=1
step2:  i=1
step3:  p=p×i
step4:  i=i+2
step5:  如果 i<=101，就转去执行 step3
step6:  输出 p，算法结束
```

只需要将 i 的初值改为 1，每次循环增加 2 就可以了。读者在学习过程中要多观摩已有的程序，分析其算法，并力求有所创新。

1.3.3　算法的特性

算法应该具有以下特性。

（1）有穷性。算法经过有限次的运算就能得到结果，而不能无限次的执行或超出实际可以接受的时间。如果一个程序需要执行 1 000 年才能得到结果，那么对于程序执行者而言，基本就没有什么意义了。

（2）确定性。算法中的每一个步骤都必须是确定的，不能含糊和模棱两可，即算法中的每一个步骤都不能被解释为多种含义，而应当十分明确。例如，描述"小王递给小李一件他的衣服"，这里所说的"衣服"究竟是小王的，还是小李的呢？这句话就是不明确的，就不能作为算法。

（3）输入。算法可以有输入，也可以没有输入，即有 0 个或多个输入。

（4）输出。算法必须有一个或多个输出，用于显示程序的运行结果。

（5）可行性。算法中的每一个步骤都是可以执行的，都能得到确定的结果，而不能无法执行。例如，用 0 作为除数就无法执行。

1.4　算法的表示方法

算法的表示方法有很多种，常用的有自然语言、伪代码、传统流程图、N-S 流程图、PAD 图等。本节主要讲述常用的算法表示方法，其中流程图是本节要学习和掌握的重点。

1.4.1　自然语言

使用自然语言，就是采用人们日常生活中的语言。如求两个数的最大值，可以表示为如果 A 大于 B，那么最大值为 A，否则最大值为 B。但在描述"陶陶告诉贝贝她的小猫丢了"时，表示的是陶陶的小猫丢了还是贝贝的小猫丢了呢？此处就出现了歧义。可见使用自然语言表示算法时拖沓冗长，容易出现歧义，因此不常使用。

1.4.2　伪代码

伪代码用介于自然语言和计算机语言之间的文字及符号来描述算法。例如，求两个数的最大值可以表示为：

if　A 大于 B，then 最大值为 A，else 最大值为 B。

伪代码的描述方法比较灵活，修改方便，易于转变为程序，但当情况比较复杂时，又不够直观，且容易出现逻辑错误。软件专业人员一般习惯使用伪代码，而初学者最好使用流程图。

1.4.3　传统流程图

用流程图表示算法比较直观，它使用一些图框来表示各种操作，用箭头表示语句的执行顺序。传统流程图的常用符号如图 1-3 所示。将例 1.5 中求 $1 \times 2 \times 3 \times \cdots \times 100$ 的算法描述为传统流程图，如图 1-4 所示。用传统流程图表示复杂的算法时不够方便，也不便于修改。

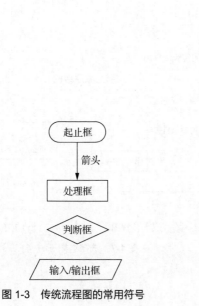

图 1-3　传统流程图的常用符号

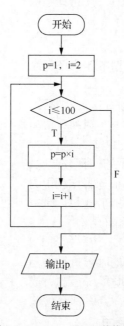

图 1-4　求 $1 \times 2 \times 3 \times \cdots \times 100$ 的传统流程图

1.4.4 N-S 流程图

N-S 流程图又称盒图，其特点是所有的程序结构均用方框表示。N-S 流程图绘制方便，避免了使用箭头任意跳转程序所造成的混乱，更加符合结构化程序设计的原则。它按照从上往下的顺序执行语句。

【例 1.7】求 $1 \times 2 \times 3 \times \cdots \times 100$ 算法的 N-S 流程图，如图 1-5 所示。

图 1-5　求 $1 \times 2 \times 3 \times \cdots \times 100$ 的 N-S 流程图

1.5　结构化程序设计方法

编出程序、得到运行结果只是学习程序设计的基本要求，要全面提高编程的质量和效率，就必须掌握正确的程序设计方法和技巧，培养良好的程序设计风格，使程序具有良好的可读性、可修改性、可维护性。结构化程序设计方法是目前程序设计方法的主流之一。

1.5.1　结构化程序设计的基本结构

1966 年，博赫拉（Bohra）和贾可皮尼（Jacopini）提出了顺序结构、选择结构和循环结构 3 种基本结构，结构化程序设计方法可使用这 3 种基本结构组成算法。已经证明，用 3 种基本结构可以组成解决所有编程问题的算法。

1. 顺序结构

顺序结构是按照语句在程序中出现的先后次序执行的，其流程如图 1-6 所示。顺序结构里的语句可以是单条语句，也可以是一个选择结构或一个循环结构。

2. 选择结构

选择结构可根据条件选择程序的执行顺序。

（1）选择结构一：流程图如图 1-7 所示，当条件成立时执行语句块①，否则执行语句块②。不管执行哪一个语句块，执行完后都会继续执行选择结构后的语句。选择结构里的语句块可以是顺序语句，也可以是一个选择结构或一个循环结构。

（2）选择结构二：流程如图 1-8 所示，当条件成立的时候执行语句块，否则什么都不执行。不管执行或不执行语句块，执行完后都会继续执行选择结构后的语句。

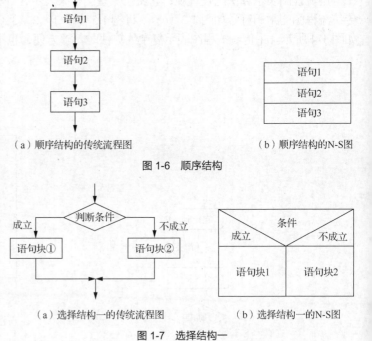

（a）顺序结构的传统流程图

（b）顺序结构的N-S图

图 1-6　顺序结构

（a）选择结构一的传统流程图

（b）选择结构一的N-S图

图 1-7　选择结构一

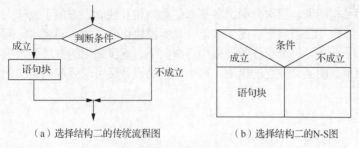

（a）选择结构二的传统流程图　　　（b）选择结构二的N-S图

图 1-8　选择结构二

3. 循环结构

循环结构是指设定循环条件，在满足该条件时反复执行程序中的某部分语句，即反复执行循环体。

（1）循环结构一：当型循环结构如图 1-9 所示。判断条件是否成立，若成立则执行语句块，并重复这一过程；若条件不成立时则不再执行循环体。如果第一次条件就不成立，那么该结构的循环体一次也不会被执行。

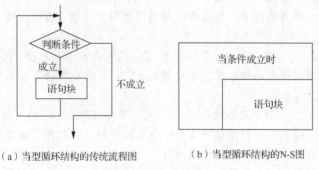

（a）当型循环结构的传统流程图　　　（b）当型循环结构的N-S图

图 1-9　当型循环结构

（2）循环结构二：直到型循环结构如图 1-10 所示。先执行一次语句块，再判断条件是否成立，若成立则再次执行语句块，并重复这一过程，直到条件不成立时不再执行循环体。该结构至少会执行一次语句块。

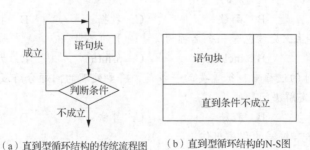

（a）直到型循环结构的传统流程图　　（b）直到型循环结构的N-S图

图 1-10　直到型循环结构

循环结构里的语句块可以是顺序结构，也可以是选择结构或循环结构。

1.5.2　结构化程序设计的思想和方法

结构化程序设计的思想和方法主要包括以下几个内容。

（1）程序组织结构化。其原则对任何程序都以顺序结构、选择结构、循环结构作为基本单元来组织。这样的程序结构清晰、层次分明，各基本结构间相互独立，方便了编程人员阅读和修改。

（2）程序设计多采用自顶向下、逐步细化、功能模块化的方法，即将实际问题一步步分解成有层次又相对独立的子任务，每个子任务又采用自顶向下、逐步细化的方法继续进行分解，直至分解为一个个功能既简单、明确又独立的模块，每个模块的设计又可以分解为结构化程序设计的 3 种基本结构。

习题

一、选择题

（1）用来完成一系列特定功能的指令叫作（　　）。

    A. 算法　　　　　B. 程序　　　　　C. 语言　　　　　D. 文件

（2）（　　）是计算机能够直接识别并执行的二进制指令，执行效率高。

    A. 机器语言　　　B. 高级语言　　　C. C 语言　　　　D. 汇编语言

（3）采用助记符来代替机器语言的指令码，使机器语言符号化的语言是（　　）。

    A. 机器语言　　　B. 高级语言　　　C. C 语言　　　　D. 汇编语言

（4）C 语言比较接近自然语言，它直观、精确、通用、易学、易懂，编程效率高，便于移植，是一种（　　）。

    A. 汇编语言　　　B. 面向对象的语言　C. 高级语言　　　D. 机器语言

（5）计算机不能直接识别高级语言，需要借助（　　）将高级语言编写的源程序转换成计算机能识别的目标程序。

    A. 编译软件　　　B. 汇编软件　　　C. 连接程序　　　D. 翻译软件

（6）程序执行时，将整个源程序翻译生成一个可执行的目标程序，该目标程序可以脱离编译环境和源程序独立存在或执行，这种执行方式叫作（　　）。

    A. 调试　　　　　B. 编译　　　　　C. 翻译　　　　　D. 解释

（7）将源程序逐句解释成二进制指令，解释一句执行一句，且不会生成可执行文件，这种执行方式叫作（　　）。

    A. 调试　　　　　B. 编译　　　　　C. 翻译　　　　　D. 解释

（8）C 程序是由（　　）构成的。

    A. 文件　　　　　B. 函数　　　　　C. 数据　　　　　D. 指令

（9）一个 C 程序至少应该包含一个名称为（　　）的函数。

    A. main()　　　　B. include()　　　C. printf()　　　　D. #define

（10）在程序设计的过程中，很重要的一步，将要处理的问题分解成计算机能够执行的若干特定操作，也就是确定解决问题的（　　）。

    A. 模型　　　　　B. 程序　　　　　C. 算法　　　　　D. 流程图

（11）使用某种语言编写的程序叫作（　　）。

    A. 编程　　　　　B. 源程序　　　　C. 目标程序　　　D. 文件

（12）算法具备的特性不包括（　　）。

    A. 有穷性　　　　B. 确定性　　　　C. 可行性　　　　D. 必要性

（13）关于算法的输入/输出，以下说法错误的是（　　）。

    A. 可以没有输入　B. 可以没有输出　C. 可以输出到屏幕　D. 可以从文件输入

（14）使用方框表示算法结构，又称作盒图的是（　　）。

    A. 自然语言　　　B. 伪代码　　　　C. 传统流程图　　D. N-S 流程图

（15）以下说法中，（　　）不是结构化的程序设计的结构。

　　A. 顺序结构　　　B. 选择结构　　　C. 循环结构　　　D. 递归结构

二、简答题

1. 程序设计语言分为几类？各有什么特点？

2. 什么是算法？算法有哪些特性？

3. 写出求解以下问题的算法，分别画出其传统流程图和 N-S 图。

（1）有两个变量 a 和 b，交换两个变量的值。

（2）计算 $s = \dfrac{1}{1} + \dfrac{1}{2} + \dfrac{1}{3} + \cdots + \dfrac{1}{100}$。

4. 简述结构化程序设计的一般原则。

第 2 章 C 语言编程与调试

C 语言需要借助开发工具编写源程序，经过编译、连接生成可执行文件后，才能被执行。Visual C++ 2010 和 Dev C++是两个常用的可视化应用程序开发工具，它们具备编译、连接、调试、执行等功能。本章分别介绍 Visual C++ 2010 和 Dev C++的安装与启动、集成开发环境，并通过实例给出在 Visual C++与 Dev C++中编写和调试 C 语言程序的方法。

2.1 Visual C++ 2010

Visual C++ 2010 是微软公司开发的 C++程序集成开发环境，C++是以 C 语言为基础的面向对象的程序设计语言，Visual Studio 2010 全面支持 C++的新标准 C++0x，初学者可以使用 Visual C++ 2010 来编写 C 语言程序。

Visual C++ 2010 是一款功能强大的可视化应用程序开发工具，它集成了输入程序源代码的文本编辑器、设计用户界面的资源管理器以及检查程序错误的集成调试器等工具。

2.1.1 Visual C++ 2010 的安装和启动

安装 Visual C++ 2010 系统环境要求 Windows 7/2000/Vista 等以上版本操作系统，下面简要介绍它的安装过程。

（1）双击文件"VC++2010Express.exe"，安装程序开始加载安装组件，一两分钟后会出现"欢迎使用安装程序"界面，单击"下一步"按钮继续安装。

（2）弹出"许可条款"界面，如图 2-1 所示，勾选"我已阅读并接受许可条款"，单击"下一步"按钮继续安装软件。

（3）选择要安装的位置，如图 2-2 所示，根据需要可以选择安装文件夹，或者使用默认文件夹进行直接安装。

（4）等待程序的安装过程，如图 2-3 所示，此过程可能需要持续几分钟。

（5）安装完成后，系统会提示安装完成，如图 2-4 所示。

（6）安装完成后，在"开始"菜单中可找到"Microsoft Visual Studio 2010"程序组，选择"Microsoft Visual C++ 2010 Express"命令，就可以启动 Visual C++ 2010。

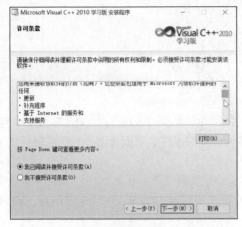

图 2-1　接受协议

图 2-2　选择安装位置

图 2-3　开始安装

图 2-4　安装完成

2.1.2　Visual C++ 2010 的开发环境

Visual C++ 2010 为开发者提供了灵活的集成编程界面，如图 2-5 所示，界面中主要包括标题栏、菜单栏、工具栏、工具箱、解决方案资源管理器、输出窗口和文件编辑区等区域。

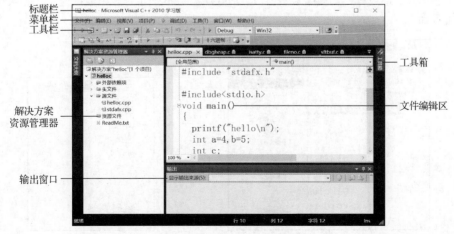

图 2-5　Visual C++ 2010 界面

1．标题栏

标题栏用于显示当前正在使用的解决方案的名称。

2．菜单栏

菜单栏列出了 Visual C++ 2010 提供的多组菜单，包括文件、编辑、视图、项目、调试、工具、窗口和帮助等。

（1）文件：该菜单中包含与文件和解决方案相关的命令，如图 2-6 所示。"文件"菜单中包含新建、打开、添加、关闭、关闭解决方案、保存、另存为、全部保存、页面设置、打印、最近的文件、最近使用的项目和解决方案、退出等命令。

（2）编辑：该菜单中包含了编辑程序代码所需的命令，如图 2-7 所示。"编辑"菜单中包含剪切、复制、粘贴、删除、全选、快速查找、快速替换、设置选定内容的格式、注释选定内容、取消注释选定内容等命令。

图 2-6 "文件"菜单

图 2-7 "编辑"菜单

（3）视图：该菜单中包含了设置界面所需要的命令，如图 2-8 所示。"视图"菜单中包含代码、起始页、其他窗口、工具栏、全屏显示等命令。

（4）项目：该菜单中包含了与项目设置有关的命令。"项目"菜单中包含添加类、添加新项、添加现有项、设置为启动项目、属性等命令。

（5）调试：该菜单主要用于调试程序，这是学习程序设计需要重点掌握的内容。程序编写完后，通过调试过程找出程序中的错误或存在的问题。如图 2-9 所示，"调试"菜单中包含启动调试、生成解决方案、逐语句、逐过程、切换断点、窗口、清除所有数据提示、导出数据提示、导入数据提示、选项和设置等命令。

图 2-8 "视图"菜单

图 2-9 "调试"菜单

（6）工具：该菜单中包含扩展管理器、Visual Studio 命令提示、设置、自定义、选项等命令。

（7）窗口：通过该菜单可以设置各个窗口的显示方式，其中包括新建窗口、拆分窗口、浮动、停靠、以选项卡式文档停靠、自动隐藏、隐藏、自动全部隐藏、新建水平选项卡组、新建垂直选项卡组、关闭所有文档、重置窗口布局、窗口等命令。

（8）帮助：该菜单提供了软件的帮助信息，其中包括查看帮助、管理帮助设置、MSDN 论坛、检查更新、技术支持等命令。

3. 工具栏

在 Visual C++ 2010 中默认显示的标准工具栏如图 2-10 所示，用户可以根据自身需要调整显示的工具栏。调整方法是：在工具栏或菜单栏的空白处单击鼠标右键，弹出快捷菜单如图 2-11 所示，在快捷菜单中选择要显示的工具栏，如选择"调试"，则界面中会显示图 2-12 所示的"调试"工具栏。

4. 解决方案资源管理器

图 2-13 所示为 Visual C++ 2010 通过解决方案资源管理器组织和管理一个解决方案所要使用到的各个项目。一个解决方案由若干个项目组成，一个项目由若干个文件组成。当用户创建一个 C 语言程序时，系统会自动创建与之相关的文件，如外部依赖项文件、头文件、源文件、资源文件等。用户可以设置解决方案的属性，也可以随时刷新查看解决方案下的所有文件。

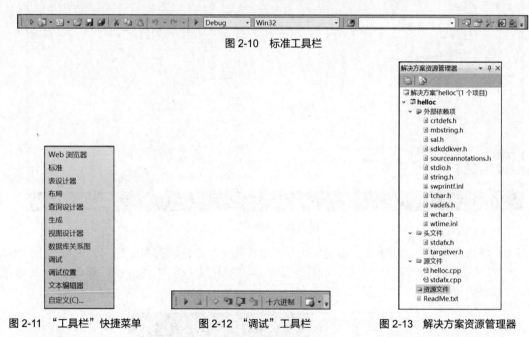

图 2-10　标准工具栏

图 2-11　"工具栏"快捷菜单　　　图 2-12　"调试"工具栏　　　图 2-13　解决方案资源管理器

5. 输出窗口

如图 2-14 所示，输出窗口可用来输出编译与链接等过程的信息。

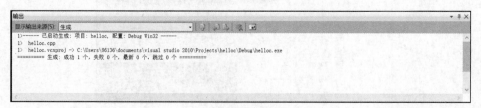

图 2-14　输出窗口

6. 文件编辑区

文件编辑区可用于编辑源程序的代码。

2.1.3　Visual C++ 2010 中的程序编写与调试

本节介绍在 Visual C++ 2010 中，如何编写一个 C 源程序，并对其进行调试。

【例 2.1】建立一个空项目，在程序中编写一个 C 语言程序代码。

1. 程序编写与编译

（1）打开 Visual C++ 2010，选择"文件→新建→项目"命令（或者在起始页中单击"新建项目"命令），将弹出图 2-15 所示的对话框，选择已安装的模板为"常规"、项目类型为"空项目"，设置项目的名称与保存位置。也可以勾选"为解决方案创建目录"复选框，这样可令解决方案名称与项目名称一致，并创建目录。单击"确定"按钮，创建空项目。

图 2-15　新建项目

（2）在解决方案资源管理器中，右键单击"源文件"文件夹，如图 2-16 所示，选择"添加→新建项"命令。打开"添加新项"对话框，如图 2-17 所示，选择"C++文件（.cpp）"，输入名称"hello"，设置文件的保存位置后单击"添加"按钮。

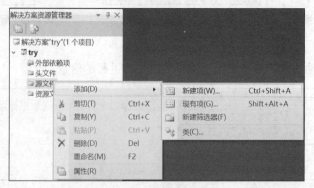

图 2-16　"新建项"命令

图 2-17　"添加新项"对话框

（3）打开编程界面如图 2-18 所示。在解决方案资源管理器中的"源文件"文件夹下，双击要编辑的程序文件 hello.cpp，在文件编辑区中输入 C 语言程序代码。

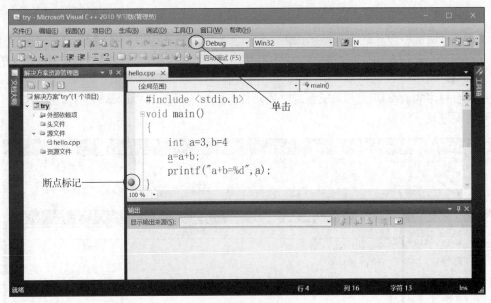

图 2-18　输入程序代码

（4）断点。在程序的某行设置断点，使得程序在调试运行时停留在该行，以观察程序运行情况。

在程序的最后一行"}"左侧单击灰色处，或者将光标置于该行，选择"调试→切换断点"命令（或按 F9 键），都会在该行左侧出现一个红色圆球断点标记●。

（5）生成解决方案，编译和生成可执行文件。

选择"调试→生成解决方案"命令（或按 F7 键）。在输出窗口中，出现了相应的错误提示，如图 2-19 所示，表明在程序的第 5 行有语法错误（在标志符"a"的前面缺少一个分号";"）。C 语言规定，一行语句的结尾必须用分号来结束该行。

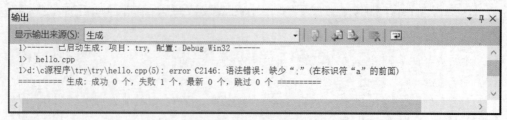

图 2-19　编译出错信息

（6）修改程序中的错误并再次生成解决方案，直到不再出现编译错误信息。

在程序的第 4 行 "int a=3,b=4" 的结尾增加一个 "；"。再次选择 "调试→生成解决方案" 命令（或按 F7 键）。此时输出窗口如图 2-20 所示，程序编译成功。

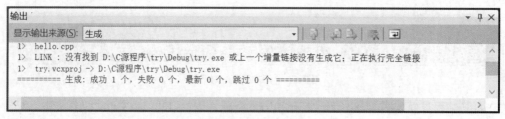

图 2-20　编译成功信息

2.　运行程序

（1）选择 "调试→启动调试" 命令（单击 "启动调试" 按钮 ▶ 或按 F5 键）。调试程序界面如图 2-21 所示，程序会停留在设置断点的行。单击打开 "局部变量" 窗口，观察可知其中变量 a 的值是 7、b 的值是 4。

（2）查看程序的最终结果。单击图 2-22 所示任务栏中的任务条 "try.exe"，打开图 2-23 所示的窗口，查看程序显示结果。

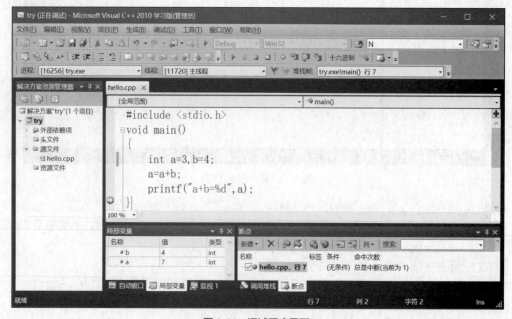

图 2-21　调试程序界面

图 2-22　Windows 任务条

图 2-23　程序运行结果

（3）结束程序。选择"调试→停止调试"命令（或按 Shift+F5 组合键），结束程序的运行。也可以选择"调试→继续"命令（或按 F5 键），继续将程序运行完。

3. 单步调试程序

（1）逐语句执行程序，通过观察程序中变量值的变化，分析程序的运行情况。

① 选择"调试→逐语句"命令（或按 F11 键），开始调试程序。黄色箭头指向程序中的第一条语句，也是将要执行的下一条语句。再次按 F11 键执行当前语句，如图 2-24 所示。此时第 4 行语句还没有被执行，a=-858993460，b=-858993460。

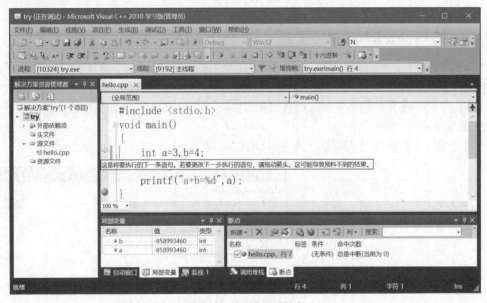

图 2-24　逐语句调试程序

② 再次按 F11 键，执行当前行语句，如图 2-25 所示，"自动窗口"中 a、b 的值发生了改变。此时，也可以打开"局部变量"窗口（见图 2-26），观察变量取值。继续按 F11 键，调试程序。

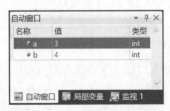

图 2-25　"自动窗口"窗口

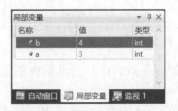

图 2-26　"局部变量"窗口

（2）逐过程调试程序。

当遇到函数调用语句时，如第 6 行的语句"printf("a+b=%d",a);"，此时如果继续按 F11 键，将进入函数内部运行，看到不易理解的函数内部代码。

此时，可以逐过程调试程序。选择"调试→逐过程"命令（或按 F10 键），跳过函数内部的执行过程，继续调试下一行语句。

> **学习提示：**
>
> 　读者在调试程序时，也可以使用逐过程方法，选择"调试→逐过程"命令（或按 F10 键），调试其他非函数语句。

（3）结束程序。选择"调试→停止调试"命令（或按 Shift+F5 组合键），结束程序的运行。也可以选择"调试→继续"命令（或按 F5 键），继续将程序运行完。

2.2　Dev C++

Dev C++是 Windows 环境下的一个轻量级 C/C++集成开发环境（IDE），也是一款非常实用的编程工具。其开发环境包括多页面窗口、工程编辑器以及调试器等，其完善的调试功能，非常适合编程初学者使用。

2.2.1　Dev C++的安装和启动

首先下载 Dev-Cpp 安装程序"Dev-Cpp_5.11_TDM-GCC_4.9.2_Setup.exe"（也可以是其他版本），然后进行安装。这里简单介绍其安装过程。

（1）双击安装程序开始进行安装，加载安装组件后，会打开图 2-27 所示的对话框，选择安装语言是"English"。单击"OK"按钮。

（2）接受协议。在图 2-28 所示的对话框中，单击"I Agree"按钮接受安装协议。

图 2-27　选择语言

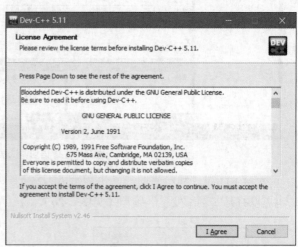

图 2-28　接受协议

（3）选择安装的组件。在图 2-29 所示的对话框中勾选需要安装的组件，这里保持默认设置即可。

（4）设置安装的目录。在图 2-30 所示的对话框中设置安装的位置后，单击"Install"按钮继续。安装过程需要一定时间，安装完成后，在"开始"菜单中会出现一个新的菜单项，单击该菜单项就可以运行 Dev C++。

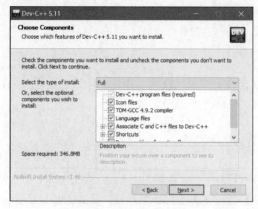

图 2-29 选择安装的组件

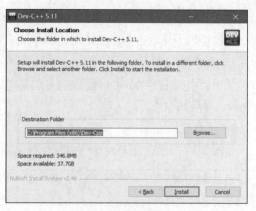

图 2-30 设置安装目录

（5）第一次运行 Dev C++，需要配置软件界面。如图 2-31 所示，选择所使用的界面语言是"简体中文"，单击"Next"按钮。

（6）选择主题。如图 2-32 所示，选择字体、背景色、图标后单击"Next"按钮完成配置过程，在"配置成功"界面中单击"OK"按钮，打开 Dev C++，可以开始进行编程了。

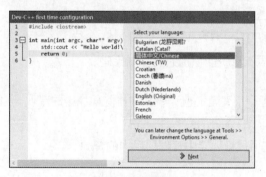

图 2-31 配置语言

图 2-32 选择主题

2.2.2 Dev C++的开发环境

Dev C++为开发者提供了简洁的设计界面。如图 2-33 所示，Dev C++的开发环境是标准的 Windows 界面，其中包括标题栏、菜单栏、工具栏、项目管理器、文件编辑区和报告窗口等区域。

图 2-33 Dev C++的开发环境

21

1. 标题栏

标题栏用于显示当前正在使用的程序或项目的名称。

2. 菜单栏

菜单栏中列出了 Dev C++提供的多组菜单，包括文件、编辑、搜索、视图、项目、运行、工具、AStyle、窗口和帮助等。

3. 工具栏

如图 2-34 所示，在 Dev C++中默认显示全部工具栏。

图 2-34　工具栏

其中，"编译运行"工具条包含的功能按钮如图 2-35 所示。

图 2-35　"编译运行"工具条

（1）编译：将用 C 语言编写的源代码，转换成计算机能识别的二进制代码。

（2）运行：执行程序。

（3）调试：通过单步执行的方式，观察程序运行中变量的值，查找并排除程序中的错误。

4. 项目管理器

Dev C++以项目的方式管理程序。用户可以在项目管理器中管理项目中的资源。

5. 文件编辑区

文件编辑区用于编辑源程序代码。

2.2.3　Dev C++中的程序设计与调试

【例 2.2】在 Dev C++中编写一个 C 语言程序。

（1）打开 Dev C++，选择"文件→新建→源代码"命令，在打开的文件编辑区内输入代码，如图 2-33 所示。单击"保存"按钮，选择文件的保存位置，输入文件名，如 a.cpp。

（2）选择"运行→编译"命令（单击 按钮或按 F9 键），输出如图 2-36 所示。

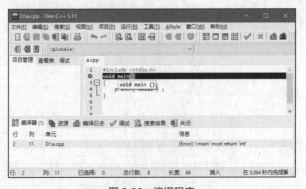

图 2-36　编译程序

（3）修改程序中的错误。错误提示信息表明：第 2 行有错误，信息是"main must return int"，意思是 main()函数要有返回值。双击错误提示信息，光标将转入有错误的语句。

（4）将 void 改为 int，并在程序的最后增加一条语句"return 0;"。再次编译程序，如图 2-37 所示，成功并输出可执行文件。

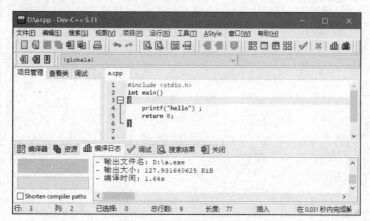

图 2-37　修改程序再编译

（5）选择"运行→运行"命令（单击□按钮或按 F10 键）运行程序，结果如图 2-38 所示。

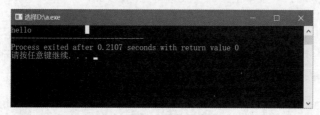

图 2-38　程序运行结果

【例 2.3】在 Dev C++中设置断点并调试 C 程序，观察程序中变量的取值。

（1）选择"新建→源代码"命令，保存代码到 Dev C++软件的安装目录中，如"C:\Program Files（x86）\Dev-Cpp"，或者保存在"我的文档"中。

注意：因为安装环境问题，可能导致单步调试无法进行。将源程序文件保存在 Dev C++软件的安装目录或者"我的文档"中，就可以单步调试程序了。

（2）调试前的配置。首先需要观察所使用的软件版本是否设置为支持调试信息。如图 2-39 所示在工具栏中选择一个版本，如 64-bits Debug。选择"工具→编译选项"命令，在图 2-40 所示的对话框中，将"代码生成/优化→连接器"选项卡中的"产生调试信息"项目设置为 Yes。

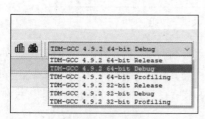

图 2-39　选择版本

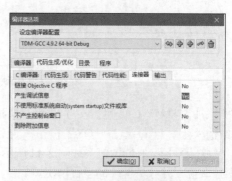

图 2-40　配置编译器

23

（3）在文件编辑区输入程序代码，编译成功后的界面如图 2-41 所示。

图 2-41　程序的编写和编译

（4）在代码行左侧的数字上单击鼠标（或者将光标置入语句行中，选择"运行→切换断点"命令或按 F4 键），设置断点。此时断点行左侧会出现一个红色圆点 ，且整条语句行会以红底白字高亮显示。

（5）单击"调试"按钮，打开"调试"面板。如图 2-42 所示，在程序代码中当前要执行的行的左侧出现的蓝色箭头 ，该行语句变为蓝底白字。

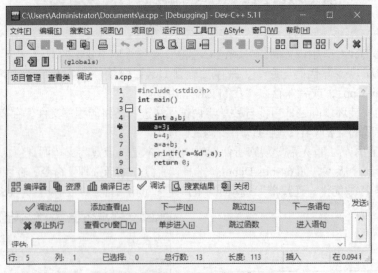

图 2-42　设置断点并单击"调试"按钮

（6）添加需要观察的变量。在"调试"选项卡中单击"添加查看"按钮，在打开的"新变量"对话框中输入变量名 a，单击"OK"按钮，如图 2-43 所示，添加变量 a 成功。继续添加变量 b。

（7）观察变量 a、b 的取值。如图 2-44 所示，添加变量后在"调试"选项卡中可以看到变量 a、b，观察其取值，并分析程序的运行情况。

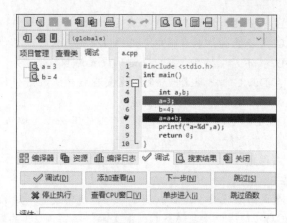

图 2-43　新变量　　　　　　　　　　　　　　图 2-44　观察变量

（8）单击"下一步"按钮，继续单步执行程序，观察变量取值。

（9）所有代码运行完毕后，单击"停止执行"按钮，结束调试。程序的运行结果如图 2-45 所示。

图 2-45　程序运行结果

习题

一、选择题

（1）在 Visual C++ 2010 中，C 语言源程序的扩展名是（　　）。

　　A．.exe　　　　　　B．.cpp　　　　　　C．.obj　　　　　　D．.app

（2）程序的源代码在执行之前，首先要做的是将程序转换成计算机能够识别并执行的二进制指令，这个过程叫作（　　）。

　　A．调试　　　　　　B．执行　　　　　　C．编译　　　　　　D．连接

（3）在 Visual C++ 2010 中，程序编译成功，如果要分析程序的运行情况，可以通过（　　）进行。

　　A．逐语句　　　　　B．运行　　　　　　C．测试　　　　　　D．编译

（4）在 Visual C++ 2010 中，逐语句调试程序的快捷键是（　　）。

　　A．F5　　　　　　　B．F10　　　　　　　C．F11　　　　　　　D．F9

（5）在 Visual C++ 2010 中，逐过程调试程序的快捷键是（　　）。

　　A．F5　　　　　　　B．F10　　　　　　　C．F11　　　　　　　D．F9

（6）在 Visual C++ 2010 中，生成解决方案的快捷键是（　　）。

　　A．F5　　　　　　　B．F7　　　　　　　C．F9　　　　　　　D．F10

（7）在 Visual C++ 2010 中，程序运行时自动停留的行应该设置为（　　）。

　　A．断点　　　　　　B．语句　　　　　　C．过程　　　　　　D．函数

（8）在 Dev C++ 中调试程序前，要先配置软件，选择"工具→编译选项"命令，将"代码生成→优化→连接器"选项卡中的（　　）。

　　A．"产生调试信息"选项设置为 Yes

B．"产生调试信息"选项设置为 No

C．"不产生控制台窗口"选项设置为 Yes

D．"不产生控制台窗口"选项设置为 No

（9）在 Dev C++ 中调试程序时，需要在程序中某语句行设置（　　）。

　　A．观察点　　　　B．变量　　　　　C．断点　　　　D．版本

（10）在 Dev C++ 中调试程序时，单击"下一步"按钮，则会运行（　　）。

　　A．当前行　　　　B．下一行　　　　C．前一行　　　　D．整个程序

二、编程题

1．在 Visual C++ 2010 中建立一个空项目，在项目中建立一个 C++ 源文件，编写例 2.1 的源程序代码。生成解决方案，运行、调试程序，观察变量和运行结果。

2．在 Dev C++ 中建立一个 C++ 源文件，编写例 2.3 的源程序代码，编译、运行、调试，观察变量和运行结果。

第 3 章　顺序结构程序设计

顺序结构是按照语句的先后顺序执行程序的,它是程序设计中最简单的控制结构。本章将介绍顺序结构的算法设计,数据类型、常量与变量、输入与输出、运算符等编程基础以及常见的编程错误和程序调试方法。

3.1　顺序结构的算法设计

顺序结构是结构化程序设计中最简单的控制结构,它一般包括输入数据、处理和输出数据 3 个步骤。其传统流程图如图 3-1(a)所示,其 N-S 流程图如图 3-1(b)所示。

程序设计的过程一般包括以下步骤。

① 分析问题:分析问题的原理,找出其中的规律。

② 设计算法:根据分析设计解决问题的算法。

③ 编写程序:编写程序,调试、运行程序。

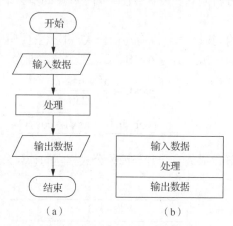

图 3-1　顺序结构处理过程

【例 3.1】编写程序,输入三角形的 3 条边长 a、b 和 c,求三角形的面积。

(1)分析问题

根据数学知识,在已知三角形的 3 条边时可以使用海伦公式来求其面积,即:

$$s = \frac{a+b+c}{2}$$

$$area = \sqrt{s(s-a)(s-b)(s-c)}$$

（2）设计算法

根据前述分析，要计算三角形的面积需要先输入三角形的 3 条边长，然后利用海伦公式计算面积。求三角形面积的算法的传统流程如图 3-2（a）所示，其 N-S 流程如图 3-2（b）所示。

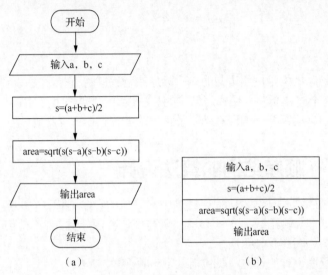

图 3-2 "三角形面积"算法 1

（3）思考

任何问题都必须按照分析问题、设计算法、编写程序的步骤来解决。分析问题时，要充分利用现有的数学、物理、化学等知识。

例如，求三角形面积的问题，如果没有海伦公式，那么就要使用几何知识来分析，并得出算法。设三角形的 3 边 a、b、c 的对角分别为 A、B、C，则余弦定理为：

$$\cos C = \frac{a^2 + b^2 - c^2}{2ab}$$

$$area = \frac{ab\sin C}{2} = \frac{ab\sqrt{1-\cos^2 C}}{2}$$

如果继续进行数学推导，最终将得到与海伦公式相同的计算公式。根据上述分析设计的算法如图 3-3 所示。

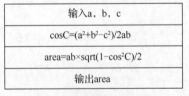

图 3-3 "三角形面积"算法 2

学习提示：

算法要求输入的 3 条边长能够构成一个三角形，如果运行时输入的 3 条边长不能构成三角形，则此程序会出错。因为读者是初学编程，所以处理这种错误的方法将在后续章节讲述。

3.2　C 语言编程基础

为了将算法编写为程序，读者必须先掌握在 C 语言中如何表示和保存数据、如何进行计算、如何输出结果，这是学习程序设计的基础。本节将介绍数据类型、变量与常量、输入与输出、运算符等内容。

3.2.1　数据类型

现实世界中的信息存在方式多样，表示方法各有不同，如整数、实数、字符等。这些信息在计算机中也要按照一定的方式进行组织存放，以便于分配存储空间和进行运算。C 语言将数据分为多种类型，不同数据类型的存储长度、取值范围和允许的操作都不相同。C 语言的数据类型如图 3-4 所示。

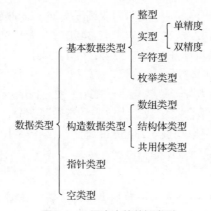

图 3-4　C 语言中的数据类型

1. 基本数据类型

所谓"基本"，是指其值不可以再分解的数据类型。C 语言中的基本数据类型包括整型、实型、字符型和枚举类型。

在 Visual C++中，C 语言的常用基本数据类型如表 3-1 所示，每一种基本数据类型，占用的内存空间长度、能存储数据的范围、精度都有所不同，读者在编程时可以根据需要选择合适的数据类型。例如，数据不带小数点部分，可以选择 int 或 long；如果带小数点部分，可以选择 float 或 double；如果是英文字符，则可以选择 char。

表 3–1　常用基本数据类型

定义关键字	类型名	比特数	范围	有效数字位数	举例
short	有符号短整型	16	$-32\,768 \sim 32\,767$ 即 $-2^{15} \sim (2^{15}-1)$		-123，$0,123$
unsigned short	无符号短整型	16	$0 \sim 65\,535$ 即 $0 \sim (2^{16}-1)$		$0,123$
int	有符号基本整型	32	$-2\,147\,483\,648 \sim 2\,147\,483\,647$ 即 $-2^{31} \sim (2^{31}-1)$		-12345，0，-12345
unsigned int	无符号基本整型	32	$0 \sim 4\,294\,967\,295$ 即 $0 \sim (2^{32}-1)$		0，12345
long	有符号长整型	32	$-2\,147\,483\,648 \sim 2\,147\,483\,647$ 即 $-2^{31} \sim (2^{31}-1)$		$-12345L$，$0L$，$-12345L$
unsigned long	无符号长整型	32	$0 \sim 4\,294\,967\,295$ 即 $0 \sim (2^{32}-1)$		$0L$，$12345L$

定义关键字	类型名	比特数	范围	有效数字位数	举例
float	单精度实型	32	$\pm\left(3.4\times10^{-38}\sim3.4\times10^{38}\right)$	6～7	12.345F, 1.2345E3F
double	双精度实型	64	$\pm\left(1.7\times10^{-308}\sim1.7\times10^{308}\right)$	15～16	12.345, 1.2345E3
long double	长双精度实型	64	$\pm\left(1.7\times10^{-308}\sim1.7\times10^{308}\right)$	15～16	12.345, 1.2345E3
char	字符型	8			'a', 'b', 'c'

（1）整型数据

在 Visual C++中，常用的整型数据是用来表示整数的，如 123、-234、0 等，长整型数据会在尾部加上后缀 L（或 l），如 123L、-234L、0L 或 123l、-234l、0l。

整型数据可以有八进制、十进制与十六进制的表示方法，八进制加前缀 0，十六进制加前缀 0x 或 0X。例如，十进制数 123，可以表示为 0173、0x7B、0X7B。

（2）实型数据（浮点型）

在 Visual C++中，默认情况下，实型数据为双精度实型（double），如 12.345。

float 数据要加后缀 F（或 f），如 12.345F 或 12.345f。

long double 数据要加后缀 L（或 l），如 12.345L 或 12.345l。

实型数据可分为定点格式和指数格式两种表示方式。

① 定点格式：直接用小数点分开整数与小数部分，如 21.67。

② 指数格式：使用科学计数法将实数分为尾数和指数两部分，用 E 或 e 隔开，指数部分表示 10 的多少次方。例如，1234.5 可以写成 1.2345E3，表示 1.2345×10^{3}。

实型数据的有效数字位数决定数据的精度。

2. 构造数据类型

构造数据类型指利用现有的一个或多个数据类型构造新的数据类型。例如，数组、结构体和共用体类型等。如图 3-5 所示，在数组中，一次可以申请成多块空间，同时存放多个基本数据类型的数据。

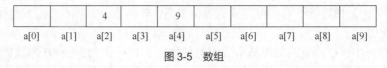

图 3-5　数组

3. 指针类型

一种特殊的数据类型，用于表示某个变量在内存中的地址。

4. 空类型

空类型说明符为 void，常用来定义没有返回值的函数。

3.2.2　变量

根据在程序运行过程中其值能否改变，可将数据分为变量与常量。

在程序执行过程中，其值可以改变的量称为变量。如图 3-6 所示，变量占据内存中的一块存储单元，用来存放数据，存储单元内的数据是可以改变的。给存储单元起的名字，就是变量名。在存储单元里存放的数据就是变量的值。例如，变量 a 的值为 8，则 a 为变量名，8 为变量值。

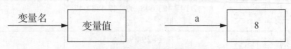

图 3-6　变量名与变量值

1. 定义变量

变量必须先定义后使用。定义变量时编译系统会自动检测出所需要的存储空间的大小，然后为变量分配存储单元，用于存放数据。变量的定义格式为：

数据类型　　变量名 1 [,变量名 2] [,变量名 3]… [,变量名 n]；

（1）数据类型为定义变量的类型。[ ]表示可选项。

（2）变量命名必须遵守标识符的规则。所谓标识符，就是在 C 语言中对变量、符号常量、函数、数组、构造类型等对象命名的有效字符序列。C 语言规定标识符只能由字母、数字和下画线 3 种字符组成，而且第 1 个字符必须为字母或下画线。变量的命名不能使用 C 语言的保留字（即关键字）。C 语言中的保留字有 32 个，如表 3-2 所示。

表 3-2　C 语言的保留字

用途	保留字
数据类型	char，short，int，unsigned，long，float，double，struct，union，void，enum，signed，const，volatile
存储类别	typedef，auto，register，static，extern
流程控制	break，case，continue，default，do，else，for，goto，if，return，switch，while
运算符	sizeof

例如：

（1）max、min、a、b3、_total、Student、_1_2_3 和 w_3 都是合法的变量名。

（2）3abc、M.D.John、!eer、abc?d、a>b、int、float、if 和 while 都是不合法的变量名。

学习提示：

　　变量命名应该尽量做到见名知义，以提高程序的可读性。

【例 3.2】定义变量。

```
void main()
{   int a,b;      //定义两个整型变量a,b
    float f1,f2;  //定义两个单精度实型变量f1,f2
    double d1,d2; //定义两个双精度实型变量d1,d2
    char c1,c2;   //定义两个字符型变量c1,c2
}
```

说明：

（1）上述程序定义了 8 个变量，而没有进行其他操作，所以程序运行后看不到任何结果。

（2）在生成解决方案（按 F7 键）成功后，逐过程（按 F10 键）追踪执行程序。每按一次 F10 键，程序继续运行下一行。如图 3-7 所示，可以在 Visual C++ 2010 界面中的"局部变量"窗口观察变量初值的情况。

（3）因为变量未赋值，所以变量的初值为无意义的数据。

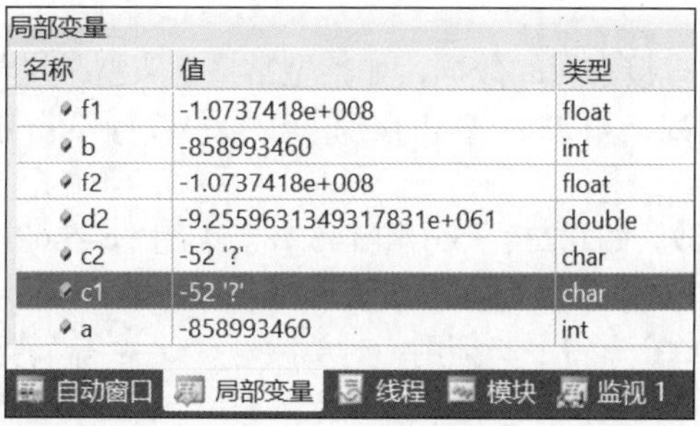

局部变量		
名称	值	类型
f1	-1.0737418e+008	float
b	-858993460	int
f2	-1.0737418e+008	float
d2	-9.2559631349317831e+061	double
c2	-52 '?'	char
c1	-52 '?'	char
a	-858993460	int

自动窗口　局部变量　线程　模块　监视 1

图 3-7　变量初值

2. 为变量赋初值

赋初值就是让变量获得初值。如果变量未赋初值，那么其值为无意义的数据。变量没有赋值就参与运算，会得到错误的结果。给变量赋初值的方法有两种。

（1）在定义变量的同时给变量赋初值，也叫作初始化。

【例 3.3】对变量进行初始化。

```
void main()
{   int a=3,b=4;
    float f1=4.5,f2=9;
    double d1=100.8,d2=10.09;
}
```

在生成解决方案（按 F7 键）成功后，逐过程（按 F10 键）追踪执行程序。变量初始化后的情况如图 3-8 所示。

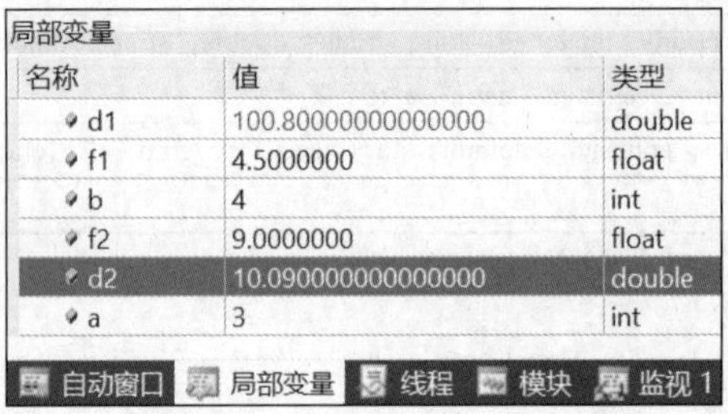

局部变量		
名称	值	类型
● d1	100.80000000000000	double
● f1	4.5000000	float
● b	4	int
● f2	9.0000000	float
● d2	10.090000000000000	double
● a	3	int

📊 自动窗口　📊 局部变量　⬛ 线程　● 模块　📊 监视 1

图 3-8　变量初始化取值

（2）在定义变量后，再进行赋值。

【例 3.4】先定义所需要的变量，再通过赋值语句给变量赋初值。

```
void main()
{   int a,b;
    float f1,f2;
    double d1,d2;
    a=3;b=4;          //赋值
    f1=4.5;f2=9;
    d1=100.8;d2=10.09;
}
```

说明：

本例是先定义后赋值，赋值后变量的取值情况与例 3.3 相同。

3.2.3　常量

在程序执行过程中，其值不能改变的量称为常量。常量分为字面常量、符号常量和 const 常量 3 种。

1. 字面常量

字面常量是指在程序中直接书写的数据，如整型常量、实型常量和字符型常量。

（1）整型常量：表示整数，如 23、-2 和 0。语句"z=x/2+y*3;"中出现的数字 2 和 3 均为十进制整型常量。

（2）实型常量：表示实数，如 0.23、-5.6 和 145.78。语句"c=5.67*e-0.78/f;"中出现的数字 5.67 和 0.78 均为实型常量。

（3）字符型常量：表示单个字符，必须用一对单撇号"' '"将字符括起来。如'A'、'$'、'8'和'*'等。

2. 符号常量

符号常量用一个标识符代表一个常量，它在使用之前必须先定义。其一般定义形式为：

```
#define 标识符 常量
```

其中，#define 是一条预处理命令，称为宏定义，它把标识符定义为常量。在编译程序之前，编译系统会自动将后续源程序中出现的所有标识符都替换为对应常量。

【例 3.5】符号常量的定义和使用。

```
#define PI  3.14
#define R  5
#include<stdio.h>
void main()
{ float area,l;
  l=2*PI*R;                          //替换为 l=2*3.14*5;
  area=PI*R*R;                       //替换为 area=3.14*5*5;
  printf("l=%f, area=%f\n",l,area);  //输出
}
```

程序的运行结果如下。

```
l=31.400000, area=78.500000
```

说明：

（1）常量标识符最好采用大写字母，以便与其他变量相区分。

（2）符号常量的值不能再被赋值。

（3）符号常量的命名要见名知义，便于我们理解。

学习提示：

（1）符号常量经常用在程序中同一个常量值反复书写的情况下。使用符号常量时，只要修改 #define 语句中的常量值，就可以改变源程序中所有符号常量对应的值。

（2）符号常量没有数据类型。编译器只进行字符替换，在替换字符后才检查语法错误。

3. const 常量

使用关键字 const 定义的常量叫作 const 常量，它是只读常量。其定义形式如下：

```
const 类型标识符  变量标识符 = 初始化数据;
类型标识符  const  变量标识符 = 初始化数据;
```

const 常量只能在定义时初始化，不能进行赋值，只能读数据。

【例 3.6】const 常量的定义和使用。

```
#include<stdio.h>
void main()
{ const float PI=3.14;                //float 类型的常量
  int const R=5;                      //int 类型的常量
  float area,l;
  PI=3.14159;                         //此语句有错误，const 常量 PI 不能被赋值
  l=2*PI*R;
  area=PI*R*R;
  printf("l=%f, area=%f\n",l,area);   //输出
}
```

学习提示：

const 常量有数据类型，编译系统将对其进行语法检查。

3.2.4 整型数据的处理

1. 标准输入/输出头文件

在 C 语言中，数据的输入与输出可通过格式输入/输出函数来完成，使用前必须使用以下语句包

含标准输入/输出头文件。

```
#include <stdio.h>
```

（1）stdio.h 是标准输入/输出头文件。

（2）#include 是一条预处理命令，它将头文件包含到用户的源程序中。stdio.h 中提供输入和输出函数的原型，使得后续源程序可以直接使用头文件中声明的函数。

2. 整型数据的输出

在 C 语言中，可以使用格式输出函数 printf()向屏幕输出数据。printf()函数的格式为：

```
printf(格式控制字符串, 输出项列表);
```

（1）"输出项列表"会列出要输出的数据项，可以是常量、变量或表达式，多个输出项之间用 "," 隔开。

（2）"格式控制字符串"是由双撇号括起来的字符串，其中包括格式说明符和普通字符。格式说明符由 "%" 和格式字符组成，如 "%d" "%f" "%c" 等，整型数据格式说明符的含义如表 3-3 所示。普通字符（包括转义字符序列）不作处理，直接显示。

（3）格式说明符必须与数据类型一致，否则输出结果将会出错。

表 3-3　整型数据格式说明符的含义

格式说明符	说明
%d	基本整型 int，十进制数输出
%o	基本整型 int，八进制数输出
%x	基本整型 int，十六进制数输出
%u	基本整型 int，无符号输出

【例 3.7】简单的格式输出示例。

```
#include<stdio.h>
void main()
{   int a=3,b=4,c=5;
    printf("%d %d %d\n", a, b, c);
    printf("a=%d b=%d c=%d\n", a, b, c);
}
```

程序运行结果如下。

```
3 4 5
a=3 b=4 c=5
```

说明：

（1）变量 a、b 和 c 为 int 类型，所以输出格式说明符为%d，3 个变量分别在对应%d 的位置显示数据。

（2）格式字符串"a=%d b=%d c=%d\n"中除格式说明符外的普通字符（如 "a=" "b=" "c="）将被原样输出。

（3）格式字符串最后的 "\n" 为换行回车符，在输出后光标将转到下一行的开始位置继续输出。

学习提示：

　　例 3.7 的程序是简单的整型变量输出方法，读者应该熟练掌握。

（4）输出函数 printf()格式说明符的完整形式如下，其含义如表 3-4 所示。

```
% - 0 m.n l或h  格式说明符
```

表 3-4　格式说明符含义表

符号	含义
%	格式说明符的起始符号
-	指定输出左对齐

符号	含义
0	指定空位填 0
m.n	指定输出域宽及精度 m: 域宽，即输出项在输出设备上所占的列宽数。如果数据的列宽比 m 大，则忽略 m n: 精度，表示输出的实型数据小数点后面的位数。不指定 n 时，默认值为 6
l 或 h	输出长度修正 l: 长整型，可以有%ld、%lo、%lx、%lu；而实型数据可以有%lf h: 将整型的格式字符修正为%hd、%ho、%hx 和%hu，用于输出 short 类型的整数

【例 3.8】短整型、基本整型和长整型整数的输出示例。

```
#include<stdio.h>
void main()
{    int a=456,b=123,c=-123;  long int la=789;
     printf("%d,%ld\n",a,la);
     printf("%10d,%10ld\n",a,la);        //每个输出域宽为 10 列，右对齐
     printf("%-10d,%-10ld\n",a,la);      //每个输出域宽为 10 列，左对齐
     printf("%010d,%010ld\n",a,la);      //每个输出域宽为 10 列，右对齐，空白处补 0
     printf("%d,%o,%x \n", b, b, b);     //输出十进制数、八进制数、十六进制数
}
```

程序的运行结果如下。

```
456,789
       456,       789
456       ,789
0000000456,0000000789
123,173,7b
```

说明：

（1）长整型的格式说明符为"%ld"。

（2）格式字符串"%10d,%10ld\n"的输出占 10 列宽且右对齐，左边补空。

（3）格式字符串"%-10d,%-10ld\n"的输出占 10 列宽且左对齐，右边补空。

（4）格式字符串"%010d, %010ld\n"的输出占 10 列宽且右对齐，左边补 0。

（5）格式字符串"%d,%o,%x \n"分别以十进制、八进制和十六进制的格式输出 int 类型的变量 b。

3. 整型数据的输入

在 C 语言中，可以使用格式输入函数 scanf()通过键盘为变量输入数据。scanf()函数的格式为：

```
scanf(格式控制字符串,输入项地址列表);
```

说明：

（1）"输入项地址列表"给出变量的地址，变量地址的表示方法为"&变量名"，多个变量地址之间用","隔开。

（2）"格式控制字符串"由输入分隔符和格式说明符构成。

（3）输入分隔符可以是普通字符或标点符号等，用户输入数据时要原样输入这些分隔符。

（4）不同进制的整型变量输入对应的格式说明符，如表 3-5 所示。

表 3–5　整型数据的格式说明符

格式说明符	格式
%d 或%i	有符号十进制整型
%ld 或%Ld	有符号十进制长整型
%o	八进制整型
%lx 或%Lx	十六进制长整型

【例 3.9】 向整型变量 a、b 和 c 输入数据。

```
#include<stdio.h>
void main()
{ int a,b,c;
  scanf("%d%d%d",&a,&b,&c);            //输入 3 个变量
  printf("%d %d %d\n",a,b,c);          //输出 3 个变量
}
```

程序在运行时，如果输入 "3 4 5"，中间以空格作为分隔符，则变量 a、b 和 c 会分别得到 3、4 和 5。程序的运行结果如下。

```
3 4 5
3 4 5
```

说明：

（1）输入的多个数据之间以一个或多个空格键 "␣"、Tab 键、回车键分隔。以下输入也可以正确输入 3、4 和 5。

```
3
4
5
3 4 5
```

（2）输入的多个数据之间不能以 "," 等字符作为分隔。例如，在输入时以 "," 作为分隔符，除了第一个变量会得到正确的数据外，后两个变量的数据都会出错。

```
3,4,5
3 -858993460 -858993460
```

学习提示：

（1）例 3.9 是整型变量的简单输入方法，初学者应该熟练掌握。

（2）格式说明符必须与变量的类型严格对应。

【例 3.10】 用包含普通字符的格式向整型变量输入数据。

```
#include<stdio.h>
void main()
{ int a,b,c;
  scanf("a=%d,b=%d,c=%d",&a,&b,&c);    //输入 3 个变量
  printf("%d %d %d\n",a,b,c);          //输出 3 个变量
}
```

在输入数据时，格式控制字符串中的普通字符必须原样输入 "a=3,b=4,c=5"，程序的运行结果如下。

```
a=3, b=4, c=5
3 4 5
```

此时如果输入 "3 4 5"，则变量 a、b 和 c 都得不到正确的数据，程序的运行结果如下。

```
3 4 5
-858993460 -858993460 -858993460
```

学习提示：

思考语句 "scanf("%d,%d,%d",&a,&b,&c);" 该如何正确地输入 3 个整型数据。

3.2.5 实型数据的处理

1. 实型变量的定义

在编程时，如果存储的数据是带小数点的实数，则应使用 float 或 double 定义实型变量。

【例 3.11】 实型变量举例。

```
#include<stdio.h>
```

```
void main()
{ float a,b;
  double c,d;
  long double e,f;
  a=1234.56789F;
  b=1.23456789E5;
  c=1234.56789;
  d=1.23456789E5;
  e=1234.56789L;
  f=1.23456789E5;
}
```

在生成解决方案（按 F7 键）成功后，可以逐过程（按 F10 键）追踪执行程序。变量取值的情况如图 3-9 所示。

图 3-9 变量取值

说明：

（1）float 类型的变量 a 和 b 的有效数字位数为 6～7 位，多余的数位会被省略。

（2）double 和 long double 类型变量的有效数字位数为 15～16 位，能保存的数据比 float 类型数据的精度更高。

【例 3.12】实型数据的有效数字位数。

```
#include<stdio.h>
void main()
{   float a;
    double b;
    a=1234567890.1234567;
    b=1234567890.1234567;
    printf("%f %lf\n", a, b);
    a=a+1000;
    b=b+1000;
    printf("%f %lf\n", a, b);
}
```

逐过程（按 F10 键）追踪执行程序。初始变量 a 和 b 的取值如图 3-10（a）所示，a 和 b 都加 1000 以后的取值如图 3-10（b）所示。

（a）　　　　　　　　　　　　　　（b）

图 3-10 内存中的变量取值

程序的运行结果如下。

```
1234567936.000000 1234567890.123457
1234568960.000000 1234568890.123457
```

说明：

（1）变量 a 为 float 类型，其有效数字位数为 6～7 位，其后的数位均会被省略。加 1000 正好在省略的位置，因此 a 无变化或者变化不准确。

（2）变量 b 为 double 类型，其有效数字位数为 15～16 位，加 1000 的结果准确。

（3）"%f" 和 "%lf" 格式在输出时，默认小数点后保留 6 个数位。

学习提示：

（1）实型数据存在舍入误差，因此在进行一个很大的实数或一个很小的实数的运算时要谨慎。

（2）注意实数的有效数字位数。

2. 实型数据的输入和输出符号

实型数据的输入与输出格式说明符如表 3-6 所示。

表 3-6　实型数据的格式说明符列表

格式说明符	含义
%f	以定点格式输入单精度实型数据，输出单、双精度实型数据，默认小数点后保留 6 个数值，不够则用 0 补充
%lf	以定点格式输入或输出双精度实型数据
%g	以定点格式输出，去掉小数点后无效的 0
%E 或%e	以指数形式输出

3. 实型数据的输出

实型数据的输出可使用格式输出函数 printf() 来实现。在输出实型数据时，可以根据需要设置以定点形式或指数形式输出，还可以设置输出的数据的宽度、小数点后的位数、对齐方式等。

【例 3.13】按照不同格式输出实型变量。

```
#include<stdio.h>
void main()
{   float a=1234.56789,b=1.23456789E5;
    double c=1234.56789,d=1.23456789E5;
    printf("%f, %f\n",a,b);          //%f 格式输出的小数点后的位数默认为 6 位
    printf("%g, %g\n",a,b);          //%g 格式的输出省略了后边不影响精度的 0
    printf("%e, %e\n",a,b);          //%e 格式的输出为指数形式
    printf("%lf, %lf\n",c,d);        //%lf 格式的输出为双精度实型数据
}
```

程序的运行结果如下。

```
1234.567871, 123456.789063
1234.57,  123457
1.234568e+003,  1.234568e+005
1234.567890, 123456.789000
```

学习提示：

（1）float 和 double 类型的数据都可以使用%f 格式符输出，double 类型的数据也可以使用%lf 格式符输出。初学的读者掌握%f 格式输出即可。

（2）默认情况下小数点后会显示 6 位数。

【例 3.14】输出实型变量，设置输出宽度与小数点后显示的位数和对齐方式。

```
#include<stdio.h>
void main()
{   float a=1234.56789;
    printf("%f,%10.1f,%-10.1f,\n", a, a, a);
}
```

程序的运行结果如下。

```
1234.567871,    1234.6, 1234.6    ,
```

说明：

（1）格式说明符"%10.1f"中"%10"表示输出占 10 列宽、右对齐、不足时在左边补空，".1"说明小数点后有一位小数，多余的数位四舍五入。

（2）格式说明符"%-10.1f"表示输出左对齐，不足时在右边补空。

学习提示：

要特别注意实型数据输入/输出时的有效位数与小数点后显示的位数。

---

4. 实型数据的输入

【例 3.15】输入多个实型数据。

```c
#include<stdio.h>
void main()
{   float a,b;
    double c;
    scanf("%f%f%lf",&a,&b,&c);        //输入双精度实型数据必须使用%lf格式
    printf("%f %f %lf\n",a,b,c);       //各格式说明符之间要用空格隔开，以便区分各个数
}
```

在运行时输入 3 个实数，并用空格隔开。程序的运行结果如下。

```
12.345   123.4567890 12345.6789012
12.345000 123.456787 12345.678901
```

学习提示：

float 类型的数据要使用%f格式符输入，double 类型的数据要使用%lf格式符输入。

【例 3.16】使用指数形式输入多个实型数据。

```c
#include<stdio.h>
void main()
{   float a,b,c;
    scanf("%e%e%e",&a,&b,&c);
    printf("%f %f %e\n",a,b,c);        //各格式说明符之间要用空格隔开，以便区分各个数
}
```

输入时，"%e"可以是指数形式，也可以是定点数形式。程序的运行结果如下。

```
123.45  1.2345E2 12345.67E3
123.449997 123.449997 1.234567e+007
```

3.2.6　运算符和表达式

1. C 语言中的运算符和表达式

表达式描述了对哪些数据进行什么样的运算，它由运算符和运算量组成，每个表达式都有值和数据类型。运算符表示进行的运算操作。运算量表示运算的对象，它可以是常量、变量或函数。C 语言中的运算符如表 3-7 所示。

表 3–7　C 语言中的运算符

编号	类名	包含的运算符
1	算术运算符	+ - * / % ++ --
2	关系运算符	> < == >= <= !=
3	赋值运算符	=
4	逻辑运算符	! && ||
5	位运算符	<< >> ~ | ^ &

续表

编号	类名	包含的运算符
6	条件运算符	? :
7	逗号运算符	,
8	指针运算符	* &
9	求字节运算符	sizeof
10	强制类型转换运算符	（类型）
11	分量运算符	. ->
12	下标运算符	[ ]
13	其他运算符	如函数调用运算符()

学习运算符需要注意以下几点。

（1）运算符的功能。

（2）运算符与运算量的关系，包括运算量的个数与类型。例如，非运算（！）需要一个运算对象，加运算（＋）需要两个运算对象。又如，加运算（＋）的运算对象可以是实型或整型数据，而模运算（％）只能对整数进行。

（3）运算符的优先级。运算符的优先级表示运算的先后顺序。优先级高的先运算，优先级低的后运算。

（4）结合方向。运算符的优先级别相同时，还要考虑是从左向右还是从右向左结合。如表达式"S＋5－C"是从左向右的运算，而表达式"a＝b＝3"则是从右向左的运算。

（5）结果的类型。也就是表达式结果的类型。

学习提示：

（1）运算符的学习比较容易，但需要细致和耐心。

（2）要学会通过编写小程序来验证运算结果，加深对运算符优先级、结合方向和结果类型的理解。

---

2. 算术运算符和表达式

基本的算术运算符如表 3-8 所示，使用算术运算符构成的表达式称为算术表达式。

表 3–8　算术运算符及其使用

运算符	功能	结合性	双目（单目）	注意事项
+	加	右	双目	
–	减、取负	左	双目或单目	
*	乘	左	双目	
/	除	左	双目	整数与整数相除时，结果为整数，舍去小数部分
%	求余（模）	左	双目	参与运算的数必须是整型

（1）乘、除、求余的优先级相同，加、减的优先级相同，乘、除、求余的优先级高于加、减的优先级。

（2）如果希望某个运算先做，可以使用小括号"()"将之括起来。例如，34*(a+b)，5-(a+(r-6)%4)，小括号"()"中的运算先做。

（3）整数除整数的结果为整数。例如，5/3 得 1，-5/3 得-1，5/9 得 0。

（4）将数学表达式 $\dfrac{(a+b)^2}{a(b+c)}$ 描述成 C 语言算术表达式为(a + b)*(a + b)/(a*(b + c))。在书写算术表达式时，注意不能省略乘号"*"。

【例 3.17】算术运算符的使用。

```
#include<stdio.h>
void main()
{   printf("%d  %d \n", 5+3, 5-3);            //5+3 得 8，5-3 得 2
    printf("%d\n",5*3);                       //5×3 得 15
    printf("%d %d %d \n",5/3, -5/3, 5/9);     //整数除整数得整数
    printf("%d %d\n",5%3 ,-5%3);              //求余数
}
```

程序的运行结果如下。

```
8 2
15
1 -1 0
2 -2
```

3. 自增自减运算符

自增运算符（++）和自减运算符（--）的功能是将变量的值自加 1 或自减 1，如表 3-9 所示。

表 3-9　自增自减运算符

运算符	功能
++i，--i	相当于 i=i+1，i=i-1 先让 i 的值增 1 或减 1，再引用变量 i 的值
i++，i--	相当于 i=i+1，i=i-1 先引用变量 i 的值，再让 i 的值增 1 或减 1

（1）该运算符为单目运算符，且运算对象只能为一个变量。

（2）不同的编译系统对于自增自减运算符的结合方向可能有不同的解释，有的自右向左，有的自左向右。

（3）究竟是先自增减后取值，还是先取值后自增减，完全取决于自增自减运算符与变量的位置关系。

【例 3.18】++和--运算符的使用。

```
#include<stdio.h>
void main()
{   int i=6,j=6;
    i++;                 //i 自加 1
    ++j;                 //j 自加 1
    printf("i=%d,j=%d\n", i, j);
    i=6;j=6;
    i--;                 //i 自减 1
    --j;                 //j 自减 1
    printf("i=%d,j=%d\n", i, j);
}
```

程序的运行结果如下。

```
i=7, j=7
i=5, j=5
```

学习提示：

（1）复杂的自增自减运算符，晦涩难懂，程序可读性较差。

（2）初学者只需要在编程中把++和--运算符当成自加 1 和自减 1 的运算即可。

【例 3.19】阅读并分析以下程序表达式中 s 和 i 的值（※）。

```
#include<stdio.h>
void main()
{   int i=6,s=0,t=0;
```

```
        s=s+i++;                   //相当于s=s+(i++)，结果为s=6，i=7
        printf("%d %d\n", s, i);
        i=6;s=0;
        s=++i;                     //结果为s=7，i=7
        printf("%d %d\n", s, i);
        i=6;s=0;
        s=i--;                     //结果为s=6，i=5
        printf("%d %d\n", s, i);
        i=6;s=0;
        s=s+i--;                   //相当于s=s+(i--)，结果为s=6，i=5
        printf("%d %d\n", s, i);
        i=6;s=0;
        s=s+--i;                   //相当于s=s+(--i)，结果为s=5，i=5
        printf("%d %d\n", s, i);
}
```

程序的运行结果如下。

```
6 7
7 7
6 5
6 5
5 5
```

【例 3.20】分析++和--的运算次序（※）。

```
#include<stdio.h>
void main()
{   int i=3,j=1,s=0;
    s=(i++)+(i++)+(i++);
    printf("%d %d\n", s, i);         //结果s=9,i=6
    i=3;
    s=(++i)+(++i)+(++i);
    printf("%d %d\n", s, i);         //结果s=18,i=6
    i=3;j=1;s=0;
    s=i+++j;
    printf("%d %d\n", s, i);         //结果s=4,i=4
}
```

程序的运行结果如下。

```
9 6
18 6
4 4
```

说明：

（1）在 Visual C++中，表达式"(i++)+(i++)+(i++)"可解释为 3+3+3，然后 i 做 3 次自加 1，因此 s=9、i=6。

（2）在 Visual C++中，表达式"(++i)+(++i)+(++i)"可解释为 i 先做 3 次自加 1，其值为 6，然后求 s=6+6+6，因此 s=18、i=6。

（3）在 Visual C++中，表达式"i+++j"可解释为"(i++)+j"，即 3+1，然后 i 自加 1，因此 s=4、i=4。

4. 赋值运算符和赋值表达式

使用赋值运算符"="连接的式子称为赋值表达式，其功能是计算右边表达式的值并赋给左边的变量。赋值表达式的一般形式为：

```
变量=表达式
```

（1）当右边的表达式值与左边变量的类型不一致时，将右边的值转换为左边变量的类型。

（2）实数转换为整型数时，会截去小数部分，只保留整数部分。整数转换为实型数时，会在小数点后补 0。

（3）赋值运算符具有右结合性。例如，"a = b = c = 8" 相当于 "a = (b = (c = 8))"。

（4）赋值表达式的值为右边表达式的值。

【例 3.21】用赋值运算符构成赋值语句。

```
#include<stdio.h>
void main()
{   int a;
    float b;
    a=3.14*2*2;          //右边的实数转换为整数时，截去小数部分
    b=3.14*2*2;
    printf("a=%d,b=%f\n",a,b);
}
```

程序的运行结果如下。

```
a=12, b=12.560000
```

【例 3.22】用赋值运算符构成赋值语句。

```
#include<stdio.h>
void main()
{   int a,b,c;
    a=b=c=5;             //相当于 a=(b=(c=5))
    printf("a=%d,b=%d,c=%d\n", a, b, c);
    a=(b=3)+(c=4);
    printf("a=%d,b=%d,c=%d\n", a, b, c);
}
```

程序的运行结果如下。

```
a=5, b=5, c=5
a=7, b=3, c=4
```

5. 复合赋值运算符

在赋值运算符 "=" 之前加上其他双目运算符可以构成复合赋值运算符。如+=、-=、*=、/=、%=、<<=、>>=、&=、^=和|=。

构成复合赋值表达式的一般形式为：

变量　双目运算符 = 表达式

它相当于：

变量 = 变量 运算符 表达式

例如：

a + = 15	相当于	a = a + 15
x* = y + 8	相当于	x = x* (y + 8)
r% = h	相当于	r = r%h

【例 3.23】用复合赋值运算符构成赋值语句。

```
#include<stdio.h>
void main()
{   int a=1,b=2,c=3;
    a+=5;                //相当于 a=a+5
    b*=6+a;              //相当于 b=b* (6+a)
    c/=2;               //相当于 c=c/2
    printf("a=%d,b=%d,c=%d\n",a,b,c);
    a=12;
    a+=a-=a*a;           //相当于 a=a+(a=(a-a*a))
    printf("a=%d\n",a);
}
```

程序的运行结果如下。

```
a=6, b=24, c=1
a=-264
```

说明：

语句 "a+=a-=a*a;" 相当于 "a=a+(a=(a-a*a))"，它先进行 a=(a-a*a) 的运算，此时 a=-132；再进行 a=a+(-132) 的运算，最后 a=-264。

学习提示：

（1）复合赋值表达式的左边必须是变量。

（2）可将复合赋值运算符右侧的表达式看作一个整体。

（3）复合赋值运算符有利于编译处理，能提高编译效率并产生质量较高的目标代码。

---

6. 逗号运算符和表达式

在 C 语言中，逗号 "," 称为逗号运算符，它能把两个表达式连接起来组成一个表达式，称为逗号表达式。逗号表达式的一般形式为：

表达式 1，表达式 2

（1）逗号表达式的求值过程是从左向右求表达式的值，并以表达式 2 的值作为整个逗号表达式的值。例如，表达式 "3+5,6+8" 的值为 14。

（2）在 C 语言中，逗号运算符是所有运算符中级别最低的。

（3）逗号表达式可以拓展为以下形式：

表达式 1，表达式 2，…，表达式 n

整个逗号表达式的值为最右边的表达式 n 的值。

【例 3.24】 逗号表达式的应用示例。

```
#include<stdio.h>
void main()
{   int a=5,b=7,c=9,y;
    y=(a-b),(b+c);                   //相当于(y=(a-b)),(b+c)
    printf("y=%d \n",y);
}
```

因为赋值运算符 "=" 的优先级高于逗号运算符，所以语句 "y=(a-b),(b+c);" 相当于 "(y=(a-b)),(b+c);"。程序的运行结果如下。

```
y=-2
```

【例 3.25】 逗号表达式的应用。

```
#include<stdio.h>
void main()
{   int a=2,b=4,c=6,x,y;
    x=(a-b,b+c);                     //x 的取值为 b+c
    y=a-b,b+c;                       //相当于"(y=a-b),b+c", y 的取值为 a-b
    printf("x=%d, y=%d \n", x, y);
    x=(a+b,a+c,b+c,a-b,a-c,b-c);     //x 的取值为 b-c
    y=a+b,a+c,b+c,a-b,a-c,b-c;       //y 的取值为 a+b
    printf("x=%d, y=%d \n", x, y);
}
```

程序的运行结果如下。

```
x=10, y=-2
x=-2, y=6
```

学习提示：

并不是所有的逗号都能组成逗号表达式。例如，定义多个变量时，变量之间的 "," 为变量的分隔符。函数参数表中的逗号只是用作各变量间的间隔符。如语句 "printf("%d%d",a,b); "。

3.2.7　数据类型的转换

不同类型的数据在进行混合运算时，要先进行类型转换，将不同类型的数据转换成相同的类型，然后进行运算。转换的方法有两种：一种是自动转换，另一种是强制转换。

1. 自动类型转换

当不同类型的数据进行混合运算时，编译系统会自动将数据转换为同一数据类型。这种自动的类型转换也叫隐式类型转换，它遵循以下规则。

（1）在算术运算中，当 int 类型和 long 类型一起运算时，要先把 int 类型数据转换为 long 类型数据。

（2）有 float 类型数参加的运算都要转换为 double 类型数，即 float 类型必须转换成 double 类型。

（3）char 类型和 short 类型参与运算时必须先转换成 int 类型。

（4）在赋值运算中，当赋值号两边的数据类型不同时，赋值号右边数据的类型将转换为左边数据的类型。

【例 3.26】不同数据类型的混合运算。

```
#include<stdio.h>
void main()
{   int a=5;
    float b=3.14,c;
    c=b*a*a+10 +3.5*5;
    printf("c=%f\n",c);
}
```

程序的运行结果如下。

```
c=106.000000
```

> **学习提示：**
> （1）字节数少的数据类型自动向字节数多的数据类型转换时，不丢失数据。
> （2）字节数多的数据类型自动向字节数少的数据类型转换时，会丢失部分信息。

2. 强制类型转换

如果要按照需要进行数据的类型转换，可以使用强制类型转换运算符。强制类型转换的一般形式为：

```
(类型名)(表达式)
```

（1）强制类型转换运算符的功能是把表达式的运算结果强制转换成类型名所指定的类型。

（2）强制类型转换运算符的优先级高于算术运算符。

（3）强制类型转换只会对结果进行临时转换，而不会改变变量的数据类型。

例如：

```
(float) a          //把a转换为实型
(int)(x+y)         //把x + y的结果转换为整型
(int)x+y           //相当于((int)x)+y
```

【例 3.27】强制类型转换示例。

```
#include<stdio.h>
void main()
{   float a=3.6,b=3.7;
    int c,d,e;
```

```
    c=(int)a+(int)b;                //相当于 3+3
    d=(int)(a+b);                   //相当于 3.6+3.7 取整
    e=(int)a+b;                     //相当于 3+3.7 取整
    printf("c=%d,d=%d,e=%d\n",c,d,e);
}
```

程序的运行结果如下。

```
c=6, d=7, e=6
```

3.2.8 语句

语句用于向计算机软硬件系统发出操作指令以完成一定任务。一条 C 语言的语句在编译后将产生若干条机器指令。一个 C 程序主要由两部分组成：数据描述（声明部分）和数据操作（语句）。数据描述部分可定义数据结构和初始化数据，如"int a;"就不是一条语句，它不会产生机器操作，而是定义变量 a。数据操作部分则会进行数据加工，如"a=10;"就是一条赋值语句，表示给变量 a 赋值 10。

C 语言的每一条语句后都必须跟一个分号";"。

C 语言的语句主要包括以下 5 种。

1. 控制语句

控制语句完成一定的控制功能，C 语言包括以下 9 种控制语句。

（1）条件语句：if…else…。

（2）循环语句：for…。

（3）循环语句：while…。

（4）循环语句：do…while。

（5）结束本次循环语句：continue。

（6）多分支选择语句：switch。

（7）中止循环或 switch 语句：break。

（8）转向语句：goto。

（9）从函数返回语句：return。

2. 函数调用语句

C 语言的函数调用语句由调用函数加上一个分号";"构成。例如：

```
printf("Hello.\n");
```

3. 表达式语句

C 语言的表达式语句由表达式后跟上一个分号";"构成。例如，赋值表达式语句：

```
a=b+3;
```

4. 空语句

空语句是指只有一个分号的语句，它什么都不执行，经常用于 goto 语句的转向点，或描述空的循环体。

```
;
```

5. 复合语句

用花括号"{}"把多条语句括起来，就构成了复合语句。例如：

```
{    t=a;
     a=b;
     b=t;
}
```

3.2.9　C 程序的注释

程序的注释可用来说明程序的编写者、版本号、版本形成日期、程序的功能等信息，还可用来说明程序某部分或某条语句的功能，从而使得程序更易于理解。程序中的注释将被编译器忽略，编译时注释不产生任何可执行语句，因此不影响程序的运行。

在 Visual C++ 中，注释主要有两种形式：单行注释和多行注释。

1.　单行注释

单行注释以 "//" 开始，可以跟在语句的后边，也可以单独作为一行存在。例如：

```
area=PI*r*r; //计算圆的面积
//以上语句是为了计算面积
```

2.　多行注释

多行注释以 "/*" 开始，到 "*/" 结束，它可以放在任何可以放空格的地方，如跟在语句后边，单独从一行开始，甚至插入一条语句中间。例如：

```
float  r /* 半径 */,area /*面积*/;
r=6;
area=PI*r*r; /*计算圆的面积,
r 为半径*/
```

学习提示：

　　读者在编写程序时应该恰当地使用注释，以增加程序的可读性，养成良好的编程习惯。

3.3　顺序结构的程序设计

【例 3.28】按照图 3-2 所示的算法，编写程序，输入三角形的 3 条边长 a、b 和 c，求三角形的面积。

（1）打开 Visual C++ 2010，选择 "文件→新建→项目" 命令，会弹出一个 "新建项目" 对话框，选择 "空项目" 以及项目存放的位置，如 "D:\C 源程序\" 文件夹，并指定项目名称，如 "S0331"。

（2）在解决方案资源管理器中，用鼠标右键单击 "源文件"，选择 "添加→新建项" 命令，然后选择 "C++文件（.cpp）" 文件，并指定文件名称，如 "s1"。接着编写源程序，可参考图 3-2 所示的算法，编写的源程序如图 3-11 所示。

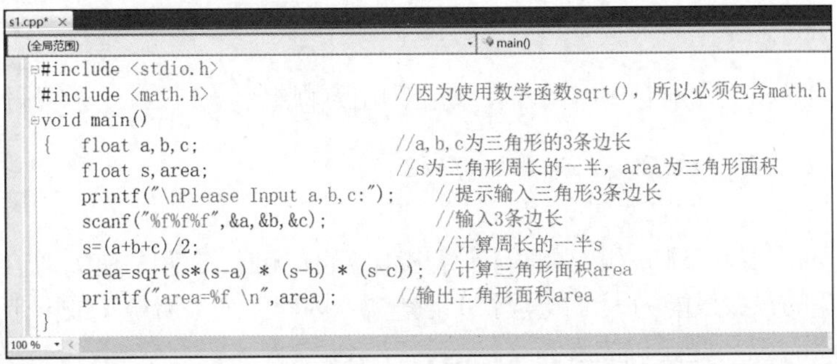

```
s1.cpp* ×
(全局范围)                                     main()
#include <stdio.h>
#include <math.h>                  //因为使用数学函数sqrt(),所以必须包含math.h
void main()
{   float a,b,c;                    //a,b,c为三角形的3条边长
    float s,area;                   //s为三角形周长的一半,area为三角形面积
    printf("\nPlease Input a,b,c:"); //提示输入三角形3条边长
    scanf("%f%f%f",&a,&b,&c);        //输入3条边长
    s=(a+b+c)/2;                     //计算周长的一半s
    area=sqrt(s*(s-a) * (s-b) * (s-c)); //计算三角形面积area
    printf("area=%f \n",area);       //输出三角形面积area
}
100 %
```

图 3-11　编写源程序

源程序代码如下：

```
#include <stdio.h>
#include <math.h>                    //因为使用数学函数 sqrt()，所以必须包含 math.h
```

```
void main()
{   float a,b,c;                              //a,b,c 为三角形的 3 条边长
    float s,area;                             //s 为三角形周长的一半，area 为三角形的面积
    printf("\nPlease Input a,b,c:");          //提示输入三角形的 3 条边长
    scanf("%f%f%f",&a,&b,&c);                 //输入 3 条边长
    s=(a+b+c)/2;                              //计算周长的一半 s
    area=sqrt(s*(s-a) * (s-b) * (s-c));       //计算三角形面积 area
    printf("area=%f \n",area);                //输出三角形面积 area
    getchar();getchar();                      //等待输入字符继续
}
```

学习提示：

① 在编写程序时，首先根据算法需要确定程序中变量的数据类型。因为三角形的边长和面积不一定是整数，因此这里使用 float 类型。

② 注意确定输入和输出数据使用的格式符，本例中输入和输出均使用 "%f"。

③ 因为程序中使用了开平方根数学函数 sqrt()，所以在文件头部必须使用语句 "#include <math.h>"。

（3）生成解决方案：选择"生成→生成解决方案"命令，编译源程序、生成目标可执行程序。如图 3-12 所示，如果在"输出"窗口显示信息"生成：成功 0 个，失败 1 个，最新 0 个，跳过 0 个"，就表示生成解决方案成功了。

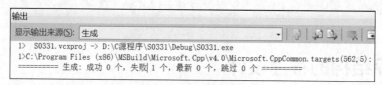

图 3-12 "输出"窗口

（4）运行：选择"调试→启动调试"命令，或者按 ▶ 按钮，运行程序。在打开的对话框中，显示信息 "Please Input a,b,c:"，提示输入三角形 3 条边长，此处输入"3 4 5"，此时窗口会自动关闭，看不到输出结果。在程序的最后一行增加语句 "getchar();getchar();"，程序运行到此行时会自动停止，查看输出结果。

```
Please Input a, b, c:3 4 5
area=6.000000
```

【例 3.29】求解鸡兔同笼问题。已知笼子中鸡和兔的头数总共为 h，脚数总共为 f，问鸡和兔各有多少只？

（1）分析。设鸡和兔分别有 x 和 y 只，则可列出方程组 $\begin{cases} x+y=h \\ 2x+4y=f \end{cases}$。经过数学推导，方程组可以转化为公式 $\begin{cases} x=(4h-f)/2 \\ y=(f-2h)/2 \end{cases}$ 或 $\begin{cases} x=(4h-f)/2 \\ y=h-x \end{cases}$。

根据数学知识，任何一对 h 和 f，都能计算出相应的 x 和 y，x 和 y 值的取值范围是实数。在现实世界中，鸡和兔的只数只能为大于或等于 0 的整数。因此，如果所得 x 或 y 带小数部分或者小于 0，那么这一对 h 和 f 就不是正确的解。

（2）算法设计。根据上述分析，求解此问题的算法如图 3-13 所示。

（3）编写程序。根据图 3-13 所示的算法，编写源程序如下：

```
#include <stdio.h>
void main()
```

```
{   int h,f;                        //h 为头的总数，f 为脚的总数
    float x,y;                      //x 为鸡的只数，y 为兔子的只数
    printf("Please Input h,f:");
    scanf("%d%d",&h,&f);            //分别输入头和脚的数目
    x=(4*h-f)/2;                    //计算鸡的只数
    y=h-x;                          //计算兔子的只数
    printf("x= %f,y=%f \n",x,y);
}
```

此程序中的 h 和 f 为 int 类型，而计算的结果 x 和 y 可能带有小数部分。设 x 和 y 为 float 类型，当 x 和 y 值带有小数部分或小于 0 时，则说明这一对 h 和 f 输入有误。程序运行时，输入 10 和 30，其运行结果如下。

```
Please Input h,f:10 30
x= 5.000000, y=5.000000
```

【例 3.30】编写程序，输入一个三位整数，将其个位、十位和百位数反序后，得到一个新的整数并输出。例如，输入整数 234，输出整数 432。

（1）分析。要将整数的数位反序，首先必须求得其个位、十位和百位数，再计算得到反序后的数。

（2）算法设计。根据上述分析，求解此问题的算法如图 3-14 所示。

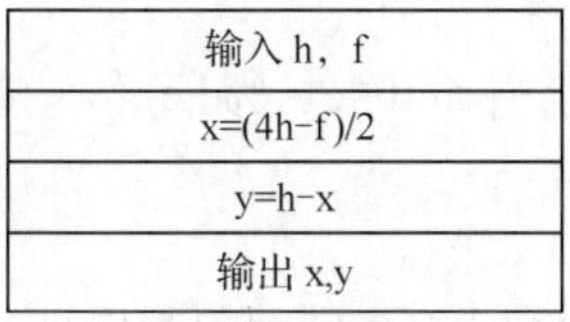

输入 h，f
x=(4h-f)/2
y=h-x
输出 x,y

图 3-13 "鸡兔同笼问题"的算法

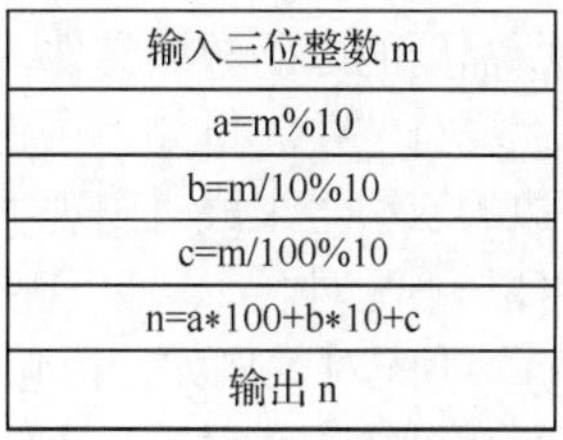

输入三位整数 m
a=m%10
b=m/10%10
c=m/100%10
n=a*100+b*10+c
输出 n

图 3-14 三位整数反序

（3）编写程序。根据图 3-14 所示的算法，编写以下源程序：

```
#include <stdio.h>
void main()
{   int m,n,a,b,c;
    printf("Please input 三位整数:");
    scanf("%d",&m);
    a=m%10;             //求个位数
    b=m/10%10;          //求十位数
    c=m/100%10;         //求百位数
    n=a*100+b*10+c;     //求反序后的数
    printf("%d 对调后是 %d\n",m,n);
}
```

程序运行时输入 234，其运行结果如下。

```
Please input 三位整数:234
234 对调后是 432
```

学习提示：
　　取得一个整数的各位数字的方法在实际编程过程中会经常用到，读者应注意掌握其方法。

3.4　常见的编程错误及其调试

在实际编程过程中，错误时常发生，很少有程序在第一次编译运行时就完全正确的。计算机先

驱格蕾丝·赫柏（Grace Hopper）发现的第一个硬件错误是在一个计算机组件中有一只大昆虫，因此计算机的错误就被称为 Bug（虫子），而发现并纠正错误的过程就称为调试，即 Debug。

在编写程序的过程中，错误是很难避免的。编译器在检测到一个错误时，会给出错误信息，提示编程者可能的错误原因。但是，错误的提示信息并不一定准确，有时候让人难以理解，有时候还可能误导编程者。

有的程序在编译时能够通过，但是在执行时会出现意外错误。有的程序则因为算法的错误，导致运行结果出错。因此读者需要通过更多地编写和调试程序，逐渐积累经验，从而提高程序调试能力。

程序中经常出现的错误包括语法错误、运行时错误、未检测到的错误和逻辑错误等。

3.4.1 语法错误

代码违反一条或多条 C 语言语法规则，那么其在编译时将会被检测出语法错误。程序中如果有语法错误，它将不能被编译通过，并且不能被执行。

初学者在 C 语言编程中常见的语法错误如下。

（1）变量未被定义。

（2）语句后缺少分号"；"。

（3）忘记包含所需的库函数头文件。

（4）忘记乘法运算符"*"。例如，语句"a=3b;"。

（5）字符串两边的双引号未成对出现。例如，语句"printf("c = %d,c);"。

（6）花括号"{}"不配对。

（7）小括号"()"不配对。例如，语句"s = (a + b + c/2;"。

编译器会找出所有可能的错误，一个错误可能导致产生多条错误提示信息。因此，在修改程序时，应该首先修改位置靠前的错误，在重新编译程序后再查看错误信息，并继续调试。

在调试时，只要用鼠标双击错误信息行，对应语句行的左侧将出现提示图标 ▬。

| 输入 miles |
| kms=0.621miles |
| 输出 kms |

图 3-15 "英里到千米数转换问题"的算法

【例 3.31】输入英里数，将其转换为千米数并输出。

（1）算法设计。经分析，该问题的算法如图 3-15 所示。

（2）编写程序。编写的程序代码如下：

```
1    void main()
2    {    double kms
3         printf("Please input miles:");
4         scanf("%lf",&miles);
5         kms=0.621miles;
6         printf("%lf miles= %lf kms,miles,kms);
7    }
```

此程序中存在多条语法错误，在编译时，错误提示信息如图 3-16 所示。

```
输出
显示输出来源(S): 生成
1>d:\c源程序\s0334\s0334\s1.cpp(3): error C2146: 语法错误: 缺少";" (在标识符 "printf" 的前面)
1>d:\c源程序\s0334\s0334\s1.cpp(3): error C3861: "printf": 找不到标识符
1>d:\c源程序\s0334\s0334\s1.cpp(4): error C2065: "miles" : 未声明的标识符
1>d:\c源程序\s0334\s0334\s1.cpp(4): error C3861: "scanf": 找不到标识符
1>d:\c源程序\s0334\s0334\s1.cpp(5): error C2059: 语法错误: "数字上的错误后缀"
1>d:\c源程序\s0334\s0334\s1.cpp(5): error C2146: 语法错误: 缺少";" (在标识符 "miles" 的前面)
1>d:\c源程序\s0334\s0334\s1.cpp(5): error C2065: "miles" : 未声明的标识符
1>d:\c源程序\s0334\s0334\s1.cpp(6): error C2001: 常量中有换行符
1>d:\c源程序\s0334\s0334\s1.cpp(7): error C2143: 语法错误: 缺少")" (在 "}" 的前面)
1>d:\c源程序\s0334\s0334\s1.cpp(7): error C2143: 语法错误: 缺少";" (在 "}" 的前面)
1>d:\c源程序\s0334\s0334\s1.cpp(6): error C3861: "printf": 找不到标识符
========== 生成: 成功 0 个，失败 1 个，最新 0 个，跳过 0 个 ==========
```

图 3-16 语法错误提示信息

错误提示信息的分析如下。

① s1.cpp(3): error C2146: 语法错误: 缺少 ";"（在标识符 "printf" 的前面）

"(3)" 表示错误可能的行号；"error C2146" 为错误编号；在 "printf" 的前面缺少分号，此时经常是前一行的末尾缺少分号。

② s1.cpp(3): error C3861: "printf"：找不到标识符/s1.cpp(4): error C3861: "scanf"：找不到标识符

标识符 "printf" 和 "scanf" 没有被定义。如果要使用 printf() 和 scanf() 函数，就必须在程序开头包含 stdio.h 文件，即 "#include <stdio.h>"。

③ s1.cpp(4): error C2065: "miles"：未声明的标识符

标识符 "miles" 没有被定义，即变量 miles 没有被定义，此时需要在前边定义 "miles" 变量。

④ s1.cpp(5): error C2059: 语法错误: "数字上的错误后缀"

第 5 行的表达式缺少运算符 "*"，应该为 "kms=0.621*miles;"。

⑤ s1.cpp(6): error C2001: 常量中有换行符/s1.cpp(7): error C2143: 语法错误：缺少 ")" (在 "}" 的前面)/s1.cpp(7): error C2143: 语法错误：缺少 ";" (在 "}" 的前面)

第 6 行的格式字符串缺少结束的双引号。

（3）根据错误提示信息修改后的程序如下：

```
1   #include <stdio.h>                          //增加了此行
2   void main()
3   {   double kms,miles;                        //增加了miles的定义和语句结束符";"
4       printf("Please input miles:");
5       scanf("%lf",&miles);
6       kms=0.621*miles;                         //增加了"*"
7       printf("%lf miles= %lf kms",miles,kms); //格式字符串增加了右侧双引号
8   }
```

学习提示：

后边的语法错误，可能是受前边错误的影响。所以编程者在修改语法错误时，总是从前向后，逐步修改错误。修改前一条语法错误后，立即生成新方案，然后修改下一条语法错误。

3.4.2　运行时错误

运行时错误是指在程序编译时未能找出，而在程序执行时被计算机检测到的错误。当程序试图执行一个非法操作时会导致运行时错误。例如，被 0 除是一个运行时错误。当运行时错误发生时，计算机会停止运行程序，并弹出错误提示信息。

【例 3.32】被 0 除错误程序示例。

```
#include <stdio.h>
void main()
{   int a,b,c;
    a=10;
    b=5/9;              //b为0
    c=a/b;              //除法的分母为0，导致运行时错误
    printf("c=%d",c);
}
```

程序在运行时，将产生运行时错误，提示信息如图 3-17 所示。

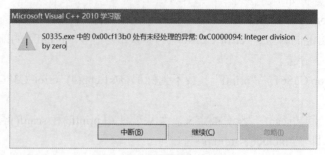

图 3-17　运行时错误提示

3.4.3　未检测到的错误

未检测到的错误是指有一些在编译和运行时都不会被计算机检测出来，但是会导致程序运行结果不正确的错误。编程者必须预测并验证程序的结果，以确定程序是否正确。

常见的未检测到的错误如下。

（1）printf()或 scanf()语句中变量类型与使用格式说明符不一致。

【例 3.33】输出格式符号错误示例。

```
#include <stdio.h>
void main()
{   int a;
    a=12345;
    printf("%f\n",a);
}
```

程序运行的结果如下。

```
0.000000
```

此处变量 a 为 int 类型，而 printf()语句中错误地使用"%f"格式，导致程序运行时输出结果不正确。

（2）赋给 int 类型变量的数超出变量的取值范围。

【例 3.34】数值越界示例。

```
#include <stdio.h>
void main()
{   int a;
    a= 2147483648;            //超过了 int 类型的取值范围-2147483648～2147483647
    printf("%d\n",a);
}
```

程序的运行结果如下。

```
-2147483648
```

（3）scanf()语句中忘记使用变量的取地址符号"&"。

【例 3.35】输入时缺少"&"符号示例。

```
#include <stdio.h>
void main()
{   int a,b;
    scanf("%d%d",a,b);
    printf("%d,%d\n",a,b);
}
```

若程序在运行时输入的数据不能赋给对应的变量，则系统会报错，如图 3-18 所示。

（4）运行程序时输入数据的方式与 scanf()语句的格式要求不一致，导致数据不能正确赋给变量。

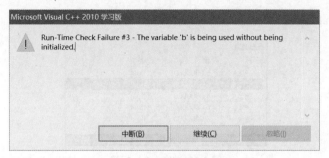

图 3-18　输入时缺少取地址符

【例 3.36】输入格式错误举例。

```
#include <stdio.h>
void main()
{   int a,b;
    scanf("%d,%d",&a,&b);
    printf("%d,%d\n",a,b);
}
```

在程序运行时，正确的输入方式为"3,4"，如果输入了"3 4"，则会因为输入格式的不正确，使得输入的数据不能赋给变量 b。程序运行的结果如下。

```
3 4
3, -858993460
```

（5）整数除法可能导致的结果错误。

【例 3.37】整数除法错误举例。

```
#include <stdio.h>
void main()
{   int a,b;
    scanf("%d",&a);
    b=5/9*a;
    printf("%d,%d\n",a,b);
};
```

因为 5/9 的值为 0，因此不论 a 的值为多少，变量 b 的值永远为 0。程序运行的结果如下。

```
90
90, 0
```

3.4.4　逻辑错误

逻辑错误是指由于不正确的算法导致的错误。逻辑错误主要源于错误的算法，因此在进行程序设计之前，应该仔细检查算法的正确性。逻辑错误只是得不到期望的结果，它通常不会导致运行时错误，编译时也不会出现错误信息，因此错误定位和纠正较为困难。

对于一个程序，我们可以先制订一份完善的测试方案，设计包括所有可能情况的测试用例，然后将运行的结果与预测的结果进行比对，从而发现逻辑错误。当发现逻辑错误时，需要使用程序调试的方法进行纠错。

3.4.5　程序调试方法

程序虽然通过了编译和组建，但是运行结果与期望的不一致，可能是因为算法出错，也可能是发生了计算机未检测到的错误。此时，可以通过程序调试（Debug）找出错误。

（1）在生成解决方案成功后，选择"调试→逐过程"命令追踪执行程序。每按一次 F10 键，则程序会继续运行下一行。

当前语句左侧有⇨图标，表示正在运行的行。

（2）可以在 Visual C++ 2010 界面中的"局部变量"窗口观察变量的取值，如图 3-19 所示。

图 3-19　"Locals"标签

（3）选择"调试→逐语句"命令，可以进入调试过程中跟踪的被调用函数的内部，如 printf()函数中。

（4）选择"调试→切换断点"命令，可将当前光标所在行设为断点。选择"调试→启动调试"命令，则程序会直接运行到断点处停下。

> **学习提示：**
> 初学者在调试程序时，应该通过反复的上机编程实践，熟练掌握以下调试程序的步骤。
> （1）选择"调试→逐过程"命令追踪执行程序，并逐行调试程序。
> （2）逐行执行程序时，通过观察"局部变量"或"自动窗口"，观察变量或表达式的取值变化，从而判断程序是否正确。

习题

一、选择题

（1）以下选项中，（　　）不是 C 语言中的基本数据类型。

A. 整型　　　　　　B. 字符型　　　　　　C. 实型　　　　　　D. 数组

（2）变量需要占用一定的存储空间，一个 int 类型的变量占据（　　）字节。

A. 1　　　　　　　　B. 2　　　　　　　　C. 3　　　　　　　　D. 4

（3）在程序执行时，（　　）的值可以发生改变。

A. 变量　　　　　　B. 常量　　　　　　C. 符号常量　　　　D. 地址

（4）以下选项中，（　　）标识符是正确的 C 语言标识符。

A. if, 3abc, _a4　　　　　　　　　　　B. we, _3e, count

C. w!, for, Const　　　　　　　　　　D. #t, er2_r, in-qw

（5）以下关于变量定义的说法中错误的是（　　）。

A. 变量必须先定义后使用，变量名应尽量做到见名知义

B. 一次可以同时定义多个相同类型的变量

C. 定义变量的同时给该变量赋初值，叫作初始化

D. 在定义变量时可以指出其类型，也可以不指出

（6）要将变量 B 初始化为 1.023456789，以下定义中正确的是（　　）。

A. int　B=1.023456789;　　　　　　B. float　B=1.023456789;

C. double　B=1.023456789;　　　　　D. char B=1.023456789;

（7）以下选项中，不属于常量的是（　　）。

A. A123　　　　　　　　　　　　　　B. #define　PI　3.14

C. 3.1415　　　　　　　　　　　　　D. const　float　PI=3.14

（8）以下叙述中正确的是（　　　）。

　　A．在程序运行时，常量的取值可以改变

　　B．用户定义的标识符允许使用关键字

　　C．用户定义的标识符必须用大写字母开头

　　D．用户定义变量时应尽量做到见名知义

（9）以下程序运行后的输出结果是（　　　）。

```
#define A 5
#include<stdio.h>
void main()
{   int x;
    x=(A+3)*A;
    printf("%d",x);
}
```

　　A．8　　　　　　　　B．15　　　　　　　C．24　　　　　　　D．40

（10）以下关于输入/输出格式说明符的说法中错误的是（　　　）。

　　A．%d 是 int 的输入/输出格式符

　　B．float 和 double 的输入格式符都可以是%f

　　C．float 和 double 的输出格式符都可以是%f

　　D．%x 是 int 的十六进制输出格式符

（11）以下关于输入/输出的说法中错误的是（　　　）。

　　A．使用输入/输出函数时，需要在程序中加入#include<stdio.h>命令

　　B．scanf("%d",&a)中的&表示取地址，可以省略

　　C．printf("%5d",a);表示输出变量 a 的值，占 5 列

　　D．printf("%5.3f",a);表示输出变量 a 的值，保留小数点后 3 位，整个数据占 5 列

（12）以下程序运行时要给变量赋值 a=4、b=6，应该输入（　　　）。

```
#include<stdio.h>
void main()
{   int a,b;
    scanf("%d,%d",&a,&b);
    printf("%d%d",a,b);
}
```

　　A．a=4,b=6　　　B．a=4 b=6　　　C．4,6　　　　　D．4 6

（13）以下程序运行后的输出结果是（　　　）。

```
#include<stdio.h>
void main()
{   int y=-12;
    printf("3456%d\n",y);
}
```

　　A．3456　　　　　B．-12　　　　　　C．3456-12　　　D．345612

（14）以下程序运行后的输出结果是（　　　）。

```
#include<stdio.h>
void main()
{   float x=3.14159;
    printf("%.3f\n",x);
}
```

　　A．3.14　　　　　　B．3.141　　　　　C．3.142　　　　D．3.1

（15）已定义 int a=2，b=3，c=9，则表达式 c%a+b 的值是（　　　）。

　　A．3　　　　　　　B．7　　　　　　　C．8　　　　　　D．4

（16）定义 int a=1，b=2，c=3，d=4，则表达式(a+b)/d-c 的值是（　　　）。

A. −1 B. −2 C. −3 D. −4

（17）以下表示数学式(3xy)/(ab)的 C 语言表达式中，错误的是（　　）。

A. 3*x*y/a/b B. x/a*y/b*3 C. 3*x*y/a*b D. x/b*y/a*3

（18）以下程序运行后的输出结果是（　　）。

```
#include<stdio.h>
void main()
{   int x=5;
    int s=0;
    s=x+x/2+x%2;
    printf("%d\n",s);
}
```

A. 8 B. 5 C. 4 D. 1

（19）以下程序运行后的输出结果是（　　）。

```
#include<stdio.h>
void main()
{   float x=3.45f;
    int y=5;
    double s=0;
    s=x+y/3+y%2;
    printf("%.2lf\n",s);
}
```

A. 3 B. 9.45 C. 5.45 D. 9

（20）以下程序运行后的输出结果是（　　）。

```
#include<stdio.h>
void main()
{   int a=5;
    a++;
    printf("%d,",a);
    ++a;
    printf("%d\n",a);
}
```

A. 5,6 B. 6,7 C. 7,7 D. 8,8

（21）若变量 x 和 y 已正确定义并赋值，以下各项符合 C 语言语法的表达式是（　　）。

A. x++ B. x+34=y C. x+23=x+y D. (x+y)++

（22）定义 int m=1, a=3, b=2, c=4，执行语句 "d=m=a=b;" 后，d 的值为（　　）。

A. 1 B. 2 C. 3 D. 4

（23）以下程序段在执行后，a 的值是（　　）。

```
int a;
double b=4.86;
a=b;
```

A. NULL B. 4 C. 4.86 D. 5

（24）以下程序段在执行后，k 的值是（　　）。

```
int k=2,a=3,b=4;
k*=a+b;
```

A. 10 B. 12 C. 14 D. 2

（25）已定义 a=3，执行语句 a+=a−=a*=a+2 后，a 的值是（　　）。

A. 0 B. 3 C. −12 D. −24

（26）已知 int a=2, b=3, c=4，则逗号表达式 d=a, a=b+c, c=c+1 的值是（　　）。

A. 5 B. 6 C. 7 D. 8

（27）已知 x=3.5, y=6.3，则 (int)(x+y) 的值是（　　）。

A. 6 B. 7 C. 9 D. 8

（28）表达式 "4/6*(int)4.6/(int)(2.67*3.8-5.6)" 值的数据类型为（　　）。

    A．int　　　　　　B．float　　　　　　C．double　　　　　D．char

（29）C 语言的每一条语句后都必须跟一个（　　）。

    A．;　　　　　　　B．,　　　　　　　　C．。　　　　　　　D．"

（30）C 语言的单行注释以（　　）开始。

    A．/*　　　　　　B．//　　　　　　　　C．*/　　　　　　　D．{

（31）代码违反 C 语言语法规则，编译器在编译时将检测到（　　）。

    A．运行时错误　　B．逻辑错误　　　　C．未检测到错误　　D．语法错误

（32）语句 "kms=0.621Miles;" 的语法错误是（　　）。

    A．变量未定义　　B．语句后缺少分号　C．忘记乘法运算符　D．缺少 ")"

（33）由于不正确的算法导致的错误是（　　）。

    A．运行时错误　　B．逻辑错误　　　　C．未检测到错误　　D．语法错误

（34）在调试程序时，经常按（　　）键，开始单步调试，并逐行执行程序。

    A．F5　　　　　　B．F7　　　　　　　C．F10　　　　　　D．F9

（35）已知 a=2，执行语句 "b=a++;" 后，a、b 的值分别是（　　）。

    A．a=2　b=2　　B．a=3　b=3　　　C．a=2　b=3　　　D．a=3　b=2

（36）已知 a=6，执行语句 "b=--a;" 后，a、b 的值分别是（　　）。

    A．a=6　b=6　　B．a=5　b=5　　　C．a=6　b=5　　　D．a=5　b=6

（37）定义 int x，y=2，z=3，则执行语句 "x=3+(y--)+(++z);" 后，x 的值为（　　）。

    A．9　　　　　　B．8　　　　　　　C．7　　　　　　　D．6

二、编程题

1．设计算法并编写程序，输入梯形的上底、下底和高，计算并输出面积。

2．设计算法并编写程序，输入一个矩形草坪的长和宽（单位：m）及修建草坪的速度 x（单位：m^2/s），计算修剪草坪所需的时间（单位：s）。

3．设计算法并编写程序，输入圆柱的半径 r 和高 h，求圆柱体积和圆柱表面积（提示，圆周率可以直接书写为 3.14）。

4．设计算法并编写程序，输入平面坐标系中两个点的坐标 (x_1,y_1) 和 (x_2,y_2)，计算两点之间的距离（提示，求开根号可用 sqrt() 函数）。

5．某商场营业员的总工资由两部分组成：基本工资和营业额提成费。设计算法并编写程序，输入基本工资（B）、本月的营业额（S）和营业额提成的比例（P），计算实发工资（T=B+S*P）。

6．设计算法并编写程序，输入五位数，求该数各个数位上的数字之和。例如，输入 12345，则和为 1+2+3+4+5=15。

7．设计算法并编写程序，求二元一次方程组 $\begin{cases} A_1X+B_1Y=C_1 \\ A_2X+B_2Y=C_2 \end{cases}$ 的解，要求输入系数 A_1、B_1、C_1、A_2、B_2 和 C_2。

第 4 章 函数

在实际编程时，一个算法可能非常复杂，程序可能有几万行，编写时容易出错且调试困难。模块化程序设计后，将大问题逐步细化，分解成很多具有独立功能的小模块，这些小模块之间可以相互调用，简化了程序设计的过程。

在图 4-1 所示的函数调用示意图中，main()函数调用 f(x) 和 g(x)，f(x) 调用 g(x)。main()函数执行"调用 f(x)"语句时，转入 f(x)中，f(x)执行完毕，返回 main()函数中"调用 f(x)"语句处，并继续执行后边的语句。函数 f(x) 执行"调用 g(x)"语句时，转入 g(x)中，g(x)执行完毕，返回 f(x)中"调用 g(x)"语句处，继续执行后边的语句。

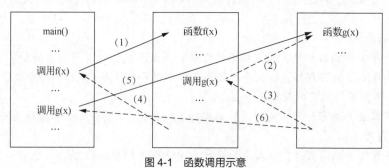

图 4-1 函数调用示意

本章将介绍函数的定义和调用、变量的作用域，以及变量的存储类别、生存期等内容。

4.1 函数的定义和调用

4.1.1 函数定义

用户可以根据需要自己定义函数，并且像使用内部函数一样，使用自己定义的函数。定义函数的一般形式如下：

```
函数类型 <函数名> （ [<形参表>]）
{    声明部分
     执行语句部分
}
```

【例 4.1】定义函数 fun()，参数为价格和重量，求樱桃的总金额。通过键盘输入价格与重量后，调用函数计算樱桃的总金额。

```
int fun(int p, int n)            //函数头部定义
{   int t;
    t=p*n;
    return (t);                  //函数的返回值
}
void printstar()                 //打印*行
{   printf("*************\n");
}
void main()
{   int price,number,total;
    printstar();                 //函数调用，打印*
    printf("输入单价和重量：");
    scanf("%d%d",&price,&number);
    total=fun(price,number);
    printf("总金额=%d\n",total);
    printstar();                 //函数调用，打印*
}
```

程序的运行结果如下。

```
*************
输入单价和重量：17 100
总金额=1700
*************
```

说明：

（1）函数的命名与变量命名相似，它也遵守标识符的命名规则。如例 4.1 中的函数名为"fun"。

（2）<形参表>是函数的参数变量列表，多个形参（形式参数）之间用","隔开，形参也称为虚参。形参的数据类型可根据实际需要确定，其一般形式为：

```
<数据类型名> <参数名>
```

在例 4.1 中有两个形参"int p, int n"。

（3）函数中不能再嵌套定义其他函数。

（4）语句"return (返回值)"给出了函数的返回值。"函数类型<函数名>([<形参表>])"中的"函数类型"指定了函数返回值的数据类型，不论 return 语句的返回值为何种数据类型，都将自动转换为函数类型。

（5）空函数指的是函数内部没有任何语句，函数什么工作都不做。例如：

```
void null()    //空函数，此函数什么工作都不做
{
}
```

（6）在 C 语言中，一个项目只能有一个 main()函数，不论 main()函数的位置在哪里，程序都是从 main()函数开始执行的，再到 main()函数结束的。

4.1.2　函数调用

函数在定义完后就可以被调用了。如果函数定义中有形参，那么在调用时，应会传递实际参数（实参）。自定义函数的调用与系统内部函数的调用方法类似。

1. 函数调用的一般形式

其格式如下：

```
<函数名>([<实参表>])
```

说明：

（1）实参表中的实参可以是常量、变量或表达式，各参数之间用","隔开，实参也可以是数组。

（2）实参与形参的类型、个数和位置应该一一对应，否则会出错。

（3）实参表中变量名与形参表中的变量名可以相同，也可以不相同。在例 4.1 中，语句"total=fun(price,number);"就是用变量 price 和 number 为实参调用函数 fun() 的。

2. 函数调用的方式

函数主要有以下几种调用方式。

（1）将函数单独作为一个语句，具体如下：

```
printstar();  //函数调用，打印*
```

（2）将函数直接写在表达式中，具体如下：

```
total=fun(price,number);
```

> **学习提示：**
>
> 使用 F10 键逐过程调试的方法，能观察整个程序的执行过程。在运行到函数调用语句时，按 F11 键（逐语句）可以进入被调用函数内部，观察函数内部语句的执行情况。

【例 4.2】编写函数 triangle(a, b, c)，其功能是计算三角形的面积。先在 main() 函数中输入三角形的 3 条边长，再调用 triangle() 函数计算并输出三角形的面积。

编写程序如下：

```
#include <stdio.h>
#include <math.h>
float triangle(float a, float b, float c)      //定义函数头部
{   float s,area;
    s=(a+b+c)/2;                               //计算周长的一半 s
    area=sqrt(s*(s-a) * (s-b) * (s-c));        //计算三角形的面积 area
    return (area);                             //返回值 area
}
void main()
{   float a,b,c,area;
    printf("\nPlease Input a,b,c:");
    scanf("%f%f%f",&a,&b,&c);
    area=triangle(a,b,c);                      //调用 triangle()函数计算面积
    printf("area=%f \n",area);                 //输出面积
}
```

程序的运行结果如下。

```
Please Input a, b, c:30 40 50
area=600.000000
```

4.1.3 函数返回值

函数通过 return 语句可带回返回值。如果函数需要带回返回值，则函数中必须包含 return 语句。

说明：

（1）函数类型作为函数返回值的数据类型，不论 return 语句的返回值为何种数据类型，都将自动转换为函数类型。

（2）函数类型可以省略，此时函数的默认数据类型为 int 类型。

（3）return 语句还可以退出或结束函数，不再执行函数的后续语句。

（4）一个函数中可以包含多个 return 语句，执行哪一个 return 语句就由哪一个 return 语句带回返回值。

（5）如果函数类型为 void，则表示函数没有返回值。此时函数的 return 语句不带任何返回值，函数中也可以没有 return 语句。

【例 4.3】函数类型和返回值。

```
#include <stdio.h>
```

```
int area(int r)                     //定义函数头部
{    float s;
     s=3.14159*r*r;
     return (s);                    //函数的返回值带有小数,则会自动将之转换为 int
}
void print()
{    printf("***************\n");
     return;                        //退出函数,且不执行后续语句
     printf("###############\n");   //此语句不执行
}
void main()
{    int r,s;
     printf("请输入 r:");
     scanf("%d",&r);
     s=area(r);                     // area()函数调用
     print();                       // print()函数调用
     printf(" area= %d\n",s);
     print();                       // print()函数调用
}
```

程序的运行结果如下。

```
请输入 r:10
***************
area= 314
***************
```

4.1.4 参数的传递

1. 参数的传递

C 语言中函数参数的传递方式是单向值传递。函数参数的值传递方式是将实参的值传递给形参,形参变量另外申请一段内存空间。此时,实参和形参分别占用不同的内存空间,因此改变形参变量的值不会影响实参变量。

【例 4.4】参数的值传递举例。

```
#include <stdio.h>
void swap(int x,int y)        //定义函数头部
{    int t;
     t=x;                     //交换 x 和 y
     x=y;
     y=t;
     printf("x=%d,y=%d\n",x,y);
}
void main()
{    int a,b;
     printf(" 请输入 a,b:");
     scanf("%d%d",&a,&b);
     swap(a,b);
     printf("a=%d,b=%d\n",a,b);
}
```

程序的运行结果如下。

```
请输入 a, b:3 4
x=4, y=3
a=3, b=4
```

说明:

(1)在 swap()函数中,虽然形参 x 和 y 交换了,但是返回 main()后,实参 a 和 b 的值没有改变。

参数的传递过程如图 4-2 所示，将实参 a 和 b 的值传给对应的形参 x 和 y，此时形参和实参分别占用不同内存空间，因此形参变量的改变不会影响实参。

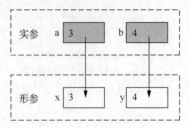

图 4-2　形参和实参的关系

（2）实参可以是变量、常量或表达式。

```
swap(3,4);          //实参是常量
swap(a+1,b+1);      //实参是表达式
```

2. 实参和形参的类型

当实参与形参的数据类型不一致时，可以将实参转换为形参的类型传递给形参。

【例 4.5】实参与形参数值传递举例。

```
#include <stdio.h>
void f(int x)        //定义函数头部
{   int y;
    y=2*x;
    printf("x=%d,y=%d\n",x,y);
}
void main()
{   float a=4.89;
    f(a);
    f(7.5);
}
x=4,  y=8
x=7,  y=14
```

说明：

（1）实参 a 为 float 类型，将之转换为整数 4 后再传递给形参 x。

（2）实参 7.5 转换为整数 7 后再传递给形参 x。

4.1.5　对被调用函数的声明

一个函数在被调用之前必须已被定义，此外还应该在调用之前对函数进行声明。声明就是向编译系统声明将调用的函数的相关信息，如果在调用函数之前未进行声明，则编译系统认为此函数不存在，从而导致编译出错。

【例 4.6】函数声明举例，计算形参变量的和。

```
#include <stdio.h>
void main()
{   float sum(float a,float b);    //函数的声明语句
    float x,y,z;
    printf(" 请输入 x,y:");
    scanf("%f%f",&x,&y);
    z=sum(x,y);
    printf(" 和为%f\n",z);
}
float sum(float a,float b)        //求和的函数
{   return (a+b);
```

```
}
```

程序的运行结果如下。

```
请输入 x, y:3 4
和为 7.000000
```

说明：

（1）函数 float sum(float a, float b)的功能是求参数 a 与 b 的和。函数的声明语句"float sum(float a, float b);"写在主调用函数 main()的开始。如果省略了声明语句，那么在编译程序时将报以下错误：

```
s1.cpp(6): error C3861: "sum": 找不到标识符
```

编译系统在编译到语句"z=sum(x,y);"时认为没有定义 sum。

（2）如果函数定义在主调用函数之前，则编译系统已经获得了函数的相关信息，此时可以不进行函数声明。例如，前边编写的例 4.1 和例 4.2 都没有进行函数声明。

（3）函数声明语句的一般形式为：

函数类型 函数名（参数类型 1 参数名 1，参数类型 2 参数名 2，…）

其中，参数名可以省略。

例如，以下为正确的函数声明语句。

```
float sum(float a,float b);    //包括完整的函数类型、函数名、参数类型、参数名
float sum(float,float);         //省略了函数的参数名
```

（4）在主调用函数中的函数声明语句必须写在调用函数语句之前，如例 4.6。

（5）函数声明语句也可以写在主调用函数的外边，例 4.6 写在如下位置：

```
#include <stdio.h>
float sum(float a,float b);    //函数声明语句
void main()
...
```

则在后续任何地方调用函数，都不再需要进行此函数的声明。

（6）在文件 stdio.h、math.h 等"头文件"中，包含了对库函数的声明和一些宏定义的信息。例如，stdio.h 文件中包含对 printf()、scanf()等函数的声明，而 math.h 文件中包含对 sqrt()、fabs()等函数的声明。使用语句"#include <stdio.h>"和"#include <math.h>"将库函数的声明包含到本程序中，这样就可以使用这些库函数了。

4.2　变量的作用域

变量能够被访问的位置称为变量的作用域。根据变量定义的位置的不同，变量的作用域也不相同，我们可以将变量分为局部变量和全局变量。

1. 局部变量

在一个函数内部定义的变量称为内部变量，它只能在本函数内部使用，而不能在函数以外的地方使用，即它的作用范围只在函数内部。函数的内部变量也称为局部变量。局部变量主要包括自定义的局部变量、形参、复合语句中定义的变量。

【例 4.7】局部变量举例。

```
#include <stdio.h>
void f1(int a)
{    int b=3,c=4;                        //a,b,c 为局部变量，只能在 f1()中引用
     printf("a=%d,b=%d,c=%d\n",a,b,c);
}
void f2(int x)
{    int y=3,z=4;                        //x,y,z 为局部变量，只能在 f2()中引用
     printf("x=%d,y=%d,z=%d\n",x,y,z);
```

```
}
void f3(int a)                          //函数的形参 int a 可以与 f1()的形参相同
{   int b=8,c=9;                        //b,c 与 f1()中的变量名相同，但并不相互干扰
    printf("a=%d,b=%d,c=%d\n",a,b,c);
}
void main()
{   int m=2,n=3;                        //m,n 为局部变量，只在 main()内部有效
    f1(3);
    f2(4);
    f3(5);
    printf("m=%d,n=%d\n",m,n);
    {   int a=4,b=5;
        printf("a=%d,b=%d\n",a,b);      //a,b 为局部变量，仅能用于本复合语句
    }
    //printf("a=%d,b=%d\n",a,b);        //报错，不能引用 a,b
}
```

程序的运行结果如下。

```
a=3,  b=3,  c=4
x=4,  y=3,  z=4
a=5,  b=8,  c=9
m=2,  n=3
a=4,  b=5
```

说明：

（1）在函数内部定义的形参、变量为局部变量，只能在本函数内部使用，而不能被其他函数调用。

（2）内部变量、形参等可以与其他函数内部的变量、形参同名，相互之间并不干扰。如 f3()中的形参 a 和变量 b、c 与 f1()函数中的形参和变量名相同。

（3）复合语句中的变量仅在复合语句内部有效，离开复合语句后该变量将释放内存，复合语句外部不能使用该变量。

2. 全局变量

在一个源程序文件中，在函数外部定义的变量为外部变量，也称为全局变量。全局变量可以被本文件中的函数使用，它的作用范围是从定义的位置开始直到本源文件结束。

【例 4.8】全局变量举例。

```
#include <stdio.h>
int m=1,n=2;                            //m、n 为全局变量，作用域直到最后
void f1()
{   printf("m=%d,n=%d\n",m,n);          //全局变量 m=1,n=2
    printf("p=%d,q=%d\n",p,q);          //出错，不能引用后边定义的 p,q
}
int p=9,q=10;                           //p、q 为全局变量，作用域直到最后
void f2()
{   int m=3,n=4;
    printf("m=%d,n=%d\n",m,n);          //引用局部变量 m=3,n=4
    printf("p=%d,q=%d\n",p,q);          //全局变量 p=9,q=10
}
void main()
{   int m=5,n=6;
    printf("m=%d,n=%d\n",m,n);          //引用局部变量 m=5,n=6
    {   int m=7,n=8;
        printf("m=%d,n=%d\n",m,n);      //引用局部变量 m=7,n=8
    }
    printf("m=%d,n=%d\n",m,n);          //引用局部变量 m=5,n=6
```

```
        printf("p=%d,q=%d\n",p,q);        //全局变量 p=9,q=10
}
```

程序的运行结果如下。

```
m=5,  n=6
m=7,  n=8
m=5,  n=6
p=9,  q=10
```

说明：

（1）全局变量的作用域从定义的位置开始直到源程序文件结束。

（2）在局部变量与全局变量名相同时，优先使用局部变量。

全局变量可以被源文件中定义的所有函数引用和赋值，所以全局变量的最终值是给全局变量最后一次赋的值。各个函数之间除了使用参数传递数据外，还可以使用全局变量来传递数据。

【例 4.9】 编写函数，计算和、差、乘积。

编写程序如下：

```
#include <stdio.h>
int s,t,m;            //定义全局变量
void fun(int a, int b)
{  s=a+b;
   t=a-b;
   m=a*b;
}
void main()
{  int a,b;
   printf(" 请输入 2 个数: ");
   scanf("%d%d",&a, &b);
   fun(a,b);
   printf("和=%d, 差=%d, 乘积=%d\n",s,t,m); //调用全局变量
}
```

程序的运行结果如下。

```
   请输入 10 个数: 45 34 33 20 56 67 22 89 12 66
   数组为: 45 34 33 20 56 67 22 89 12 66
   数组的和为: 444, 最大值为 89, 最小值为 12
Press any key to continue
```

说明：

（1）全局变量在程序执行的整个过程中都占用内存，而不是仅在需要时才开辟内存单元。

（2）在编写程序时，应该尽量避免使用全局变量。因为如果函数过于依赖全局变量，函数的通用性就会降低。所有函数都可以改变全局变量的值，因此难以判断每个瞬间变量的值。另外，全局变量过多，也会降低程序的可读性。

4.3 变量的存储类别和生存期

变量在程序执行过程中占用存储单元的时间称为变量的生存期。根据生存期的不同，变量可以分为动态变量和静态变量。

内存中可供用户使用的存储空间分为三部分，如图 4-3 所示。

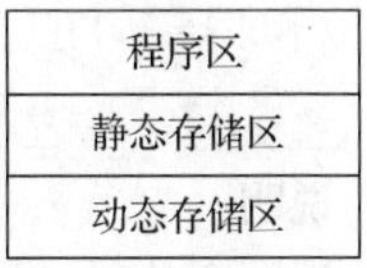

动态变量存储在动态存储区。当函数被调用时，系统会为函数中定义的变量分配一个动态存储单元，函数调用结束，这些存储单元就会被释放。动态变量包括函数形参和函数内部定义的变量。

静态变量存储在静态存储区。其在程序运行之初就被分配了存储空

| 程序区 |
| 静态存储区 |
| 动态存储区 |

图 4-3 用户使用的存储空间

间，程序执行完毕才会释放存储空间。静态变量包括全局变量和使用关键字 static 定义的局部变量。静态存储变量默认的初值为 0。

在定义变量时，可以使用以下关键字定义其存储方式：auto、static、register、extern。

1. auto 类型变量

在 C 语言中可以用关键字 auto 指定局部变量为动态存储方式。当省略关键字 auto 时，局部变量默认是动态存储方式。

【例 4.10】用关键字 auto 定义动态变量。

```
#include <stdio.h>
void f(int a)
{   auto b=2;  //动态存储方式，与int b=2;效果相同
    b=b+a;
    printf("a=%d,b=%d\n",a,b);
}
void main()
{   int a=1;  //动态存储方式
    f(a); f(a); f(a);
}
```

程序的运行结果如下。

```
a=1, b=3
a=1, b=3
a=1, b=3
```

说明：

（1）在调用 f()函数时为动态变量 b 分配一个内存空间，函数结束时变量 b 会释放之前分配的内存空间。再次调用 f()函数时，则又被重新分配了内存空间，并赋初值 2。

（2）使用 auto 和不使用 auto，局部变量均为动态存储方式。程序运行时函数中的变量情况如图 4-4 所示。

图 4-4　局部变量

2. static 声明静态局部变量

如果在定义局部变量时使用关键字 static，则该变量为静态变量。静态变量在程序执行期间会一直占用存储单元，它只能被初始化一次。在每次调用其所在进程时，变量并不重新初始化，而是继续使用上次调用结束时保存的值。

【例 4.11】静态变量的使用。

```
#include <stdio.h>
void f(int a)
{   static int b=2;              //静态存储方式，变量不释放
    b=b+a;
    printf("a=%d,b=%d\n",a,b);
}
void main()
{   int a=1,i;                   //动态存储方式
    f(a); f(a); f(a);
}
```

程序的运行结果如下。

```
a=1, b=3
a=1, b=4
a=1, b=5
```

说明：

程序在执行过程中，b 为 static 静态存储方式，函数执行结束后变量 b 并不被释放，下一次调用时 b 仍然为上次调用结束时的值。

3. register 变量

动态存储方式和静态存储方式的变量均存放在内存中，程序运行至需要使用变量时，再由控制器发出指令从内存中取出及写入数据。在 C 语言中，可以将频繁使用的变量定义为 register 变量，该变量存放在 CPU 的寄存器中，因为寄存器的存取速度远高于内存，从而可以显著提高程序的运行效率。

【例 4.12】register 变量的使用。

```
#include <stdio.h>
long f(int a)
{   register long s=0;          //register 类型变量
    s=s+a;s=s+a;s=s+a;
     return s;
}
void main()
{   int s;                      //动态存储方式
    s=f(100);
    printf("sum=%ld\n",s);
}
```

程序的运行结果如下。

```
sum=300
```

说明：

（1）一个 CPU 中的寄存器数目有限，因此定义寄存器变量不能太多。

（2）只有局部变量和形参可以定义为寄存器变量，而全局变量不能定义为寄存器变量。

（3）静态局部变量不能定义为寄存器变量。

```
register static long i,s=0;  //该定义是错误的
```

4. extern 变量

在一个工程项目中可以包含多个源程序文件。extern 多用于声明变量是定义在其他文件中的外部变量。关于关键字 extern 的使用，详见 4.4 节。

4.4 程序的模块化设计

以前编写的程序的结构都比较简单，因此所有程序代码都集中在一个源代码文件（如 xxx.cpp）中。但在编写大项目时程序较长，且可能有很多人参与，这时再将程序代码都编写在一个源代码文件中就很不方便了。我们在实现一个项目时，可以将代码分别写在多个源代码文件中，而只在一个文件中包括 main()函数。

【例 4.13】模块化的程序设计举例。

编写程序的过程如下。

（1）建立"空项目"类型的项目，项目名称为 eg0413。

（2）增加新的"C++文件"类型的源文件"s1.cpp"，编写程序如下。

```
extern float x;              //声明引用外部变量
void sum(float a,float b)    //求和
{   x= a+b;
}
```

（3）增加新的"C++文件"类型的源文件"s2.cpp"，编写程序如下。

```
extern float y;              //声明引用外部变量
void sub(float a,float b)    //求差
{   y=a-b;
}
```

（4）增加新的"C++文件"类型的源文件"s3.cpp"，编写程序如下。

```
#include<stdio.h>
extern float x,y;   //声明引用外部变量
void fun()
{  printf("sum=%f, ?sub=%f\n",x,y);
}
```

（5）增加新的"C++文件"类型的源文件"s4.cpp"，编写程序如下。

```
extern void sum(float a,float b);   //声明引用外部函数
extern void sub(float a,float b);
extern void fun();
float x,y;
void main()
{   sum(3,4);
    sub(3,4);
    fun();
}
```

（6）执行"Build→Build Eg0822.exe"或按 F7 键，连接生成可执行程序。

程序的运行结果如下。

```
sum=7.000000, sub=-1.000000
```

说明：

（1）各个源文件中定义的函数和外部变量，可以被其他文件调用。在调用函数和变量的文件中，必须使用关键字 extern 声明引用的外部函数和变量。

例如，在文件"s4.cpp"中需要声明外部函数：

```
extern void sum(float a,float b);        //声明引用外部函数
extern void sub(float a,float b);
extern void fun();
```

又如，在文件"s3.cpp"中声明引用外部变量：

```
extern float x,y;   //声明引用外部变量
```

（2）也可以把外部函数的声明写在调用它的函数体的内部。

例如：

```
void main()
{   extern void sum(float a,float b);   //声明引用外部函数
    sum(3,4);
    ...
}
```

（3）全局外部函数的声明和定义在同一个模块中时，外部函数的声明也可以省略关键字 extern。

当一个外部函数和外部变量仅限于本源程序模块中使用时，可以使用关键字 static 将其定义为静态外部函数和变量，此函数和变量仅能在本文件中调用。

【例 4.14】静态外部函数和静态外部变量举例。

编写程序过程如下。

（1）建立"空项目"类型的项目，项目名称为 eg0414。

（2）增加新的"C++文件"类型的源文件"s1.cpp"，编写程序如下。

```
static int t;                 //静态变量只能被本文件调用
static int sum(int a,int b)    //静态函数只能被本文件调用
{    return a+b;
}
```

（3）增加新的"C++文件"类型的源文件"s2.cpp"，编写程序如下。

```
#include <stdio.h>
extern int t;                 //外部变量 t 为 static，不能被外部引用，出错
extern int sum(int a,int b);  //外部 sum 函数为 static，不能被外部引用，出错
```

```
void main()
{    t=sum(3,4);                    //变量 t 和 sum 函数都不能被外部引用，出错
     printf("sum=%d\n",t);
}
```

说明：

使用关键字 static 定义的外部函数和变量只能被本文件使用。即使用关键字 extern 声明外部函数和变量，也不能调用其他文件中以关键字 static 定义的外部函数和变量。

将 s1.cpp 中的变量 t 和函数 sum 定义语句的 static 去掉，就可以被外部引用了。

```
int t;                       //非 static 可以被外部引用
int sum(int a,int b)         //非 static 可以被外部引用
{    return a+b;
}int t;                      //静态变量只能被本文件调用
```

程序运行结果如下。

```
sum=7
```

习题

一、选择题

（1）在 C 语言中，main()函数的位置（　　　　）。

A. 必须在被调用的函数之前　　　　　　B. 必须在程序的开始

C. 必须在程序的最后　　　　　　　　　D. 可以在被调用函数的前边或者后边

（2）以下叙述中正确的是（　　　　）。

A. 程序的执行总是从 main()函数开始，到 main()函数结束

B. 程序的执行总是从第一个函数开始，到 main()函数结束

C. 程序的执行总是从 main()函数开始，到程序的最后一个函数结束

D. 程序的执行总是从第一个函数开始，到程序的最后一个函数结束

（3）在 C 语言中，函数返回值的类型是（　　　　）。

A. 由调用该函数时的主调函数类型决定

B. 由 return 语句中表达式类型决定

C. 由调用该函数时的系统决定

D. 由定义该函数时所指定的数据类型决定

（4）以下叙述中错误的是（　　　　）。

A. 用户定义的函数中可以没有 return 语句

B. 用户定义的函数中可以有多个 return 语句，以便可以调用一次返回多个函数值

C. 用户定义的函数中若没有 return 语句，可以定义函数为 void 类型

D. 函数的 return 语句中可以没有表达式

（5）有以下函数定义，当运行语句“int a=fun();”时，a 的值为（　　　　）。

```
int fun()
{return(3.89);
}
```

A. 3　　　　　　　　B. 4　　　　　　　　C. 3.8　　　　　　　　D. 3.89

（6）调用函数时，如果实参和形参都是简单变量，那么它们之间的传递是（　　　　）。

A. 实参将其值传递给形参，调用结束时形参会将值传回实参

B. 实参将其地址传递给形参，调用结束时形参会将地址传回实参

C. 实参将其值传递给形参，释放实参占用的存储单元

D. 实参将其值传递给形参，调用结束时形参并不会将值传回实参

（7）有以下函数定义，当运行语句 "fun(3.78, 3.23)；" 时输出的是（　　　）。

```
void fun(int a, int b)
{printf("%d %d",a,b);
}
```

    A. 3　3　　　　　　B. 4　3　　　　　　C. 4　4　　　　　　D. 3.78　3.23

（8）以下关于函数声明的说法中，错误的是（　　　）。

    A. 有了函数声明，就不需要定义函数

    B. 函数定义在主调用函数之前，可以不声明

    C. 函数的声明必须写在调用函数的语句之前

    D. 函数声明语句可以写在主调用函数的外边

（9）有以下函数定义，正确的声明语句是（　　　）。

```
void fun(int a, float b)
{…
}
```

    A. void fun();　　　　　　　　　　　B. fun(int, float);

    C. void fun(int a, float b);　　　　　D. fun(int a, float b)

（10）以下程序的运行结果是（　　　）。

```
#include <stdio.h>
int fun(int x, int y)
{   x++;y++;
    return(x+y);
}
void main()
{   int a=2,b=3,c;
    c=fun(a,b);
    printf("%d,%d,%d\n",a,b,c);
}
```

    A. 2,3,7　　　　　B. 3,4,7　　　　　C. 2,3,5　　　　　D. 3,4,5

（11）以下程序的运行结果是（　　　）。

```
#include <stdio.h>
int  fun(int x)
{   return(x+3.14);}
void main()
{   float a=3.9;
    int d;
    d=fun(a);
    printf("%d\n",d);
}
```

    A. 3　　　　　　　B. 4　　　　　　　C. 6　　　　　　　D. 7

（12）以下程序的运行结果是（　　　）。

```
#include <stdio.h>
int fun1(int x)
{   return x*x;
}
int fun2(int x, int y)
{   double a,b;
    a=fun1(x);
    b=fun1(y);
    return(a+b);
}
void main()
{   double c;
    c=fun2(2.1,4.2);
```

```
    printf("%.1lf\n",c);
}
```

　　A. 20.0　　　　　B. 4　　　　　C. 16　　　　　D. 6

（13）以下叙述中错误的是（　　　）。

　　A. 变量的作用域取决于变量定义语句的位置

　　B. 全局变量定义在函数外部

　　C. 局部变量可以被其他函数使用

　　D. 全局变量的作用域是从定义的位置开始直到本源文件结束

（14）以下程序的运行结果是（　　　）。

```
#include <stdio.h>
int a=3,b=4;
int fun(int x, int y)
{   int z=x+y;
    return z;
}
void main()
{   int a=5,b=6,c;
    c=fun(a,b);
    printf("%d\n",c);
}
```

　　A. 5　　　　　　B. 11　　　　　C. 6　　　　　D. 7

（15）以下叙述中错误的是（　　　）。

　　A. 使用语句"static int a;"定义的外部变量存储在内存的静态存储区

　　B. 使用 int a 定义的外部变量存储在内存的动态存储区

　　C. 使用 static int a 定义的内部变量存储在内存的静态存储区

　　D. 使用 int a 定义的内部变量存储在内存的动态存储区

（16）以下程序的运行结果是（　　　）。

```
#include <stdio.h>
void fun()
{   static int a=0;
    a+=2;
    printf("%3d",a);
}
void main()
{   int i;
    for(i=1;i<=4;i++)
     fun();
    printf("\n");
}
```

　　A. 2 2 2 2　　　B. 2 4 6 8　　　C. 0 0 0 0　　　D. 8 8 8 8

二、编程题

1. 编写函数 trapezoid(a, b, h)，参数是梯形的上底、下底和高，功能是计算梯形的面积。在 main() 函数中输入梯形的上底、下底和高，调用 trapezoid() 函数计算并输出梯形面积。

2. 编写函数 v(r, h)，其功能是计算圆柱的体积。在 main() 函数中输入半径和高，调用函数 v(r, h)，计算并输出圆柱体积。（提示：圆周率可以直接书写为 3.14）

3. 编写函数 rectangle(a, b, x)，参数是矩形草坪的长和宽（单位：m）和修剪草坪的速度 x（单位：m^2/s），功能是计算修剪草坪所需的时间（单位：s）。在 main() 函数中输入矩形草坪的长和宽和修剪草坪的速度 x，调用函数 rectangle() 计算并输出修剪草坪所需的时间（单位：s）。

4. 编写函数 inv(m)，其参数 m 是五位整数，其功能是求 m 的反序数。例如，输入 12345，则输出为 54321。在 main() 函数中输入五位整数，调用 inv() 函数，计算并输出反序后的整数。

第 5 章　选择结构程序设计

在结构化程序设计中，顺序结构会按照语句的先后执行程序，但它只能解决一些简单问题。而选择结构则会根据条件的真假决定程序控制流程，它是实现复杂程序的基础。本章将介绍选择结构的算法设计，以及使用 C 语言编写选择结构程序的方法。

5.1　选择结构的算法设计

本节将会通过几个问题的算法设计，介绍选择结构的算法设计和描述方法。

【例 5.1】输入 x，求函数 $f(x)=\begin{cases} x & x<1 \\ 2x-1 & x \geq 1 \end{cases}$ 的值。

分析：首先判定 $x<1$ 条件，如果为真则结果为 x；否则判定 $x \geq 1$ 条件，如果为真则结果为 $2x-1$；不管执行哪个分支，最后都需要输出结果 y。算法的传统流程图如图 5-1（a）所示，其 N-S 流程图如图 5-1（b）所示。

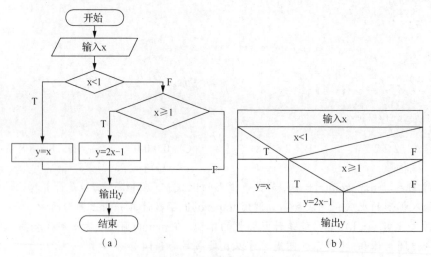

图 5-1　"分段函数"算法

如果 $x<1$ 为真，则执行第一个分支。如果 $x<1$ 为假，那么第二个条件 $x \geq 1$ 必然为真，也就不需要再做判断了。优化后算法的传统流程图如图 5-2（a）所示，N-S 流程图如图 5-2（b）所示。

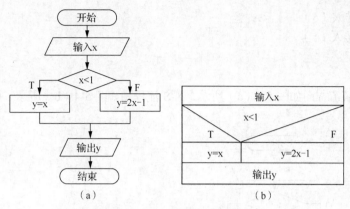

图 5-2　"分段函数"优化算法 1

进一步，如果求三个分支的函数 $f(x)=\begin{cases} x & x<1 \\ 2x-1 & 1\leqslant x<10 \\ x^2+2x+2 & x\geqslant 10 \end{cases}$ 的值。

分析：首先判定 $x<1$ 条件，如果为真则结果为 x；然后判定 $1\leqslant x<10$ 条件，如果为真则结果为 $2x-1$；否则结果为 x^2+2x+2。其算法的传统流程图如图 5-3（a）所示，N-S 流程图如图 5-3（b）所示。

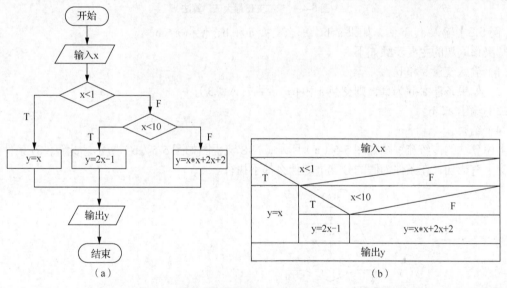

图 5-3　"分段函数"优化算法 2

学习提示：

（1）思考 4 个分支、5 个分支或者更多分支的问题的算法设计。

（2）算法依然包括输入、处理和输出 3 个部分，其中处理部分包括选择结构。

（3）算法设计应该力求做到：易于阅读和理解；减少运算次数；减少程序书写量。

（4）因为传统流程图占用篇幅较大且绘制困难，因此在后续内容中将主要用 N-S 流程图来描述算法，读者也应重点掌握 N-S 流程图的画法。

【**例 5.2**】输入 a、b 值，输出其中较大的数。

解决该问题的主要步骤如下。

（1）输入变量 a 和 b。

（2）如果 a>b 为真，则转入（3），否则转入（4）。

（3）max=a，转入（5）。

（4）max=b，转入（5）。

（5）输出 max。

（6）结束。

上述算法的传统流程图如图 5-4（a）所示，N-S 流程图如图 5-4（b）所示。此算法的真和假两个分支都有语句。

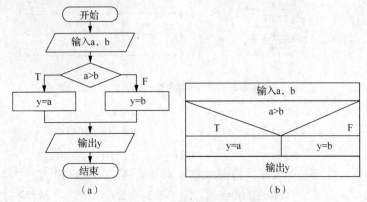

（a）　　　　　　　　　　　　（b）

图 5-4　"求二变量最大值"算法

【例 5.3】输入 a、b 值，如果 a>b，那么交换 a 和 b，使得 a≤b。

解决该问题的主要步骤如下。

（1）输入变量 a 和 b。

（2）如果条件 a>b 为真，则交换 a 和 b；否则转入（3）。

（3）输出 a、b。

（4）结束。

上述算法的传统流程图如图 5-5（a）所示，N-S 流程图如图 5-5（b）所示。此算法在条件为真的分支上有语句，在条件为假的分支上则什么都不执行。

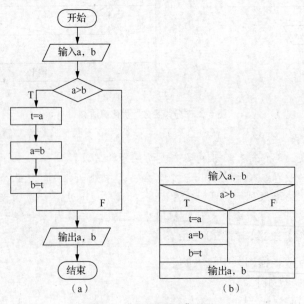

（a）　　　　　　　　　　　　（b）

图 5-5　"二变量排序"算法

学习提示:

(1)算法依然包括输入、处理和输出 3 个部分,其中处理部分使用了选择结构。

(2)使用中间变量 t 交换两个变量 a 和 b 数值的方法常用在一些经典算法中,交换过程如图 5-6 所示,读者应注意理解和掌握。

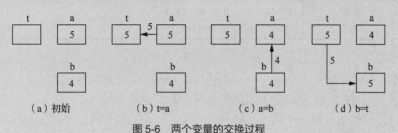

图 5-6 两个变量的交换过程

【例 5.4】 输入变量 a、b 和 c,将它们按照从小到大的顺序排序后输出。

解决该问题的主要步骤如下。

(1)如果 a>b,则 a 和 b 交换。

(2)如果 a>c,则 a 和 c 交换,此时可以保证 a 最小。

(3)如果 b>c,则 b 和 c 交换,此时可以保证 b≤c。

(4)排序完毕。

上述算法的 N-S 流程图如图 5-7 所示,经过 3 次比较和交换,完成了排序过程。

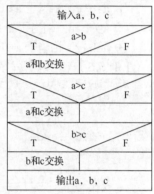

图 5-7 "三变量排序"算法

学习提示:

思考 4 个、5 个、…、100 个变量排序问题的算法应该怎样设计。

5.2 关系运算与逻辑运算

关系运算可比较两个数据的关系;而逻辑运算可组合判断多个条件,常用来描述程序设计中的条件。

5.2.1 关系运算符和关系表达式

关系运算符用于比较两个操作数的关系,用关系运算符连接两个表达式称为关系表达式,例如,表达式 a>b,如果关系成立,则表达式值为"真",否则为"假"。

在 C 语言中,关系表达式的值为"真"用整数 1 表示,而值为"假"用整数 0 表示。

关系运算符的操作数可以是数值、字符等数据类型。表 5-1 列出了 C 语言提供的关系运算符及其含义。

表 5-1 关系运算符

运算符	运算	关系表达式(假设:a=5,b=6,c=7)		优先级
>	大于	a>b 值为 0	a+b>c 值为 1	高
<	小于	3+a<6 值为 0		

续表

运算符	运算	关系表达式（假设：a=5，b=6，c=7）	优先级
>=	大于等于	a*b>=c 值为 1	
<=	小于等于	12+c<=100 值为 1	
==	等于	a==b 值为 0 a+2==c 值为 1	低
!=	不等于	a!=b 值为 1 a+1!=b 值为 0	

说明：

（1）4 种关系运算符（>，<，>=，<=）的优先级相同，后两种关系运算符（==，!=）的优先级相同。前 4 种关系运算符的优先级高于后两种关系运算符的优先级。

（2）关系运算符的优先级低于算术运算符；关系运算符的优先级高于赋值运算符 "="。

例如：

① a>b+c，相当于 a>(b+c)。因为算术运算符的优先级高于关系运算符。

② a==b>c，相当于 a==(b>c)。因为运算符 ">" 的优先级高于运算符 "=="。

③ a=b>c，相当于 a=(b>c)。因为关系运算符的优先级高于赋值运算符 "="。

【例 5.5】 编写以下程序，查看结果。

```c
#include <stdio.h>
void main()
{   int a,b,c;
    int d,e,f;
    a=4,b=5,c=6;
    d=a>b;    //值为 0
    e=a<b<c;  //值为 1
    f=c>b>a;  //值为 0
    printf("%d %d %d \n",d,e,f);
}
```

程序的运行结果如下。

```
0 1 0
```

说明：

① 语句 "d=a>b;" 中，d 的取值为 0。因为表达式 a>b 的值为假，即整数 0。

② 语句 "e=a<b<c;" 中，e 的取值为 1。因为 "<" 运算符是按照从左至右的方向结合，所以先执行 "a<b"，其值为真，即整数 1，而 "1<c" 的值为真，即整数 1。

③ 语句 "f=c>b>a;" 中，f 的取值为整数 0。因为 ">" 运算符是按照从左至右的方向结合，所以先执行 "c>b"，其值为真，即整数 1，而 "1>a" 的值为假，即整数 0。

5.2.2　逻辑运算符和逻辑表达式

逻辑运算符用于对操作数进行逻辑运算，用逻辑运算符连接关系表达式或逻辑值称为逻辑表达式。C 语言的逻辑运算符包括&&（与）、||（或）和!（非）。逻辑运算符的含义和说明如表 5-2 所示，逻辑运算符的真值表如表 5-3 所示。

表 5-2　逻辑运算符的含义和说明

运算符	含义	说明	举例(a=10)	值
&&	与（并且）	两个操作数都为真时，结果才为真	1<=a && a<15	1
||	或（或者）	两个操作数都为假时，结果才为假	a<=1 || a>=20	0
!	非（取反）	操作数为真，结果为假，反之亦然	!(a<4)	1

表 5-3　逻辑运算符的真值表

a	b	!a	a && b	a || b
1	1	0	1	1
1	0	0	0	1
0	1	1	0	1
0	0	1	0	0

说明：

（1）逻辑运算的操作数以 0 表示假，以非 0 表示真。逻辑运算的值"真"用整数 1 表示，"假"用整数 0 表示。

【例 5.6】编写以下程序，查看结果。

```
#include <stdio.h>
void main()
{   int a,b,c;
    a=4,b=5,c=6;
    printf("%d\n",!a);          //值为 0
    printf("%d\n",a&&b);        //值为 1
    printf("%d\n",a||b);        //值为 1
    printf("%d\n",a&&0||b);     //值为 1
}
```

程序的运行结果如下。

```
0
1
1
1
```

说明：

① !a 的值为 0。因为整型变量 a 的值为 4，表示真。

② a&&b 的值为 1。因为 a 和 b 的值都不为 0，表示真。

③ a||b 的值为 1。因为 a 和 b 的值都不为 0，表示真。

④ a&&0||b 的值为 1。因为 a 和 b 的值都不为 0，表示真。

（2）在 C 语言中，各类运算符的优先级关系如下：!（非）高于&&（与）和 ||（或），而&&（与）和 ||（或）低于关系运算符，!（非）高于算术运算符。在 C 语言中，运算符的优先级如图 5-8 所示。

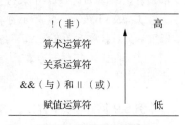

图 5-8　运算符的优先级

例如：

① a>b&&c>d，相当于(a>b)&&(c>d)。因为关系运算符的优先级高于逻辑&&（与）运算符。

② !a+b||a>b+1，相当于((!a)+b)||(a>(b+1))。因为算术运算符的优先级高于关系运算符，!（非）运算符的优先级最高。

学习提示：

在 C 语言中，运算符的优先级有时候容易造成混乱。在实际编程时，为了避免因运算符优先级不清楚造成的混乱，可以给需要先执行的表达式加上"( )"。

【例 5.7】已知判断年份 y 是否为闰年的条件为：①能被 4 整除，但不能被 100 整除；②能被 400 整除。写出其逻辑表达式。

分析：

（1）条件①可描述为：y%4 == 0&&y%100!= 0。

（2）条件②可描述为：y%400 == 0。

（3）条件①和②的关系为"或"，即只要满足①和②中的任意一个，那么 y 就是闰年。因此，判断 y 为闰年的逻辑表达式可以描述为：

```
y%4==0&&y%100!=0 || y%400==0
```

为了避免因优先级造成的误解，也可以描述为：

```
(y%4==0&&y%100! =0 )|| (y%400==0)
```

学习提示：

注意理解和掌握判断一个整数能否被另一个整数整除的方法。

【例 5.8】 写出判断变量 a 是否介于 1～10 的表达式。

分析：

（1）表达式 "1<=a<=10" 错误。

此表达式值永远为真（即 1）。因为表达式在实际运算时为 "(1<=a)<=10"。不论(1<=a)为真（即 1）还是假（即 0），其值必然小于等于整数 10，所以该表达式永远为真（即 1）。

（2）表达式 "1<=a && a<=10" 正确。

其含义是 a 大于等于 1 并且小于等于 10。

学习提示：

注意掌握判断一个变量是否介于某个区间的逻辑表达式的写法。

短路求值（※）

只要逻辑表达式的值可以确定就停止继续对表达式求值，这就是所谓的"短路求值"。在 C 语言的逻辑运算中，并不是所有的逻辑运算符都会被执行，仅当必须执行下一个逻辑运算符才能求出表达式值的时候，才执行该运算符。例如：

① a&&b&&c。只有 a 为真，才判断 b；只有 a 和 b 都为真，才判断 c；只要 a 为假，就不判断 b 和 c；只要 b 为假，就不判断 c。

② a||b||c。只要 a 为真，就不判断 b 和 c；只有 a 为假时，才判断 b；只有 a 和 b 都为假时，才判断 c。

【例 5.9】 编写以下程序，查看结果。

```
#include <stdio.h>
void main()
{   int a,b,c,d;
    a=4,b=5;
    d=(a<0)&&(b=10);   //d 为 0，b 不变，仍然为 5
    printf("%d %d\n",d,b);
    d=(a>0)||(b=0);   //d 为 1，b 不变，仍然为 5
    printf("%d %d\n",d,b);
}
```

程序的运行结果如下。

```
0 5
1 5
```

说明：

（1）语句 "d = (a<0)&&(b = 10);" 中，因为(a<0)为假，所以整个表达式为假，即变量 d 的值为 0。不再判断(b = 10)，所以变量 b 的值不变，仍为 5。

（2）语句 "d = (a>0)||(b = 0);" 中，因为(a>0)为真，所以整个表达式为真，即变量 d 的值为 1。不再判断(b = 0)，所以变量 b 的值不变，仍为 5。

5.3　if 语句

描述选择结构最常用的语句就是 if 语句，它会根据判定条件的真假，决定执行的语句。if 语句的形式为：

```
if (表达式 1)
      语句 1
[else if (表达式 2)
      语句 2]
[    …    ]
[else if (表达式 n)
      语句 n]
[else
      语句 n+1]
```

说明：

（1）if 语句对应的流程图如图 5-9 所示，先判断前一个表达式，如果为真，就执行对应语句，否则判断下一个表达式；如果前边的条件都为假，则执行最后一个 else 子句对应的语句。

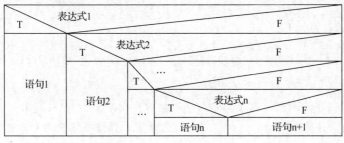

图 5-9　if 语句的结构

【例 5.10】按照图 5-10 所示的算法，编写例 5.1 的程序，输入 x，求函数 $f(x)=\begin{cases}x & x<1 \\ 2x-1 & x\geq 1\end{cases}$ 的值。

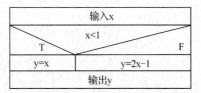

图 5-10　"分段函数"优化算法

编写程序：

```
#include <stdio.h>
void main()
{   float x,y;
    printf("Please input x:");
    scanf("%f",&x);   //输入 x
    if(x<1)
        y=x;
    else
        y=2*x-1;
    printf("y=%f\n",y);
}
```

两次运行程序的结果如下。

```
Please input x:-5          Please input x:5
y=-5.000000               y=9.000000
```

【例 5.11】按照图 5-11 所示的算法，编写例 5.1 的程序，

求函数 $f(x) = \begin{cases} x & x < 1 \\ 2x-1 & 1 \leqslant x < 10 \\ x^2+2x+2 & x \geqslant 10 \end{cases}$ 的值。

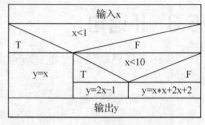

图 5-11 "分段函数"算法

编写程序：

```c
#include <stdio.h>
void main()
{   float x,y;
    printf("Please input x:");
    scanf("%f",&x);    //输入 x
    if(x<1)
        y=x;
    else if (x<10)
        y=2*x-1;
    else
        y=x*x+2*x+2;
    printf("y=%f\n",y);
}
```

三次运行程序的结果如下。

```
Please input x:-5       Please input x:5       Please input x:50
y=-5.000000            y=9.000000            y=2602.000000
```

学习提示：

注意选择结构程序的调试过程（熟练掌握，经常使用）。执行"逐过程"命令，单步追踪程序。针对各分支的条件输入数值，追踪程序的运行流程，注意观察变量或表达式的变化。

（2）else if 子句和 else 子句都可以省略。

【例 5.12】编写程序如下，分析其执行流程。

```c
#include <stdio.h>
void main()
{   float x,y;
    printf("\nPlease input x:");
    scanf("%f",&x);    //输入 x
    y=2*x-1;
    if(x<1)
        y=x;
    printf("y=%f\n",y);
}
```

两次运行程序的结果如下。

```
Please input x:-5       Please input x:5
y=-5.000000            y=9.000000
```

if 语句省略了所有的 else if 和 else 子句，只有一个分支。当 x<1 为真时，y=x；否则 y=2x-1，与例 5.10 的程序运行结果相同。

（3）<语句 n>只能是一条语句，语句的结束处有分号 "；"，如果一个分支有多条语句则会报错。

【例 5.13】编写程序如下，分析其执行流程。

```c
#include <stdio.h>
void main()
{   float x,y;
    printf("Please input x:");
    scanf("%f",&x);    //输入 x
    if(x<1)
```

```
            y=x;
             printf("y=%f\n",y);
        else     //报错
            y=2*x-1;
             printf("y=%f\n",y);

}
```

报错：

```
s1.cpp(9): error C2181: 没有匹配 if 的非法 else
```

（4）如果一个分支中有多条语句，可以用一对花括号"{}"将之括起来组成复合语句，复合语句可以看作一条简单语句。

【例 5.14】编写程序如下，分析其执行流程。

```
#include <stdio.h>
void main()
{   float x,y;
    printf("Please input x:");
    scanf("%f",&x);
    if(x<1)
        {   y=x;
            printf("y=%f\n",y);
        }
        else
        {   y=2*x-1;
            printf("y=%f\n",y);
        }
}
```

（5）表达式必须用一对括号"( )"括起来。表达式一般为关系表达式或逻辑表达式，也可以是其他表达式。表达式的值非 0，表示逻辑值为"真"，表达式的值为 0，则表示逻辑值为"假"。

例如：

```
if(a>b) printf("a");     //如果关系表达式 a>b 为真，那么执行输出语句
if (5)printf("a");       //常量 5 非 0，表示逻辑值"真"，所以执行输出语句
if (0)printf("a");       //常量 0，表示逻辑值"假"，所以不执行输出语句
if (a=0)printf("a");     //赋值表达式 a=0 值为 0，表示逻辑值"假"，所以不执行输出语句
```

（6）语句可以紧跟在 if、else if 或 else 子句的后边，也就是书写在同一行上，此时不会影响程序的执行流程。例如：

```
if(x>y) printf("%d",x);
else printf("%d",y);
```

学习提示：

（1）为了提高程序的可读性，建议 if、else if 或 else 子句和语句在不同行书写。

（2）注意程序书写的缩进结构，即同一级的语句左边应该对齐，而下一级语句比上一级语句向右缩进几个字符，这样书写可以提高程序的可读性。按 Tab 键可让本行语句向右缩进。

【例 5.15】编写程序，实现例 5.2，输入 a、b 值，输出其中较大的数，算法如图 5-12 所示。

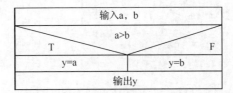

图 5-12　"求二变量中的最大值"算法

按照图 5-12 所示的算法，编写程序如下：

```
#include <stdio.h>
int max(int a,int b)
{   int y;     //函数可以是选择结构
    if (a>b)
       y=a;
    else
       y=b;
    return y;
}
void main()
{   int a,b,c;
    printf("Please input a,b:");
    scanf("%d%d",&a,&b);          //输入 a,b
    c=max(a,b);  //调用函数
    printf("max=%d\n",c);
}
```

求最大值的算法可通过 max() 函数实现，函数可以书写复杂的选择结构。程序运行结果如下。

```
Please input a, b:5 4
max=5
```

【例 5.16】编写程序，输入三位整数，判断其是否为"水仙花数"。所谓"水仙花数"是指各位数字的立方和等于该数本身的整数。例如，$153 = 1^3 + 5^3 + 3^3$，所以 153 为水仙花数。

分析：

要判断整数 m 是否为水仙花数，必须先求出其个位、十位和百位的数字，然后判断各位数字的立方和是否等于 m，如果相等则 m 为水仙花数。

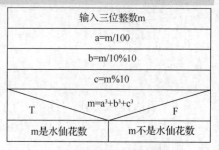

图 5-13 "水仙花数"问题

设计的算法如图 5-13 所示，编写程序如下：

```
#include <stdio.h>
int fun(int m)
{   int a,b,c;
     a=m/100;           //求百位数
    b=m/10%10;          //求十位数
    c=m%10;             //求个位数
    if (a*a*a+b*b*b+c*c*c==m)
        return 1;
     else
        return 0;

}
void main()
{   int m;
    printf("Please input 三位整数 y:");
    scanf("%d",&m);   //输入三位整数 y
    if (fun(m)==1)
      printf("%d 是水仙花数\n",m);
    else
      printf("%d 不是水仙花数\n",m);
}
```

程序的运行结果如下。

```
Please input 三位整数:153      Please input 三位整数:154
153 是水仙花数                  154 不是水仙花数
```

【例 5.17】按照图 5-14 所示的算法，编写例 5.4 的程序。输入变量 a、b 和 c，将它们按照从小到大的顺序排序后输出。

编写程序如下：

```
#include <stdio.h>
void main()
{   int a,b,c,t;
    printf("Please input a,b,c:");
    scanf("%d%d%d",&a,&b,&c);    //输入 a,b,c
    if(a>b)                      //如果 a>b，那么交换 a 和 b
    {   t=a;a=b;b=t; }
    if(a>c)                      //如果 a>c，那么交换 a 和 c
    {   t=a;a=c;c=t;}
    if(b>c)                      //如果 b>c，那么交换 b 和 c
    {   t=b;b=c;c=t;}
    printf("a=%d, b=%d,c=%d\n",a,b,c);  //输出 a、b、c
}
```

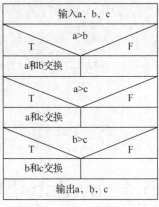

图 5-14 "三变量排序"算法

程序的运行结果如下。

```
Please input a, b, c:9 5 3
a=3, b=5, c=9
```

【例 5.18】输入学生课程成绩 mark，按照方法 $\begin{cases} 优秀 & 90 \leqslant mark \leqslant 100 \\ 良 & 80 \leqslant mark < 90 \\ 中 & 70 \leqslant mark < 80 \\ 及格 & 60 \leqslant mark < 70 \\ 不及格 & 0 \leqslant mark < 60 \end{cases}$ 给出评分等级。

分析：

此问题将成绩 mark 分为 5 种情况，算法如图 5-15 所示。

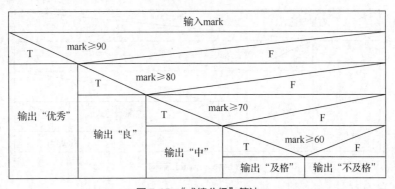

图 5-15 "成绩分级"算法

编写程序如下：

```
#include <stdio.h>
void f(int mark)
{   if(mark>=90)
        printf("优秀\n");
    else if (mark>=80)
        printf("良\n");
    else if (mark>=70)
        printf("中\n");
    else if (mark>=60)
        printf("及格\n");
    else
```

```
        printf("不及格\n");}
void main()
{   int mark;
    printf("Please input mark:");
    scanf("%d",&mark);
    f(mark);  //调用函数
}
```

程序为多分支选择结构，其中包括多个 else if 子句。程序的运行结果如下。

```
Please input mark:85
良
```

5.4   switch 语句

switch 语句是一种多分支选择结构的语句，它多用于编写选择分支较多的程序，如学生成绩按照分数段的分级问题。switch 语句的形式如下：

```
switch(变量或表达式)
{   case 常量表达式 1:语句 1
    case 常量表达式 2:语句 2
    ...
    case 常量表达式 n:语句 n
    default: 语句 n + 1
}
```

说明：

（1）switch 语句对应的流程如图 5-16 所示。当 switch 的"变量或表达式"的值与 case 子句后的"常量表达式"相等时，就执行 case 后边的语句；当所有的"常量表达式"的值都不与"变量或表达式"的值相等，则执行 default 后面的语句。

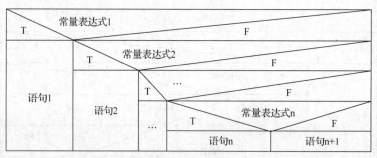

图 5-16   switch 结构

（2）switch 后边的表达式中的变量可以是整型或者字符型。

（3）case 后边必须为常量或常量表达式，且 case 后边的常量或常量表达式必须互不相同，否则将因为冲突而导致语法错误。例如，以下语句在编译时将会报错。

```
switch(mark)
{   case 2:printf("xx");
    case 1+1:printf("yy");    //两个 case 后的常量均为 2，所以报错
    default: printf("zz");
}
```

（4）各个 case 和 default 的先后次序不会影响程序的运行。

（5）每个 case 分支后边可以有多条语句。

（6）执行完一个 case 后面的语句以后，将继续执行下一个 case 后边的语句。可以在每个 case 对应语句的后边用一个 break 语句使得执行流程跳出 switch 结构。

（7）如果匹配的 case 分支后边没有语句，将继续执行下一个 case 后边的语句。

【例 5.19】编写程序，输入成绩等级 A、B、C、D 或 E，输出该成绩的分数段。

$$\begin{cases} 90 \leqslant \text{mark} \leqslant 100 & A \\ 80 \leqslant \text{mark} < 90 & B \\ 70 \leqslant \text{mark} < 80 & C \\ 60 \leqslant \text{mark} < 70 & D \\ \text{mark} < 60 & E \end{cases}$$

编写程序如下：

```c
#include <stdio.h>
void main()
{   char mark;
    printf("Please input mark:");
    scanf("%c",&mark); //输入成绩等级
    switch(mark)
    {   case 'A':printf("90~100\n");
        case 'B':printf("80~89\n");
        case 'C':printf("70~79\n");
        case 'D':printf("60~69\n");
        case 'E':printf("0~59\n");
        default:printf("Error\n");
    }
}
```

因为 switch 结构中每个 case 的语句后边没有 break，所以会继续执行下一个 case 后边的语句。在程序运行时输入 "B"，其运行结果如下。

```
Please input mark:B
80~89
70~79
60~69
0~59
Error
```

在每个 case 的语句后边跟一个 break 语句，则不再继续执行下一个 case 后的语句。改进的程序如下：

```c
#include <stdio.h>
void main()
{   char mark;
    printf("Please input mark:");
    scanf("%c",&mark); //输入成绩等级
    switch(mark)
    {   case 'A':printf("90~100\n");break;  //增加了 break
        case 'B':printf("80~89\n");break;
        case 'C':printf("70~79\n");break;
        case 'D':printf("60~69\n");break;
        case 'E':printf("0~59\n");break;
        default:printf("Error\n");
    }
}
```

程序的运行结果如下。

```
Please input mark:B
80~89
```

【例 5.20】采用 switch 结构完成例 5.18，输入学生课程成绩 mark，按照如下评级方法给出评分

等级。

$$\begin{cases} \text{优秀} & 90 \leqslant \text{mark} \leqslant 100 \\ \text{良} & 80 \leqslant \text{mark} < 90 \\ \text{中} & 70 \leqslant \text{mark} < 80 \\ \text{及格} & 60 \leqslant \text{mark} < 70 \\ \text{不及格} & 0 \leqslant \text{mark} < 60 \end{cases}$$

分析：

switch 结构的表达式要与 case 后边的常量表达式相匹配。因为每一个成绩段中都包括多个整数值，因此直接进行分支选择较困难。

使用表达式 "d = mark/10" 计算 d 值，可以减少分支数量。

当 mark 位于[90，100]时，d = 9 或 10；当 mark 位于[80，89]时，d = 8；当 mark 位于[70，79]时，d = 7；当 mark 位于[60，69]时，d = 6；当 mark 位于[0，59]时，d=0、1、2、3、4 或 5。

编写程序如下：

```c
#include <stdio.h>
void f(float mark)
{   int d;
    d=mark/10;    //整数除以整数，得整数
    switch(d)
    {    case 10:
         case 9:
              printf("优秀\n");break;
         case 8:
              printf("良\n");break;
         case 7:
              printf("中\n");break;
         case 6:
              printf("及格\n");break;
         case 5:
         case 4:
         case 3:
         case 2:
         case 1:
         case 0:
              printf("不及格\n");break;
         default:printf("Error\n");
    }
}
void main()
{   float mark;
    printf("Please input mark:");
    scanf("%f",&mark);
    f(mark);  //调用函数
}
```

程序的运行结果如下。

```
Please input mark:85
良
```

学习提示：

对于多分支选择结构，使用 switch 语句经常比 if 结构更直观，程序可读性更好。但有的多分支结构却不能使用 switch 语句，例如，对多个变量进行条件判断的情况，就不宜使用 switch 语句。

【例 5.21】输入整数坐标点（x，y），判断其落在哪个象限中。

分析：

根据 x、y 值判断坐标点（x，y）落在哪个象限中，分为 5 种情况：①在第一象限内时，x>0，y>0；②在第二象限内时，x<0，y>0；③在第三象限内时，x<0，y<0；④在第四象限内时，x>0，y<0；⑤在坐标轴上时（其他情况）。算法如图 5-17 所示。

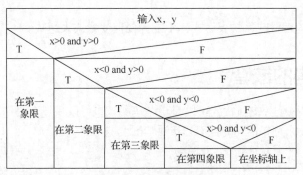

图 5-17 "坐标象限"算法

编写程序 1：

```c
#include <stdio.h>
void main()
{   int x,y;
    printf("\nPlease input x,y:");
    scanf("%d%d",&x,&y); //输入 x,y
    if (x>0&& y>0)
        printf("在第一象限\n");
    else if (x<0&& y>0)
        printf("在第二象限\n");
    else if (x<0&& y<0)
        printf("在第三象限\n");
    else if (x>0&& y<0)
        printf("在第四象限\n");
    else
        printf("在坐标轴上\n");
}
```

程序的运行结果如下。

```
Please input x,y:5 5
在第一象限
```

编写程序 2：

```c
#include <stdio.h>
void main()
{   int x,y;
    printf("\nPlease input x,y:");
    scanf("%d%d",&x,&y);                //输入 x, y
    switch (x,y)                       //出错，只能有一个变量或表达式
    {   case x>0&&y>0:printf("在第一象限\n"); break;
        //出错，case 后必须为常量或常量表达式
        case x<0&&y>0:printf("在第二象限\n"); break;
        case x<0&&y<0:printf("在第三象限\n"); break;
        case x>0&&y<0:printf("在第四象限\n"); break;
        default:printf("在坐标轴上\n");
```

```
    }
  }
```

说明：

（1）程序 1 使用 if 语句，运行结果正确。

（2）程序 2 出现错误，原因如下。

① 语句 switch 后边只能有一个变量。如果 switch 语句后出现多个变量或表达式，则系统会报错。

② case 后边必须为常量或常量表达式，不能为任何变量或表达式。

5.5 选择结构的嵌套

在 if 语句结构中，每个分支执行的可以是单条语句，也可以是复合语句。在 if 语句中又包含一个或多个 if 语句的形式称为 if 语句的嵌套。if 语句嵌套的形式为：

```
1    if (表达式 1)
2        if(表达式 2)           ┐
3            语句 1             │ 内嵌 if 语句
4        else                  │
5            语句 2             ┘
6    else
7        if(表达式 3)           ┐
8            语句 3             │ 内嵌 if 语句
9        else                  │
10           语句 4             ┘
```

其执行流程如图 5-18 所示。

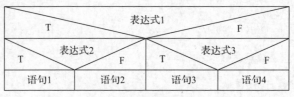

图 5-18 if 语句嵌套的流程 1

说明：

if 与 else 的配对关系：else 总是与它前面最近的未配对的 if 配对。

```
1    if (表达式 1)
2        if(表达式 2)           ┐
3            语句 1             │
4    else                      │ 内嵌 if 语句
5        if(表达式 3)           │
6            语句 2             │
7        else                  │
8            语句 3             ┘
```

以上程序的执行流程如图 5-19 所示。虽然第 4 行的 else 与第 1 行的 if 在同一列，看上去似乎第 4 行的 else 与第 1 行的 if 配对，但是实际上第 4 行的 else 是与第 2 行的 if 配对的，因为第 4 行的 else 离第 2 行的 if 最近。其真实配对情况的缩进结构如下。

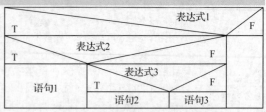

图 5-19 if 语句嵌套的流程 2

```
1       if (表达式 1)
2           if(表达式 2)
3               语句 1
4           else
5               if(表达式 3)     内嵌 if 语句
6                   语句 2
7               else
8                   语句 3
```

在编程时如果 if 与 else 的数目不同，那么程序设计者可以用花括号 "{}" 来确定其配对关系。以下程序的执行流程如图 5-20 所示。

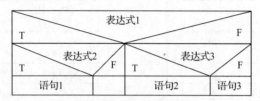

图 5-20　if 语句嵌套的流程 3

```
1       if (表达式 1)
2       {   if(表达式 2)
3               语句 1    }       内嵌 if 语句
4       else
5           if(表达式 3)
6               语句 2             内嵌 if 语句
7           else
8               语句 3
```

【例 5.22】编写例 5.1 的程序，求函数 $f(x) = \begin{cases} x & x < 1 \\ 2x-1 & 1 \leqslant x < 10 \\ x^2 + 2x + 2 & x \geqslant 10 \end{cases}$ 的值。

编写程序 1：

```c
#include <stdio.h>
void main()
{   float x,y;
    printf("\nPlease input x:");
    scanf("%f",&x);   //输入 x
    if (x>=1)
        if (x<10)
            y=2*x-1;
        else
            y=x*x+2*x+2;
    else
        y=x;
    printf("y=%f\n",y);
}
```

上述程序的 N-S 流程图如图 5-21 所示，该程序正确。
编写程序 2：

```c
#include <stdio.h>
void main()
{   float x,y;
    printf("\nPlease input x:");
    scanf("%f",&x);   //输入 x
    y=x;
```

```
    if (x<10)
        if (x>=1)
            y=2*x-1;
    else
        y=x*x+2*x+2;
    printf("y=%f\n",y);
}
```

else 与其前面最近的 if 配对，所以，程序 2 的 N-S 流程图如图 5-22 所示，该程序错误。

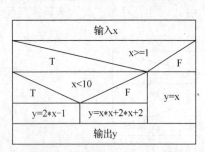

图 5-21　程序 1 的 N-S 流程图

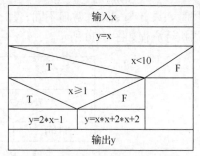

图 5-22　程序 2 的 N-S 流程图

如果将第 2 个 if 语句用花括号 "{}" 括起来，则流程正确，修改后的部分程序如下：

```
y=x;
if (x<10)
{    if (x>=1)
        y=2*x-1;
}
else
    y=x*x+2*x+2;
```

【例 5.23】停车场规定如下：

（1）如果车辆是货运车辆，那么重量小于等于 2 吨的收费 10 元，大于 2 吨的谢绝入内；

（2）如果车辆是客运车辆，乘员数量小于等于 7 人，则收费 5 元；如果乘员数大于 7 人，则收费 10 元。

编写程序输入车辆类型、吨数或者乘员数量，根据停车场的规定，判断该车是否可以进入，收费多少元？

分析和算法设计：

根据停车场的规定，必须先输入车型，然后根据车型决定下一步的输入和处理。算法如图 5-23 所示。

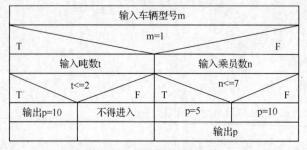

图 5-23　"停车场问题"算法

```
#include <stdio.h>
void main()
{    int m,t,n,p;
    printf("请输入车型（1~货车，2~客车）: ");
```

```
    scanf("%d",&m);
    if (m==1)
    {   printf("请输入吨数: ");
        scanf("%d",&t);
        if (t<=2)
            printf("停车费为 10 元\n");
        else
            printf("该车不得进入! \n");
    }
    else
    {   printf("请输入乘员数: ");
        scanf("%d",&n);
        if (n<=7)
            p=5;
        else
            p=10;
        printf("该车停车费为 %d 元\n",p);
    }
}
```

程序结果的运行如下。

请输入车型 (1～货车, 2～客车): 1	请输入车型 (1～货车, 2～客车): 2
请输入吨数: 4	请输入乘员数: 4
该车不得进入!	该车停车费为 5 元

学习提示:

　要特别注意选择结构程序书写的缩进结构, 以提高程序的可读性。

5.6　条件运算符

　　如果 if 语句的两个分支都只执行赋值语句给同一个变量赋值, 那么可以用条件运算符来处理。条件运算符的一般形式如下:

表达式 1?表达式 2:表达式 3

　　它的执行过程如图 5-24 所示。先求解表达式 1, 如果为非 0 (真), 则求解表达式 2 作为条件表达式的值; 否则求解表达式 3 作为条件表达式的值。

图 5-24　条件表达式执行过程

　　例如, 有以下 if 语句:

```
if (x>y)
    max=x;
else
    max=y;
```

用条件运算符表示为:

```
max=(x>y)?x:y;
```

【例 5.24】使用条件运算符, 计算两个变量中的最大值。

```
#include <stdio.h>
void main()
{   int x,y,max;
    printf("Please input x,y:");
    scanf("%d%d",&x,&y);        //输入 a,b
    max=(x>y)?x:y;
    printf("max=%d\n",max);
}
```

程序的运行结果如下。

```
Please input x, y:50 40
max=50
```

说明:

（1）条件运算符的优先级高于赋值运算符，低于关系运算符和算术运算符。

因此有:

```
max=x>y?x:y  相当于 max=(x>y)?x:y
max=x>y?x:y+1 相当于 max=(x>y)?x:(y+1)
```

（2）条件运算符按照"自右至左"的顺序结合。

例如:

```
a>b?a:c>d?c:d  相当于 a>b?a:(c>d?c:d)
```

（3）条件表达式写为以下形式。

```
z=x>y?(x=100):(y=100);
```

如果 x=5、y=4，那么语句运行时表达式(y=100)不执行，所以语句运行后 z 为 100，x 为 100，y 为 4。

学习提示:

条件运算符经常可以减少编程的书写量，增加程序的可读性。

习题

一、选择题

（1）已经定义 int a=5，b=4，c=3，那么关系表达式 a<b<c 和 a>b>c 的值分别是（   ）。

    A. 0 0   B. 1 0   C. 0 1   D. 1 1

（2）要求当 a 的值为奇数时，表达式为"假"；a 的值为偶数时，表达式为"真"，该表达式是（   ）。

    A. a%2==1   B. !(a%2)   C. !(a%2==0)   D. a%2

（3）已经定义 int a=2，b=3，c=4，以下选项中值为 0 的表达式是（   ）。

    A. a && b   B. (a<b)&&!c||1

    C. (a==1)&&(!b==0)   D. a||(b+b)&&(c-a)

（4）以下关于逻辑运算符两侧运算对象的叙述正确的是（   ）。

    A. 只能是整数 0 或 1   B. 只能是整数 0 或非 0 整数

    C. 0 表示假，非 0 表示真   D. 可以是字符串

（5）已经定义变量 int a，则不能正确描述数学关系 9<a<14 的表达式是（   ）。

    A. 9<a<14   B. a==10||a==11||a==12||a==13

    C. a>9 && a<14   D. !(a<=9)&&!(a>=14)

（6）以下程序的运行结果是（   ）。

```
#include <stdio.h>
void main()
{   int a=3,b=4,c=8,d=4;
    printf("%d\n", (a>b)&&(c>d));
}
```

    A. 0   B. 1   C. T   D. F

（7）以下程序的运行结果是（　　）。

```
#include <stdio.h>
void main()
{  int a,b,c;
   a=10;b=0;c=0;
   printf("%d\n", a&&b||c);
}
```

　　A. 0　　　　　　　　B. 1　　　　　　　　C. T　　　　　　　　D. F

（8）已经定义 int a=1，b=2，c=3，以下语句中执行效果与其他 3 个不同的是（　　）。

　　A. if(a>b) c=a,a=b,b=c;　　　　　　B. if(a>b) {c=a,a=b,b=c;}

　　C. if(a>b) c=a;a=b;b=c;　　　　　　D. if(a>b) {c=a;a=b;b=c;}

（9）两次运行以下程序，分别从键盘上输入 3 和 2，则输出结果分别是（　　）。

```
#include <stdio.h>
void main()
{  int x;
   scanf("%d",&x);
   if (x>2)  printf("%d",x);
   else   printf("%d",-x);
}
```

　　A. 3-2　　　　　　　B. 32　　　　　　　　C. -32　　　　　　　D. -3-2

（10）以下程序输入整数 a 和 b，当 a<b 时将其反序。空白处应填写（　　）。

```
#include <stdio.h>
main()
{  int a,b,t;
   scanf("%d%d",&a,&b);
   if(a<b)
   { t=a;  _____  }
   printf("%d %d\n",a,b);
}
```

　　A. t=a;b=a;　　　B. a=t;b=a;　　　C. a=b;b=a;　　　D. a=b;b=t;

（11）以下程序的运行结果是（　　）。

```
#include <stdio.h>
void main()
{  int a=1,b=2,c=3;
   if(c==a) printf("%d\n",c);
   else printf("%d\n",b);
}
```

　　A. 0　　　　　　　　B. 1　　　　　　　　C. 2　　　　　　　　D. 3

（12）执行以下程序时，若从键盘输入 25，则输出的结果是（　　）。

```
#include <stdio.h>
void main()
{  int a;
   scanf("%d",&a);
   if (a>20) printf("%d,",a);
   if (a>10) printf("%d,",-a);
   if (a>5) printf("%d",0);
}
```

　　A. 25　　　　　　B. 25，-25，0　　　C. 25，25，0　　　D. -25，25，0

（13）执行以下程序时，若从键盘输入 300，则输出的结果是（　　）。

```
#include <stdio.h>
void main()
{  int x,y;
   scanf("%d",&x);
   y=x;
   if (x<100)
```

```
        if (x<10)
            y=2*x;
    else
        y=3*x;
    printf("%d ",y);
}
```

  A. 300   B. 600   C. 900   D. 100

（14）执行以下程序时，若从键盘输入300，则输出的结果是（   ）。

```
#include <stdio.h>
void main()
{   int x,y;
    scanf("%d",&x);
    if (x<10)
        y=x;
    else if (x<100)
        y=2*x;
    else
        y=3*x;
    printf("%d ",y);
}
```

  A. 300   B. 600   C. 900   D. 100

（15）使用函数 fun()判断参数 year 是否为闰年。请将下列程序补充完整。

```
#include <stdio.h>
int fun(        ( ① )        )
{    if （year%4==0 &&year%100 !=0 ||year %400==0）
            ( ② )            ;
    else
        return 0;
}
void main
{   int n;
    Scanf("%d",&n);
    if (        ( ③ )        )
        printf("%d 是闰年\n",n);
    else
        printf("%d 不是闰年\n",n);
}
```

 ① A. int n   B. int year   C. float year   D. float n
 ② A. return 1   B. return 0   C. return year   D. return
 ③ A. fun==1   B. fun==n   C. fun(n)==1   D. n==1

（16）在 switch(c)语句中，c 不能是（ ）类型。

  A. int   B. char   C. long   D. double

（17）执行以下程序时，若从键盘输入1，则输出结果是（   ）。

```
#include <stdio.h>
void main()
{   int a;
    scanf("%d",&a);
    switch(a)
    {   case 1:printf("111");
        case 2:printf("222");
        default:printf("333");
    }
}
```

  A. 111   B. 111222   C. 111222333   D. 123

（18）执行下列程序的输出结果是（　　　）。

```c
#include <stdio.h>
void main()
{   char n='c';
    switch(n)
    {   default:printf("Error");break;
        case 'a':printf("good");break;
        case 'c':printf("morning");
        case 'd':printf("class");
    }
}
```

　　A. morning　　　　　B. class　　　　　　C. morningclass　　　D. good

（19）以下关于 else 与 if 配对的说法中，正确的是（　　　）。

　　A. if 总是与它后边最近的 else 配对　　　B. if 总是与它前边未配对的 else 配对

　　C. else 总是与它前面最近的 if 配对　　　D. else 总是与它前面最近的未配对的 if 配对

（20）执行以下程序段后，输出结果是（　　　）。

```c
#include <stdio.h>
void main()
{   int k=0,a=1,b=2,c=3;
    k=a<b?b:a;
    k=k>c?c:k;
    printf("%d",k);
}
```

　　A. 0　　　　　　　　B. 1　　　　　　　　C. 2　　　　　　　　D. 3

（21）已经定义 int a=1，b=2，c=3，d=4，则条件表达式 a<b?a:c<d?c:d 的值是（　　　）。

　　A. 1　　　　　　　　B. 2　　　　　　　　C. 3　　　　　　　　D. 4

（22）若有表达式 w?(x+1):(y+1)，则其中与 w 等价的表达式是（　　　）。

　　A. w==1　　　　　　B. w==0　　　　　　C. w!=1　　　　　　D. w!=0

二、编程题

1. 设计算法编写程序，输入 x，求函数 $f(x)=\begin{cases} 2x-1 & x<0 \\ 2x+10 & 0\leqslant x<10 \\ 2x+100 & 10\leqslant x<100 \\ x^2 & x\geqslant100 \end{cases}$ 的值。

2. 设计算法编写程序，输入整数，判定该数能否同时被 6、9 和 14 整除。（用函数实现）

3. 设计算法编写程序，判断两位整数 m 是否为守形数。守形数是指该数本身等于自身平方的低位数。例如，25 是守形数，因为 $25^2=625$，而 625 的低两位是 25。（用函数实现）

4. 设计算法编写程序，输入噪声强度值，根据表 5-4 输出人体对噪声的感觉。

表 5-4　噪声强度

强度/dB	感觉
≤50	安静
51～70	吵闹，有损神经
71～90	很吵，神经细胞受到破坏
91～100	吵闹加剧，听力受损
101～120	难以忍受，待一分钟即暂时致聋
120 以上	极度聋或全聋

5. 某服装店经营套装，也单件出售，针对单笔交易的促销政策如下：

（1）一次购买不少于 50 套，每套 80 元；

（2）一次购买不足 50 套，每套 90 元；

（3）只买上衣，每件 60 元；

（4）只买裤子，每条 45 元。

设计算法并编写程序，输入一笔交易中上衣和裤子数，计算收款总额。（用函数实现）

6. 设计算法并编写程序，输入 a 和 b 的值，按以下公式计算 y 值。（用函数实现）

$$y = \begin{cases} \cos a + \cos b & a > 0, \ b > 0 \\ \sin a + \sin b & a > 0, \ b \leqslant 0 \\ \cos a + \sin b & a \leqslant 0, \ b > 0 \\ \sin a + \cos b & a \leqslant 0, \ b \leqslant 0 \end{cases}$$

7. 运输公司按照以下方法计算运费。路程（s）越远则每千米运费越低。方法如下：

$$y = \begin{cases} s < 250 & \text{无折扣} \\ 250 \leqslant s < 500 & 2\%\text{折扣} \\ 500 \leqslant s < 1000 & 5\%\text{折扣} \\ 1000 \leqslant s < 2000 & 8\%\text{折扣} \\ 2000 \leqslant s < 3000 & 10\%\text{折扣} \\ 3000 \leqslant s & 15\%\text{折扣} \end{cases}$$

设每吨货物每千米的基本运费为 p，货物重 w（单位：吨），距离为 s（单位：千米），折扣为 d，总运费计算公式为：

$$f = p \times w \times s \times (1 - d)$$

设计算法并编写程序，要求输入 p、w 和 s，计算总运费（用 if 语句或者 switch 语句编写）。

第 6 章　循环结构程序设计

循环结构是结构化程序设计的 3 种基本结构之一，它是学习程序设计的重点。本章将介绍循环结构的算法设计，以及使用 C 语言编写循环结构程序的方法。

6.1　当型循环

【例 6.1】求 s=100!，即求 100 的阶乘。

分析：

（1）求 10! 的算法描述为一条语句 "$s = 1 \times 2 \times 3 \times 4 \times 5 \times 6 \times 7 \times 8 \times 9 \times 10$" 是可行的。

（2）求 s=100!的算法描述为一条语句 "$s = 1 \times 2 \times 3 \times 4 \times 5 \times \cdots \times 100$" 是错误的，因为 "…" 不能被任何一种编程语言理解和描述。此时我们可以使用循环结构的算法来解决这一问题。

① s=1，i=1；

② 如果 i<=100，那么转入③，否则转入⑥；

③ s=s*i；

④ i=i+1；

⑤ 转到②；

⑥ 输出 s。

上述算法的传统流程图如图 6-1（a）所示，其 N-S 流程图如图 6-1（b）所示。

如果要求输入整数 n，并求 n!，那么只要将循环的条件 i<=100 改为 i<=n 即可，算法如图 6-1（c）所示。

1. 当型循环简介

当型循环结构一般包括以下过程。

（1）赋初值。

（2）判断循环条件，如果为真，则转入（3），否则转入（4）。

（3）执行循环操作的语句序列，转入（2）。

（4）结束循环，继续循环体后边的语句。

当型循环的流程图如图 6-2 所示。

2. 循环结构算法设计过程

循环算法设计的基本过程如下。

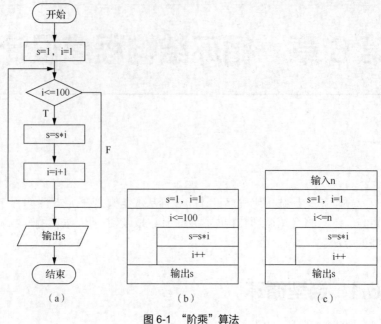

图 6-1 "阶乘"算法

（1）观察问题，找出循环的规律。

（2）在算法设计中可以将复杂的问题分解为多个小问题，分别解决小问题，最后将之综合在一起。可以采用以下两种策略。

① 由内到外，即先将每次循环过程中执行的语句序列设计好，然后在外边套上循环结构。

② 由外到内，即先设计好循环结构，后设计循环体内的语句序列。

3. 死循环

在编程中，一个靠自身控制无法终止的程序称为"死循环"。两种"死循环"的算法如图 6-3（a）和图 6-3（b）所示。

分析：

（1）在图 6-3（a）所示算法中，语句 i++在循环体外，因此在循环体内 i 的值永远为 1，循环条件永远为真，循环无法结束，造成死循环。

（2）在图 6-3（b）所示算法中，条件 i>=1 永远为真，循环体内 i 的值逐渐增大，直到 i 超出范围溢出，造成死循环。

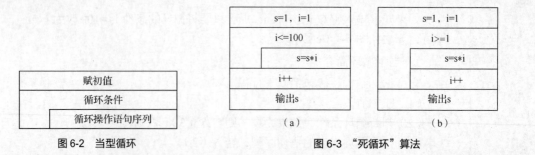

图 6-2 当型循环   图 6-3 "死循环"算法

学习提示：

在循环结构的算法设计中，应该特别注意循环变量的变化趋势，确保算法中循环的条件最终可以为假，从而避免死循环。

4. while 语句

while 语句多用于描述当型循环结构，它的书写格式如下：

```
while （表达式 p）
    <循环体语句>
```

while 循环的执行流程如图 6-4 所示。

说明：

（1）初始化变量后，先判断表达式 p，如果为真（为非 0 值），则进入循环，执行循环体内的语句。

（2）当表达式 p 为假（为 0）时，则结束循环，继续执行循环后边的语句。

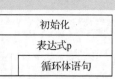

图 6-4　while 循环

（3）循环体如果包括一条以上的语句，则用花括号"{}"将之括起来，作为复合语句。

（4）在循环体中应有逐渐使表达式 p 为假的语句，从而结束循环。否则，表达式 p 永远为真，则循环永不结束，即死循环。

（5）循环体内的语句序列可以是顺序结构、选择结构，也可以是循环结构。

【例 6.2】按照图 6-5 所示的算法，编写例 6.1 的程序，输入整数 n，计算 n!。

图 6-5　"阶乘"算法

编写程序如下：

```c
#include <stdio.h>
void main()
{   int n,i;
    double s;
    printf("请输入n: ");
    scanf("%d",&n);
    i=1;  s=1;
    while(i<=n)
    {    s=s*i;
         i++;
    }
    printf("%d 的阶乘为 %.0lf\n",n,s);//%.0lf 使得小数点后无小数部分
}
```

程序的运行结果如下。

```
请输入n: 10
10 的阶乘为 3628800
```

说明：

（1）上述程序中定义 s 为 double 类型，因为当 n 值较大时，n!将会很大，int、long 或 float 类型的取值范围或者精度都不够。

（2）思考，如果将 while 后边的花括号"{}"省略，那么程序的执行过程会是怎样的？

学习提示：

（1）循环结构程序的调试过程（熟练掌握，经常使用）：执行"逐过程"命令，单步追踪执行程序，观察循环结构程序的控制流程。并在"本地窗口"观察变量的变化情况。

（2）注意缩进结构的书写习惯，循环内部语句应该缩进几个字符位置（按 Tab 键）。

【例 6.3】设计算法并编写程序，输入 x 和 n，计算 $x + x^2 + x^3 + \cdots + x^n$（n 为整数）。

分析：

（1）计算 n 项的和，可以先设计循环结构，使得循环执行 n 次，如图 6-6（a）所示。

（2）经分析观察可知，此问题中后一项和前一项的关系为 t=t*x，设计根据前一项求得后一项的算法如图 6-6（b）所示，其中 t 表示每一项的值。

（3）算法如图 6-6（c）所示。

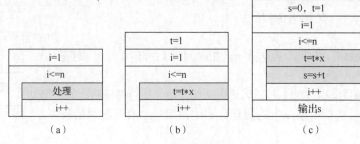

图 6-6 "求和"算法

编写程序如下：

```
#include <stdio.h>
double f(int x,int n)
{   int i;
    double t,s;
    t=1;s=0;
    i=1;
    while(i<=n)
    {   t=t*x;
        s=s+t;
        i++;
    }
    return  s;
}
void main()
{   int x,n;
    double s;
    printf("请输入 x,n:");
    scanf("%d%d",&x,&n);
    s=f(x,n);
    printf("s=%lf\n",s);
}
```

程序的运行结果如下。

```
请输入 x, n:4 5
s=1364.000000
```

【例 6.4】打印 1～200 中所有能被 4 整除的整数。

分析：

（1）需要实现变量 i 为 1～200 每次递增 1 的循环，如图 6-7（a）所示。

（2）在循环中，使用选择结构判断当前 i 值能否被 4 整除，如果为真则打印 i，如图 6-7（b）所示。完整的算法如图 6-7（c）所示。

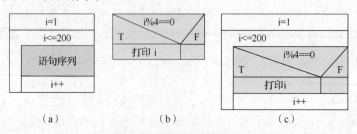

图 6-7 "能被 4 整除"算法

编写程序如下:

```c
#include <stdio.h>
void main()
{   int i;
    i=1;
    while(i<=200)
    {   if (i%4==0)
            printf("%d ",i);
        i++;
    }
}
```

程序的运行结果如下。

```
4 8 12 16 20 24 28 32 36 40 44 48 52 56 60 64
68 72 76 80 84 88 92 96 100 104 108 112 116 120
124 128 132 136 140 144 148 152 156 160 164
168 172 176 180 184 188 192 196 200
```

符合条件的整数有 50 个,显示格式不够美观。可以考虑按照行列方式输出,即每行输出 10 个数。

在图 6-8 (a) 所示的算法中,每次发现符合条件的情况时都执行 n++,n 可以记录满足条件的个数。输出时,当 n%10==0 时换行,而当 n%10!=0 时不换行,这样就能实现按行列方式输出整数了,具体算法如图 6-8 (b) 所示。

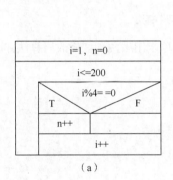

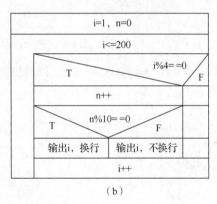

（a）　　　　　　　　　　　　　　　（b）

图 6-8 "分行输出"算法

编写程序如下:

```c
#include <stdio.h>
void main()
{   int i,n;
    i=1;n=0;                        //n 用于计算满足条件的个数
    while(i<=200)
    {   if (i%4==0)
        {   n++;
            if (n%10==0)
                printf("%5d\n",i);  //换行
            else
                printf("%5d",i);    //不换行
        }
        i++;
    }
}
```

程序的运行结果如下。

```
   4    8   12   16   20   24   28   32   36   40
  44   48   52   56   60   64   68   72   76   80
```

```
 84    88    92    96   100   104   108   112   116   120
124   128   132   136   140   144   148   152   156   160
164   168   172   176   180   184   188   192   196   200
```

学习提示：

这种在循环中计数的方法，经常用在各种程序和算法中，读者应该注意掌握。

【例 6.5】输出 Fibonacci 数列：1、1、2、3、5、8、13、21、…的前 40 项。

分析：

（1）观察数列的规律，可知后一项是前两项之和。设 a 和 b 分别为前两项，c 为后一项，则 c＝a＋b。调换 a、b 和 c，即 a=b，b=c，算法如图 6-9（a）所示。加入循环后算法如图 6-9（b）所示。

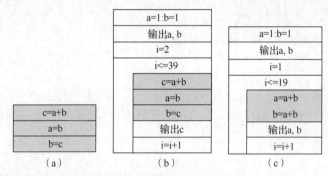

图 6-9 "Fibonacci 数列"算法

（2）经观察，语句序列 a=a+b、b=a+b，能根据前两项求出后两项。修改后算法如图 6-9（c）所示，循环次数减少了。

编写程序如下：

```c
#include <stdio.h>
void main()
{   long a,b,c,i;
    a=1;b=1;i=2;
    printf("%10d%10d",a,b);            //输出前两个数
    while (i<=39)
    {   c=a+b;
        a=b;
        b=c;
        i++;
        if (i%5==0)
            printf("%10d\n",c);        //换行
        else
            printf("%10d",c);          //不换行
    }
}
```

程序的运行结果如下。

```
        1           1           2           3           5
        8          13          21          34          55
       89         144         233         377         610
      987        1597        2584        4181        6765
    10946       17711       28657       46368       75025
   121393      196418      317811      514229      832040
  1346269     2178309     3524578     5702887     9227465
 14930352    24157817    39088169    63245986   102334155
```

说明：

使用图 6-9 所示的算法，会令 40 个数的输出格式不甚美观。在程序中加入一个选择结构，并调

整循环变量的开始和结束值，这样数据输出的格式会显得比较整齐。

6.2　直到型循环

1. 直到型循环简介

直到型循环结构一般包括以下过程。

（1）赋初值。

（2）执行循环操作的语句序列。

（3）判断循环条件，如果为真，则转入（2），否则转入（4）。

（4）结束循环，继续循环体后边的语句。

直到型循环的流程图如图 6-10 所示。

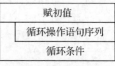

图 6-10　直到型循环

2. 当型循环和直到型循环的比较

（1）当型循环先判断条件，如果为真则执行循环体内的语句序列；如果为假则结束循环。因此，如果第一次循环条件为假，则循环语句执行 0 次。

（2）直到型循环先执行循环体内的语句序列，后判断循环条件。如果条件为真，则返回继续执行循环语句序列，否则结束循环。因此，直到型循环的循环语句至少会执行 1 次。

在图 6-11（a）和图 6-11（b）所示的算法中，循环变量 i 从 1 变化到 100，每次循环递增 1。循环操作语句序列可以是顺序、选择以及循环结构的任何语句序列；循环操作语句序列可以与循环变量 i 有关，也可以无关。

学习提示：

（1）思考，如果初始时 i=101，那么循环的执行情况又该如何？

（2）循环变量的增量可以为其他数，如 2、3 等，如图 6-11（c）所示，也可以为-1、-2 等，如图 6-11（d）所示。思考图 6-11（c）和图 6-11（d）所示算法的执行过程。

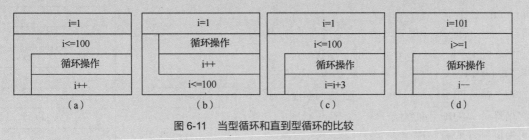

图 6-11　当型循环和直到型循环的比较

---

3. do while 语句

do while 语句的一般格式为：

```
do
  <循环体语句>
while(表达式 p)
```

do while 循环的执行流程如图 6-12 所示。

说明：

（1）do while 循环先执行<循环体语句>，然后判断表达式 p，当表达式为非 0（"真"）时，返回重新执行<循环体语句>。

（2）循环体如果包含一条以上的语句，则可用花括号"{}"将之括起来，作为复合语句使用。

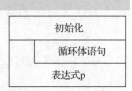

图 6-12　do while 循环

【例 6.6】计算分数序列的和：$s = 1 + \dfrac{1}{2} + \dfrac{1}{3} + \cdots$，直到最后项小于 0.000 01。

分析：

（1）经观察，问题中后一项的分母是前一项的分母加 1，即 i++。

（2）此问题并未指定求和的项数，但要求在项 t 小于 0.000 01 时停止，因此循环的条件为 t>=0.000 01。

设计的算法如图 6-13 所示。

编写程序如下：

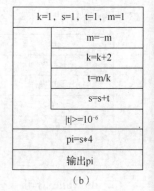

图 6-13 "分数序列的和"算法

```c
#include <stdio.h>
void main()
{   float s,t;
    long i;
    s=0;t=1;i=1;
    do
    {   s=s+t;
        i++;
        t=1.0/i;
    }
    while(t>=0.000 01);
    printf("s=%8.3f\n",s);
}
```

程序的运行结果如下。

```
S=  12.091
```

【例 6.7】利用格里高利公式 $\dfrac{\pi}{4} \approx 1 - \dfrac{1}{3} + \dfrac{1}{5} - \dfrac{1}{7} + \cdots$，求圆周率 π，要求最后一项的绝对值小于 10^{-6}。

分析：

（1）观察序列中的各项，如 1、-1/3、1/5、-1/7，找出如下规律。

① 后一项和前一项符号相反。用 m 表示符号，则 m = -m。

② 后一项比前一项分母大 2，分子都为 1。k 表示分母，则 k = k + 2。设计根据前一项求得后一项的算法如图 6-14（a）所示，其中 t 表示每一项的值。

（2）循环的条件是 $|t| >= 10^{-6}$，在循环体内，将每一次循环计算的项 t 加到结果 s 上。在设计时，初始值可根据循环的第一项反复演算获得。

另外，π 符号在程序中无法表示，故用 pi 表示 π。算法如图 6-14（b）所示。

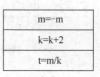

（a）

（b）

图 6-14 "求π"算法

学习提示：

在循环算法设计中，尤其要注意循环初始值和循环条件的设计，这两个地方出现错误的可能性较大，应该反复演算、论证。

编写程序如下：

```c
#include <stdio.h>
#include <math.h> //使用数学函数 fabs()，需包含<math.h>头文件
void main()
{   double s,k,t,pi;
    int m;
```

```
    k = 1; s = 1; t = 1; m = 1;
    do
    {    m=-m;
        k = k + 2;
        t = m / k;
        s = s + t;
    }while(fabs(t)>=0.000 001);    //使用 fabs(t)求 t 的绝对值
    pi = s * 4;
    printf("pi=%lf\n",pi);
}
```

程序的运行结果如下。

```
pi=3.141595
```

学习提示：

如果要使用数学函数 fabs()，那么必须在程序的前边包含<math.h>头文件。

6.3　for 循环语句

for 循环是计数型循环，常用于循环次数已知的情况，它的本质是当型循环。一般来说，能用当型循环实现的程序，都可以用 for 循环来实现。for 循环语句的一般形式为：

```
for (表达式 1;表达式 2;表达式 3)
    <循环体语句>
```

说明：

（1）for 循环的执行流程如图 6-15 所示，其本质与 while 循环语句相同。

```
表达式 1;
while(表达式 2)
{    <循环体语句>
    表达式 3;
}
```

（2）先执行表达式 1，表达式 1 经常用于初始化循环变量。

（3）表达式 2 的值非 0（"真"）时执行循环体语句，否则退出循环，继续执行后边的语句。

（4）表达式 3 经常用于改变循环变量的值。

（5）循环体如果包含一条以上的语句，则可用花括号 "{}" 将之括起来，作为复合语句使用。

【例 6.8】按照图 6-16 所示的算法，使用 for 语句编写例 6.1 的程序，计算 n!。

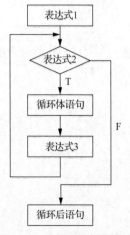

图 6-15　for 循环的执行流程

图 6-16　"n!" 的算法

编写程序如下：

```c
#include <stdio.h>
double fact(int n)
{   int i;
    double s;
    s=1;
    for(i=1;i<=n;i++)
      s=s*i;
    return s;
}
void main()
{   int n;
    printf("请输入¨?n:");
    scanf("%d",&n);
    printf("%d!=%.0lf\n",n,fact(n));
}
```

程序的运行结果如下。

```
请输入 n:20
20!=2432902008176640000
```

说明：

（1）for 语句的写法比 while 语句的写法更简洁。for 语句的 N-S 流程图如图 6-17（a）和图 6-17（b）所示，图 6-17（c）所示循环的 i 从 n 到 1，每次减 1，相当于 for (i=n;i>=1;i--)。

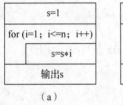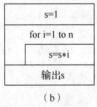

（a）　　　　　　　（b）　　　　　　　（c）

图 6-17　n!的算法

（2）for 语句的表达式 1 可以省略，赋初值语句可写在 for 语句之前，但"；"不能省略。

例如：

```c
i=1;
for(; i<=n; i++)
    s=s*i;
```

（3）for 语句的表达式 2 可以省略，但"；"不能省略。此时循环条件默认为真，程序将会进入死循环。

例如：

```c
for(i=1; ; i++)
    s=s*i;
```

（4）for 语句的表达式 3 可以省略，此时可以将其写入循环体内。

例如：

```c
for(i=1; i<=n; )
{   s=s*i;
    i++;
}
```

（5）for 语句中的表达式 1 和表达式 3 可以使用逗号表达式。

例如：

```c
for(s=1, i=1; i<=n; s=s*i, i++)
    ;
```

6.4 break 语句和 continue 语句

break 语句可以用于跳出 switch 结构，并继续执行 switch 结构后边的语句；还可以用于跳出 while、do while 和 for 循环结构，并继续执行后边的语句。break 语句不能用于 switch 结构和循环结构以外的其他地方。

continue 语句能够结束本次循环，即跳过循环体内下面的语句，继续进行下一次循环。

例如，程序 1 的执行流程如图 6-18 所示，程序 2 的执行流程如图 6-19 所示。

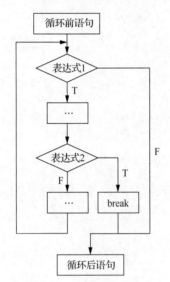

图 6-18　break 语句的执行过程

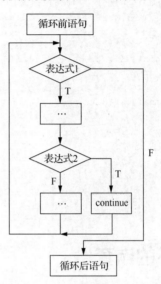

图 6-19　continue 语句的执行过程

（1）程序 1

```
while(表达式1)
{   ...
    if (表达式2)
        break;
    ...
}
```

（2）程序 2

```
while(表达式1)
{   ...
    if (表达式2)
        continue;
    ...
}
```

【例 6.9】编写程序计算半径为 1～100 的圆面积，当面积大于 100 时，结束计算。

设计算法如图 6-20 所示，编写程序如下：

```
#include <stdio.h>
const double pi=3.141 592 6;
void main()
{   float r,area;
    for(r=1; r<=100; r++)
    {    area=pi*r*r;
         if (area>100)
             break;        //直接跳出循环
         printf("area=%f\n",area);
```

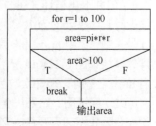

图 6-20　例 6.9 的算法

```
    }
  }
```
程序的运行结果如下。
```
area=3.141593
area=12.566370
area=28.274334
area=50.265480
area=78.539818
```
【例 6.10】编写程序，输出从 1 到 100 中所有能被 3 整除的整数。

设计算法如图 6-21 所示，编写程序如下：

```c
#include <stdio.h>
void main()
{   int n;
    for(n=1; n<=100; n++)
    {   if (n%3!=0)
            continue;   //直接进行下一次循环
        printf("%5d",n);
    }
}
```

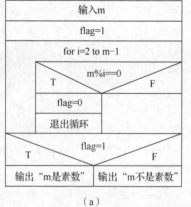

图 6-21　例 6.10 的算法

程序的运行结果如下。
```
 3    6    9   12   15   18   21
24   27   30   33   36   39   42
45   48   51   54   57   60   63
66   69   72   75   78   81   84
87   90   93   96   99
```

6.5　循环的嵌套

在一个循环体中又包含循环结构称为循环的嵌套，内嵌的循环中还可以再嵌套循环，如此可以形成多层循环嵌套结构。

在 C 语言中，while、do while 和 for 3 种循环语句可以相互嵌套。例如，在 while 语句中，可以嵌套 while、do while 或 for 语句的循环。

【例 6.11】素数是这样的整数，它只能被 1 和它自己整除。输入一个整数 m，判断 m 是否为素数。

分析：

（1）根据定义，如果从 2 到 m-1 中所有整数都不能整除 m，即可确定 m 是素数。可用变量 flag 标记 m 是否为素数，其初值设为 1。当发现第一个能整除 m 的 i 时，可以确定 m 不是素数，此时使 flag = 0 并退出循环。在循环结束时，如果 flag 为 1，那么 m 是素数，否则 m 不是素数。具体算法如图 6-22（a）所示。

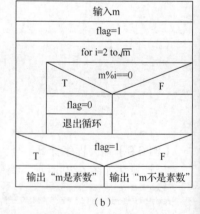

图 6-22　"素数"算法

当 m 是素数时，循环次数为 m-2，当 m 很大时，循环次数会更多。

（2）经证明，如果从 2 到 $\sqrt{m}$ 中的整数都不能整除 m，那么 $\sqrt{m}$ +1 到 m-1 中的整数也都不能整除 m。因此循环只要在 2 到 $\sqrt{m}$ 间进行即可。优化后的算法如图 6-22（b）所示，其算法运行次数最多为 $\sqrt{m}$ -1 次，运算效率显著提高了。

按照图 6-22（a）所示的算法，编写程序如下：

```c
#include <stdio.h>
void main()
{   long m,i;
    int flag;
    printf("请输入整数 m:");
    scanf("%ld",&m);
    flag=1;                //初始化 flag，m 是素数
    for(i=2;i<=m-1;i++)
        if (m%i==0)
        {   flag=0;  //m 不是素数
            break;
        }
    if (flag==1)
        printf("整数 %ld 是素数! \n",m);
    else
        printf("整数 %ld 不是素数! \n",m);
}
```

程序的运行结果如下。

请输入整数 m:1234567891	请输入整数 m:12345
整数 1234567891 是素数!	整数 12345 不是素数!

说明：

输入 m 为一个很大的数，如 1 234 567 891 时，循环需要很长时间才能完成。按照图 6-22（b）所示的算法，将程序改为：

```c
k=sqrt(double(m));
for(i=2;i<=k;i++)
...
```

则程序的循环次数明显减少了，运行时间也明显缩短了。

【例 6.12】找出 1 到 1000 之间的所有素数。

分析：

（1）在图 6-22（a）和图 6-22（b）所示的算法中，能够判断整数 m 是否为素数。

（2）让 m 作为循环变量从 1 循环到 1000，如图 6-23（a）所示。

（3）在图 6-23（b）所示算法中嵌套了图 6-22（b）所示的算法，可以找出 1 到 1000 之间的所有素数。

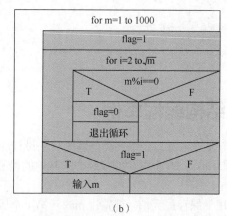

（a）　　　　　　　　　　　（b）

图 6-23 "1～1000 所有素数"算法

在外层的 for 循环内部嵌套 for 循环结构，编写程序如下：

```c
#include <stdio.h>
```

```
#include <math.h>
void main()
{   int m,i,k;
    int flag;
    for(m=1;m<=1 000;m++)
    {
```

```
        flag=1;                //初始化 flag，m 是素数
        k=sqrt((double)m);     //求 m 的平方根
         for(i=2;i<=k;i++)     //内嵌 for 循环
              if (m%i==0)
         {   flag=0;           //m 不是素数
                 break;
               }
         if (flag==1)
             printf("%5d",m);
```

```
    }
}
```

程序的运行结果如下。

```
1 2  3  5  7  11  13  17  19  23  29  31  37  41  43  47  53  59  61  67  71  73  79  83  89  97  101
 103 107 109 113 127 131 137 139 149 151 157 163 167 173 179 181 191 193 197
 199 211 223 227 229 233 239 241 251 257 263 269 271 277 281 283 293 307 311
 313 317 331 337 347 349 353 359 367 373 379 383 389 397 401 409 419 421 431
 433 439 443 449 457 461 463 467 479 487 491 499 503 509 521 523 541 547 557
 563 569 571 577 587 593 599 601 607 613 617 619 631 641 643 647 653 659 661
 673 677 683 691 701 709 719 727 733 739 742 751 757 761 769 773 787 797 809
 811 821 823 827 829 839 853 857 859 863 877 881 883 887 907 911 919 929 937
 941 947 953 967 971 977 983 991 997
```

也可以编写函数 prime(int m)，判断 m 是否素数，如果是，则返回 1，否则返回 0，程序如下：

```
#include <stdio.h>
#include <math.h>
int prime(int m)
{    int i,k;
     k=sqrt((double)m);
    for(i=2;i<=k;i++)
      if (m%i==0)
         return 0;
    return 1;
}
void main()
{   int m;
    for (m=1;m<=1000;m++)
       if (prime(m)==1)
           printf("%ld ",m);
}
```

6.6　循环结构编程举例

本节通过几个编程实例，介绍几类问题的算法设计和编程方法。

【例 6.13】循环输入 20 个学生的成绩，求其中的最高分。

分析：

设变量 max 用于保存最大值。首先让 max = 第 1 个成绩，以后循环输入 x，用 max 与每个 x 进行比较，如果 max<x，则使得 max=x，这样 max 中保存的永远是最高分。具体算法如图 6-24 所示。

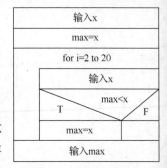

图 6-24　"最大值"算法

编写程序如下：

```
#include <stdio.h>
void main()
{   int i,x,max;
    printf("请输入 20 个成绩:");
    scanf("%d",&x);                    //输入 x
    printf("%3d",x);                   //输出当前 x
    max=x;
    for (i=2; i<=20; i++)
    {   scanf("%d",&x);                //输入 x
        printf("%3d",x);               //输出当前 x
        if (max<x)                     //比较，获得更大值
            max=x;
    }
    printf("\n 最高分为: %3d\n",max);   //输出 max
}
```

程序的运行结果如下。

```
请输入 20 个成绩: 89 95 88 78 67 90 55 67 88 76 55 45 34 97 22 43 67 87 95 90
89 95 88 78 67 90 55 67 88 76 55 45 34 97 22 43 67 87 95 90
最高分为: 97
```

【例 6.14】循环输入某学生的各科成绩，直到输入-99 结束，求其总成绩。

分析：

使用直到型循环，每输入一个数就检查一次是否为-99，如果是，则结束循环，否则对其进行求和。具体算法如图 6-25 所示。

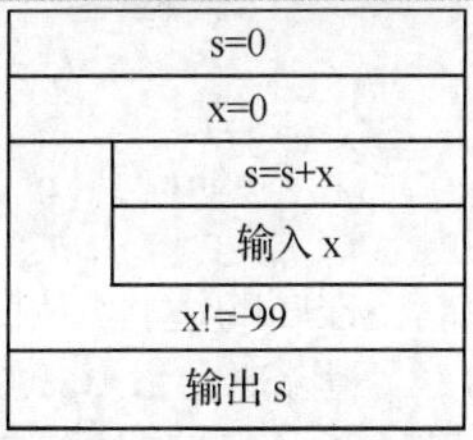

编写程序如下：

s=0
x=0
s=s+x
输入 x
x!=-99
输出 s

图 6-25　"求和"算法

```
#include <stdio.h>
void main()
{   int x,s;
    printf("请输入成绩(-99 结束):");
    s=0;x=0;
    do
    {   s=s+x;
        scanf("%d",&x);                    //输入 x
    }
    while (x!=-99);
    printf("该学生得总分为: %3d\n",s);       //输出总分
}
```

程序的运行结果如下。

```
请输入成绩(-99 结束):89 78 65 90 95 94 88 85 80 -99
该学生得总分为: 764
```

【例 6.15】求两个整数 m、n 的最大公约数和最小公倍数。

分析：

（1）最大公约数的定义是能够同时整除 m 和 n 的最大整数。因此算法是从 m 和 n 中任意一个开始依次向下，找到第一个能够同时整除 m 和 n 的数，如图 6-26（a）所示。

（2）最小公倍数的定义是能够同时被 m 和 n 整除的最小整数。因此算法是从 m 和 n 中任意一个开始依次向上，找到第一个能够同时被 m 和 n 整除的整数，如图 6-26（b）所示。

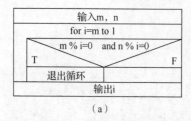 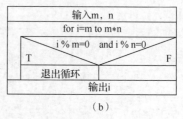

（a）　　　　　　　　　　（b）

图 6-26　"最大公约数和最小公倍数"算法

编写程序如下：

```
#include <stdio.h>
void main()
{   long m, n, i;
    printf("请输入 m,n:");
    scanf("%ld%ld",&m,&n); //输入 m,n
    // 求最大公约数
    for (i=m; i>=1; i--)
        if (m % i == 0 && n % i == 0)
            break;
    printf("%ld,%ld 的最大公约数为 %ld",m,n,i);          //输出最大公约数
    // 求最小公倍数
    for (i=m; i<=m*n; i++)
        if (i % m == 0 && i % n == 0)
                break;
    printf("\n%ld,%ld 的最小公倍数为 %ld\n",m,n,i);       //输出最小公倍数
}
```

程序的运行结果如下。

```
请输入 a, b:30 16
30, 16 的最大公约数为 2
30, 16 的最小公倍数为 240
```

图 6-26 所示的算法是根据定义设计的，其不足之处是当 m 和 n 较大时，循环次数较多，运算时间较长。早在公元前 4 世纪，古希腊数学家欧几里得就给出了求最大公约数的"辗转相除法"，其基本思想如下。

（1）将整数 a 和 b 分别赋给 m 和 n。

（2）用 m 除以 n，得到余数 r。

（3）若 r≠0，则使 m=n，n=r，转入（2）；若 r=0，转入（4）。

（4）此时 n 是最大公约数。

（5）a 和 b 的最小公倍数是 a*b/最大公约数。

其运算过程如图 6-27 所示，设计的算法如图 6-28 所示，采用此算法，循环的次数较少，且能迅速求出最大公约数。

m	n	r
30	16	14
16	14	2
14	2	0

最大公约数为2

最小公倍数为30*16/2=240

输入a和b
m=a：n=b
r=m % n
r<>0
m=n
n=r
r=m % n
输出n为最大公约数
输出a*b/n为最小公倍数

图 6-27　"辗转相除法"的过程　　　　　图 6-28　"辗转相除法"算法

编写程序如下：

```c
#include <stdio.h>
int fun(int m,int n)                              // 求最大公约数
{    int r = m%n;
     while (r!=0)
     {    m = n;
          n = r;
          r = m % n;
     }
     return n;
}
void main()
{    int a ,b ,m ,n ,r,s ,t;
     printf("请输入 a,b:");
     scanf("%d%d",&a,&b);                          //输入 m,n
     s = fun(a,b);                                 //最大公约数
     t = a * b / s;                                //最小公倍数
     printf("%d,%d的最大公约数为 %d",a,b,s);        //输出最大公约数
     printf("\n%d,%ld的最小公倍数为 %d\n",a,b,t);   //输出最小公倍数
}
```

【例 6.16】百钱买百鸡问题。假定公鸡每只 2 元，母鸡每只 3 元，小鸡每只 0.5 元。现有 100 元，要求买 100 只鸡，编程求出公鸡只数 x、母鸡只数 y 和小鸡只数 z。

分析：

穷举法又称枚举法，它的基本思路是一一列举所有可能性，并逐个进行排查。穷举法的核心是找出问题的所有可能，并针对每种可能逐个进行判断，最终找出问题的答案。

方法一：

这里采用穷举法，x、y 和 z 的值为 0～100，循环的次数为 $101 \times 101 \times 101$。因为公鸡每只 2 元，母鸡每只 3 元，故 $0 \le x \le 50$，而 $0 \le y \le 33$，$0 \le z \le 100$，此时循环的次数为 $51 \times 34 \times 101$。具体算法如图 6-29（a）所示。

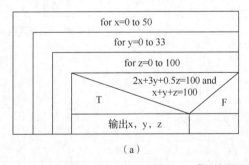
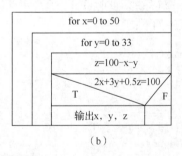

（a）　　　　　　　　　　　　　　　（b）

图 6-29　"百钱买百鸡"算法

编写程序如下：

```c
#include <stdio.h>
void main()
{    int x, y, z;
     printf(" 公鸡  母鸡  小鸡\n");      //输出标题行
     for (x = 0; x<=50; x++)
          for (y = 0; y<=33; y++)
               for (z = 0; z<=100; z++)
                    if (x + y + z == 100 && 2 * x + 3 * y + 0.5 * z == 100)
                         printf("%6d%6d%6d\n",x, y, z);
}
```

程序运行的结果如下。

```
    公鸡    母鸡    小鸡
     0      20      80
     5      17      78
    10      14      76
    15      11      74
    20       8      72
    25       5      70
    30       2      68
```

方法二：

因为 $x + y + z = 100$，所以 $z = 100 - x - y$。所以我们可将方法一改为二重循环的算法，如图 6-29（b）所示，此时循环的次数为 51×34。

编写程序如下：

```
#include <stdio.h>
void main()
{   int x, y, z;
    printf(" 公鸡  母鸡  小鸡\n");     //输出标题行
    for (x = 0; x<=50; x++)
        for (y = 0; y<=33; y++)
        {   z=100-x-y;
            if (2 * x + 3 * y + 0.5 * z == 100)
                printf("%6d%6d%6d\n",x, y, z);
        }
}
```

方法三：

问题可以转化为方程组 $\begin{cases} x + y + z = 100 \\ 2x + 3y + 0.5z = 100 \end{cases}$，经推导可以转化为

$\begin{cases} y = 20 - 3x/5 \\ z = 80 - 2x/5 \end{cases}$。因为 y 或 z 可能带有小数，而小数部分将被截去，故

有公式 $x+y+z<100$；y 和 z 也可能是负数，所以如果 $x+y+z=100$ 且 $y>=0$，$z>=0$，才是正确答案。此时设计一个一重循环的算法如图 6-30 所示。

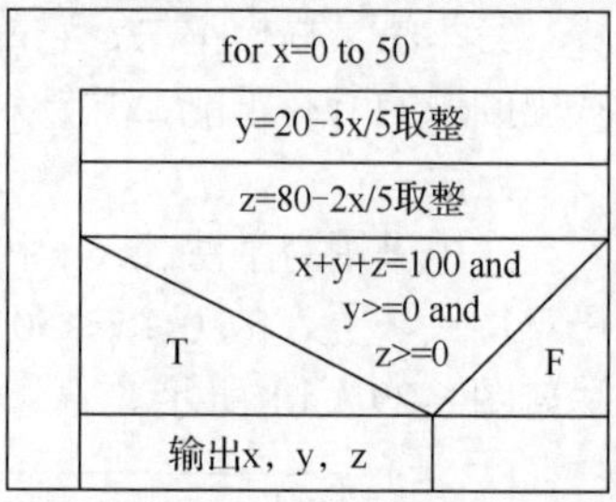

编写程序如下：

图 6-30 "百钱买百鸡"算法优化

```
#include <stdio.h>
void main()
{   int x, y, z;
    printf(" 公鸡  母鸡  小鸡\n");        //输出标题行
    for (x = 0; x<=50; x++)
    {   y = 20 - 3 * x / 5;            //y 取整数
        z = 80 - 2 * x / 5;            //z 取整数
        if (x + y + z == 100 && y>=0 && z>=0)
            printf("%6d%6d%6d\n",x, y, z);
    }
}
```

学习提示：

比较上述 3 种算法的循环次数，并使用计数变量 n，在循环中插入语句 n++统计循环次数，分析 3 种算法的效率。

6.7 函数的嵌套调用

函数不可以嵌套定义，即一个函数定义中不能包含另一个函数的定义，但是函数可以嵌套调用。

即函数 a 调用函数 b，函数 b 还可以调用函数 c。

【例 6.17】编写程序，计算和数 $\sum_{n=1}^{m}\left(\sum_{i=1}^{n}i\right)$ =1+（1+2）+（1+2+3）+（1+2+3+4）+…+（1+2+3+…+m）。

分析： 图 6-31（a）所示算法嵌套循环实现和数，较为复杂。图 6-31（b）所示算法计算 $t=\sum_{i=1}^{n}i$，

可设计为函数 total(n)。图 6-31（c）所示算法中调用 total()函数计算和数，可以设计为函数 sum()。如图 6-31（d）所示，在 main()函数中采用顺序结构，直接调用 sum()函数求出和数，main()函数结构简单、可读性强。

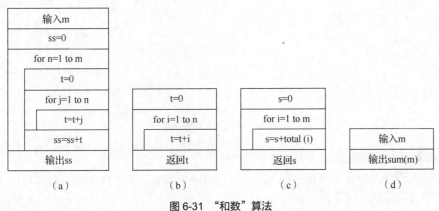

图 6-31 "和数"算法

编写程序如下：

```c
#include <stdio.h>
long total(int n)                    //函数头部定义
{   long t;
    int i;
    t=0;
    for(i=1;i<=n;i++)                //求和
      t=t+i;
    return (t);
}
long sum(int m)
{   int i;
    long s=0;
    for(i=1;i<=m;i++)
      s=s+total(i);                  //嵌套调用函数 total()
    return(s);
}
void main()
{   int m;
    printf(" 请输入 m:");
    scanf("%d",&m);
    printf(" 和数为 %ld\n",sum(m));   //调用函数 sum()
}
```

程序的运行结果如下。

```
请输入 m:10
和数为 220
```

学习提示：

在嵌套的函数调用中，每个函数实现的算法和语句都很简单，使得程序的可读性强，能简化算法设计过程，提高程序编写和调试效率。

6.8 函数的递归调用

函数的递归调用指的是函数直接或间接地调用函数本身。图 6-32（a）所示函数 f()中的语句 f()调用函数 f()本身，是直接递归。图 6-32（b）所示函数 a()中的语句 b()调用函数 b()，而函数 b()中的语句 a()调用函数 a()，因此函数 a()间接调用了本身，是间接递归。有一些问题只能用递归方法解决，如著名的汉诺塔（Hanoi）问题。

```
void f()
{    ...
     f();
     ...
}
```

```
void a()          void b()
{    ...          {    ...
     b();              a();
     ...               ...
}                 }
```

（a）   （b）

图 6-32　直接递归和间接递归

【例 6.18】用递归算法求 $n!$。

分析：根据观察可知 $n!= n*(n-1)!$，$(n-1)!=(n-1)*(n-2)!$，…，$3!=3*2!$，$2!=2*1!$，$1!=1$。

递归过程可以总结为以下两个阶段。

（1）回推阶段：$n! \rightarrow (n-1)! \rightarrow (n-2)! \rightarrow (n-3)! \rightarrow \cdots \rightarrow 3! \rightarrow 2! \rightarrow 1!$。要求 $n!$，从左向右依次回推，直到 $1!=1$。

（2）递推阶段：$n! \leftarrow (n-1)! \leftarrow (n-2)! \leftarrow (n-3)! \leftarrow \cdots \leftarrow 3! \leftarrow 2! \leftarrow 1!$。求得 $1!$，再从右向左依次递推，直到求出 $n!$。

总结出 $n!$ 的递归公式为 $\text{fact}(n)=\begin{cases} 1 & n=0,1 \\ n*\text{fact}(n-1) & n>1 \end{cases}$

其中，$n=0$ 或 1 是递归的结束条件，当 $n>1$ 时，继续递归调用。如果递归没有结束条件，那么将一直递归下去，直到系统资源耗尽。

编写程序如下：

```c
#include <stdio.h>
double fact(int n)                          //递归函数 fact()
{    double s;
     if (n==0||n==1)
         s=1;
     else
         s=n*fact(n-1);                      //递归调用函数 fact()
     return(s);
}
void main()
{    int n;
     printf(" 请输入 n:");
     scanf("%d",&n);
     printf(" %d!=%10.0lf\n",n,fact(n));     //调用函数 fact()
}
```

程序的运行结果如下。

```
请输入 n:10
10!=   3628800
```

学习提示：

　　递归算法设计中，要注意观察问题并找出规律，设计递归公式。根据递归公式设定递归函数的参数并编写函数。在调试程序时，可以使用 F11 键（单步执行）查看递归调用回推和递推的过程。

【**例 6.19**】汉诺塔问题：有 3 根柱子 A、B 和 C，开始 A 柱上有 64 个盘子，从上到下，依次大一点，如图 6-33 所示，如何把所有盘子移到 C 柱上？要求，盘子必须放在 A、B 或 C 柱上，一次只能移动一个盘子，大盘子不能放在小盘子上边。

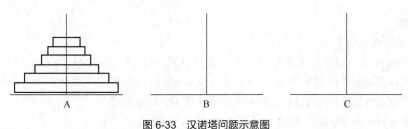

图 6-33　汉诺塔问题示意图

分析：

将 n 个盘子从 A 移动到 C 的问题，其递归过程归纳如下。

（1）如果 n = 1，则将盘子直接从 A 移到 C。

（2）如果 n>1，则先将上边的 n-1 个盘子借助 C 移动到 B 上；再将最下边的盘子移动到 C 上；最后借助 A，将 n-1 个盘子从 B 移动到 C 上。

编写程序如下：

```c
#include <stdio.h>
void Hanoi(int n, char a, char b, char c);    //函数声明
void PlateMove(char a,char c);                 //函数声明
int total=0;                                    //移动次数计数
void main()
{   int n;
    printf("请输入盘子数 n:");
    scanf("%d",&n);                             //输入 n
    Hanoi(n, 'A', 'B', 'C');                    //调用函数，将 n 个盘子借助 B 从 A 移动到 C
}
//递归函数，将 n 个盘子借助 B，从 A 移动到 C
void Hanoi(int n, char a, char b, char c)
{   if (n == 1)                                //一个盘子时，直接从 A 移动到 C
        PlateMove(a, c);
    else
    {   Hanoi(n - 1, a, c, b);                 //将 n-1 个盘子借助 C 从 A 移动到 B
        PlateMove(a, c);                       //将最后一个盘子从 A 移动到 C
        Hanoi(n - 1, b, a, c);                 //将 n-1 个盘子借助 A 从 B 移动到 C
    }
}
//输出盘子从 A 移动到 C
void PlateMove(char a,char c)
{   total++;                                   //总次数加 1
    printf("%3d:%c->%c\n",total,a,c);          // 输出移动过程：A 移动到 C
}
```

程序的运行结果如下。

请输入盘子数 n:3

```
1:A->C
2:A->B
3:C->B
4:A->C
5:B->A
6:B->C
7:A->C
```

习题

一、选择题

（1）以下说法错误的是（   ）。

    A. 可以用 do while 语句实现的循环一定可以用 while 语句实现

    B. 可以用 for 语句实现的循环一定可以用 while 语句实现

    C. 可以用 while 语句实现的循环一定可以用 for 语句实现

    D. do while 和 while 语句的区别仅在于 while 出现的位置不同

（2）以下程序中语句 printf("x");执行的次数是（   ）。

```
int x=0, y=10;
while(x<y)
{   x++;y--;
    printf("x");
}
```

    A. 0   B. 5   C. 6   D. 11

（3）以下程序的运行结果是（   ）。

```
#include <stdio.h>
void main()
{   int n=0;
    while(n<=5)
    {    printf("%d",n);
        n=n+2;
    }
}
```

    A. 024   B. 000   C. 222   D. 555

（4）以下程序可计算 $\sum\limits_{i=1}^{n}(2i-1)$，请将程序补充完整。

```
#include <stdio.h>
int f(int n)
{   int i,s=0;
    i=1;
    while(_____)
    {   s=s+2*i-1;
        i++;
    }
    return s;
}
void main()
{   int n;
    printf("请输入n:");
    scanf("%d",&n);
    printf("%d",f(n));
}
```

    A. i<n   B. i<=n   C. i>=n   D. i>n

（5）以下程序在运行时输入 1234，则输出结果是（　　　）。

```
#include <stdio.h>
void main()
{   int a,b;
    scanf("%d",&b);
    while(b!=0)
    {   a=b%10;
        b=b/10;
        printf("%d",a);
    }
}
```

  A. 4321   B. 1234   C. 10   D. 234

（6）以下程序中，语句 printf("x");执行的次数是（　　　）。

```
int m=10;
do
{   m=m-2;
    printf("x");
}while(m>=1);
```

  A. 2   B. 4   C. 5   D. 6

（7）以下程序可计算 6+7+8+9+10 的和，将程序补充完整。

```
#include <stdio.h>
void main()
{   int i=10,s=0;
    do
    {   s=s+i;
        ___(①)___ ;
    } ___(②)___ ;
    printf("%d\n",s);
}
```

  ① A. i++   B. i=i+2   C. i--   D. i=i-2

  ② A. while (i>5) B. while(i<5)   C. while(i>6)   D. while(i<10)

（8）以下程序的运行结果是（　　　）。

```
#include <stdio.h>
void main()
{   int i=1,s;
    s=0;
    do
    {   if (i%3==1)
            s=s+i;
        i++;
    }while(i<10);
    printf("%d\n",s);
}
```

  A. 3   B. 4   C. 7   D. 12

（9）以下 for 语句的循环次数为（　　　）。

```
for(x=1; x<=6; x++)
```

  A. 1   B. 4   C. 6   D. 10

（10）以下 for 语句的循环次数为（　　　）。

```
for(x=10; x>=1; x--)
```

  A. 0   B. 1   C. 9   D. 10

（11）以下说法正确的是（　　　）。

  A. 只能在 switch 结构和循环结构中可以使用 break 语句

  B. continue 语句的作用是结束整个循环的执行

　　C. 在循环体内使用 break 和 continue 语句的作用相同

　　D. 一个 break 语句可以从多层循环嵌套中退出

（12）以下程序可以计算 1～20 之间偶数的和，请填空。

```
#include <stdio.h>
void main()
{   int a=0,i;
    for(i=2;i<=20;i+=2)
    { _____(    )_____ ;
    }
    printf("偶数之和是%d",a);
}
```

　　A. a+=i　　　　　　B. a++　　　　　　　C. i++　　　　　　D. a=i+1

（13）以下程序的运行结果是（　　）。

```
#include <stdio.h>
void main()
{   int i;
    for(i=1;i<=5;i++)
    {   if (i%2==0)
            printf("*");
        else
            printf("#");
    }
}
```

　　A. #####　　　　　B. *****　　　　　　C. #*#*#　　　　　D. *#*#*

（14）以下程序中，语句 printf("x");执行的次数是（　　）。

```
void main()
{   int i;
    for(i=1;i<=10;i++)
    {   if (i%4==0)  break;
        printf("x");
    }
}
```

　　A. 1　　　　　　　B. 3　　　　　　　　C. 4　　　　　　　D. 10

（15）以下程序中，语句 printf("x");执行的次数是（　　）。

```
void main()
{   int i;
    for(i=1;i<=10;i++)
    {   if (i%4==0)  continue;
        printf("x");
    }
}
```

　　A. 12　　　　　　　B. 6　　　　　　　　C. 8　　　　　　　D. 10

（16）以下程序的运行结果是（　　）。

```
#include <stdio.h>
void main()
{   int i,sum=0;
    for(i=1;i<10;i++)
    {   if (i%5==0)  break;
        sum+=i;
    }
    printf("%d\n",sum);
}
```

　　A. 1　　　　　　　B. 5　　　　　　　　C. 10　　　　　　　D. 45

（17）以下程序的运行结果是（　　）。

```
#include <stdio.h>
```

```
void main()
{   int i,j,sum=0;
    for(i=1;i<=3;i++)
    {    for(j=1;j<=i;j++)
            sum+=i*j;
    }
    printf("%d",sum);
}
```

  A. 3   B. 5   C. 16   D. 25

（18）以下程序中，语句 printf("x");执行的次数是（ ）。

```
#include <stdio.h>
void main()
{   int i,j;
    for(i=2;i>=1;i--)
    {    for(j=1;j<=2;j++)
                printf("x");
    }
}
```

  A. 1   B. 2   C. 4   D. 8

（19）以下程序中，语句 printf("x");执行的次数是（ ）。

```
#include <stdio.h>
void main()
{   int x,y,z;
    for(x=1;x<=10;x++)
        for(y=1;y<=10;y++)
            for(z=10;z>=5;z--)
                    printf("x");
}
```

  A. 10   B. 100   C. 600   D. 1000

（20）以下程序的运行结果是（ ）。

```
#include <stdio.h>
void fun(int i)
{   int a=1;
    a+=i;
    printf("%3d",a);
}
void main()
{   int i;
    for(i=1;i<=4;i++)
        fun(i);
    printf("\n");
}
```

  A. 1 1 1 1   B. 1 2 3 4   C. 2 3 4 5   D. 2 4 6 8

（21）在 C 语言程序中，以下说法正确的是（ ）。

  A. 函数的定义和函数的调用均不可以嵌套

  B. 函数的定义不可以嵌套，但函数的调用可以嵌套

  C. 函数的定义可以嵌套，但函数的调用不可以嵌套

  D. 函数的定义和函数的调用均可以嵌套

（22）以下程序的运行结果是（ ）。

```
#include <stdio.h>
int fun1(int x)
{   return x*x;
}
int fun2(int x, int y)
{   double a,b;
    a=fun1(x);
```

```
        b=fun1(y);
        return(a+b);
    }
    void main()
    {   double c;
        c=fun2(2.1,4.2);
        printf("%10.0lf\n",c);
    }
```

      A. 2   B. 4   C. 8   D. 20

（23）在 C 语言中，程序中的各函数之间（　　　）。

    A. 既允许直接递归调用，也允许间接递归调用

    B. 不允许直接递归调用，也不允许间接递归调用

    C. 允许直接递归调用，不允许间接递归调用

    D. 不允许直接递归调用，允许间接递归调用

二、编程题

1. 设计算法并编写程序，计算 $\sum_{x=1}^{20}(2x^2+3x+1)$。

2. 设计算法并编写程序，计算 $\pi = 2 \times \dfrac{2^2}{1 \times 3} \times \dfrac{4^2}{3 \times 5} \times \dfrac{6^2}{5 \times 7} \times \cdots \times \dfrac{(2n)^2}{(2n-1) \times (2n+1)}$，$n \leqslant 1\,000$。

3. 设计算法并编写存款利息计算器程序。输入 1 年定期存款的总额 t、利率 r 以及年数 n，计算 n 年后可以获得的本息。（用函数实现）

4. 设计算法并编写程序，求出公元 1～10 000 年中的所有闰年。（用函数实现）

5. 设计算法并编写程序，计算分数序列 $\dfrac{2}{1}$，$\dfrac{3}{2}$，$\dfrac{5}{3}$，$\dfrac{8}{5}$，$\dfrac{13}{8}$，$\dfrac{21}{13}$，…前 20 项之和。

6. 设计算法并编写程序，计算 $\dfrac{1}{1^2+1} + \dfrac{1}{2^2+1} + \dfrac{1}{3^2+1} + \dfrac{1}{4^2+1} + \cdots + \dfrac{1}{n^2+1}$，直到最后项小于 10^{-6}。

7. 设计算法并编写程序，计算 $s = 1 + \dfrac{1}{2} + \dfrac{1}{4} + \dfrac{1}{7} + \dfrac{1}{11} + \dfrac{1}{16} + \dfrac{1}{22} + \cdots$，直到最后项小于 10^{-6}。

8. 我国人口为 14 亿，假设人口每年增加 0.8%。设计算法并编写程序，计算多少年后我国的人口超过 26 亿。

9. 设计算法并编写程序，计算自然对数 e 的近似值，公式为 $e = 1 + \dfrac{1}{1!} + \dfrac{1}{2!} + \dfrac{1}{3!} + \cdots + \dfrac{1}{n!} + \cdots$，要求其误差小于 0.000 01。

10. 设计算法并编写程序，计算 $\sum_{n=1}^{10} n! = 1! + 2! + \cdots + 10!$。

11. 水仙花数是指一个三位整数，该数三个数位的立方和等于该数本身。例如，$153 = 1^3 + 5^3 + 3^3$。设计算法并编写程序，求所有的水仙花数。（用函数实现）

12. 设计算法并编写程序，求所有的守形数。守形数是指该数本身等于自身平方的低位数，例如，25 是守形数，因为 $25^2 = 625$，而 625 的低两位是 25。（用函数实现）

13. 设计算法并编写程序，输入 a 和 n，求 $s = a + aa + aaa + aaaa + \cdots + aa \cdots a$（$n$ 个 a）。例如 $a = 2$，$n = 5$，则 $s = 2 + 22 + 222 + 2\,222 + 22\,222$。提示，设 t 为其中一项，则后一项 $t = t \ast 10 + a$。（用函数实现）

14. 设计算法并编写程序，计算 1000 以内的所有完数。完数是指一个数恰好等于除它本身外的因子之和，例如，$6 = 1 + 2 + 3$。提示，可先设计求 m 所有因子的算法；再求因子之和，并判断 m 是否为完数；最后求所有完数。（用函数实现）

15. 设计算法并编写程序，循环输入 20 个 0～100 分的成绩，分别统计它们中 90 分及以上、80～89 分、70～79 分、60～69 分、小于 60 分的分数的个数。

16. 设计算法并编写程序，循环输入学生成绩，直到输入 -99 时结束循环，计算学生的平均成绩。

17. 设计算法并编写程序，输入整数 m 和 n，计算 m 和 n 的公约数之和（用函数实现）。

18. 设计算法并编写程序求解搬砖问题：36 块砖 36 人搬，男一次搬 4 块，女一次搬 3 块，两个小儿一次抬 1 块，要求 1 次搬完，问需男、女和小儿各多少人。

19. 设计算法并编写程序，输出 1000 以内所有的勾股数。勾股数是满足 $x^2 + y^2 = z^2$ 的自然数。例如，最小的勾股数是 3、4、5（为了避免 3、4、5 和 4、3、5 这样的勾股数的重复，必须保持 $x<y<z$）。

20. 编写函数 $f(n,x)$，其功能是计算 $f(n,x) = (-1)^{n-1} \dfrac{x^{2n-1}}{(2n-1)!}$。输入 x（x 为弧度），编写函数 Mysin(x)，其功能是计算公式 $\text{Mysin}(x) = \dfrac{x}{1} - \dfrac{x^3}{3!} + \dfrac{x^5}{5!} - \dfrac{x^7}{7!} + \cdots + (-1)^{n-1} \dfrac{x^{2n-1}}{(2n-1)!}$，直到第 n 项的绝对值小于 10^{-5}；在 main() 函数中输入 x，计算 Mysin(x)。

21. 用递归的方法编写函数 Fibonacci(n)，其功能是求出 Fibonacci 数列的第 n 项。在 main() 中输入 n，调用函数 Fibonacci(n)，计算 Fibonacci 数列的第 n 项。

22. 用递归的方法编写函数 $p(n,x)$，其功能是计算 n 阶勒让德公式的值。在 main() 函数中输入 n 和 x，调用函数 $p(n,x)$，求 n 阶勒让德公式的值。

递归公式为：

$$P_n(x) = \begin{cases} 1 & n = 0 \\ x & n = 1 \\ ((2n-1) \times x - P_{n-1}(x) - (n-1) \times P_{n-2}(x))/n & n > 1 \end{cases}$$

第 7 章 数组

到目前为止，本书的内容只涉及处理少量数据的问题；而在实际的编程中，我们经常需要处理大批量的数据，如 30 000 个学生成绩的排序、求和、求平均值等。数组是构造数据类型，它可以用来解决大批量的数据求解问题。本章将介绍数组、数组的算法设计和数组的程序设计。

7.1 一维数组

7.1.1 一维数组的基本概念

1. 一维数组的引入

在第 5 章中，3 个变量排序的问题需要编写 3 个选择结构语句。考察可得 n 个变量的排序，需要 $\dfrac{n(n-1)}{2}$ 个选择结构。如果 $n = 100$，那么需要定义 100 个变量，编写 4950 个选择结构，显然这是不可能实现的。

如图 7-1 所示，一维数组是由一系列在内存中连续存放的变量组成的数据结构，它们的名字都是 a。每一个变量都可称为一个数组元素，都有一个索引号（下标）如 0、1、2、…、9。每一个数组元素实际上就是一个变量，可以进行赋值、输入、输出和参加各种运算。

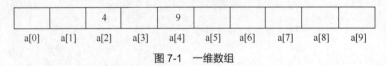

图 7-1 一维数组

【例 7.1】编写并运行以下程序，分析一维数组的定义、引用和特点。

```
#include <stdio.h>
void main()
{   int a[10], i;          //定义数组 a，其中包括 10 个元素
    a[0]=3;                //下标从 0 开始
    a[4]=123.89;
    i=2;
    a[i]=123;
    a[i+1]=2*a[i];         //相当于 a[3]=2*a[2]
    i=5;
    printf("请输入 1 个数：");
    scanf("%d",&a[i]);     //输入 a[i]
    printf("%d %d %d %d\n",a[0],a[2],a[3],a[i]);  //输出 a[i],a[2]
```

```
}
```

程序的运行结果如下。

```
请输入 1 个数：555
3 123 246 555
```

说明：

（1）在单步调试时，可以通过本地窗口查看数组情况。定义后数组元素的初始值为乱码，如图 7-2（a）所示；数组赋值、输入等操作结束后，数组元素的取值如图 7-2（b）所示。

（2）数组下标从 0 开始，如图 7-2（a）所示。

（3）可以通过数组名和下标引用数组元素，如 a[0]、a[2]、a[3]。

（4）下标可以是常量、变量或表达式，如 a[2]、a[2+2]、a[i]、a[i+1]。

（5）数组元素中只能存放定义了数据类型的数据，如果类型不一致，则会强制转换为数组定义的数据类型。

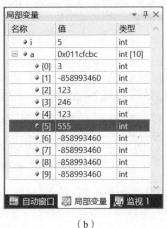

（a）   （b）

图 7-2　数组元素的取值

2. 一维数组的定义

数组需要先定义后使用，定义一维数组的一般方法如下：

```
数据类型 <数组名>[常量表达式]
```

例如：

```
int a[10];        //共 10 个整型元素从 a[0]到 a[9]
float b[100];     //共 100 个实型元素从 b[0]到 b[99]
```

说明：

（1）数组的命名规则与变量的命名规则相同，均遵守标识符的命名规则。

（2）数组名后中括号"[]"内为常量表达式，表示一维数组的长度，即元素个数，数组元素的下标从 0 开始，如 int a[10]，其元素包括 a[0]、a[1]、a[2]、…、a[8]、a[9]。

（3）常量表达式可以包括常量、符号常量，但是不能包括变量。以下数组定义的语句均正确：

`const int N=100;` `int a[N];`	`#define N 100` `int a[N];`	`int a[3+7];`

① 以下定义方法错误：

```
int n=100;
int a[n];    //语法错误，长度必须为常量
```

② const 方法只能用在 C++的程序中，源程序的扩展名为.cpp，不能为.c。

3. 数组元素的引用

C 语言规定只能逐个引用数组元素，其一般格式为：

数组名[下标]

例如：a[1]，a[i]，a[i+2]，a[5]=a[i]+a[i+1]。

说明：

（1）下标必须是整型常量、变量或表达式。

（2）下标一般不能越界，如果越界将引用非本数组的元素，可能造成意外错误。

（3）数组元素只能存放定义了类型的数据。

4. 一维数组的初始化

定义一维数组时其初值为无意义的数据，我们可在定义的同时对其进行初始化。例如：

```
int a[10]={1,2,3,4,5,6,7,8,9,10};
```

花括号中的数值依次存放在数组元素中，如图 7-3 所示。

图 7-3　数组初始化内容

（1）可以只给一部分元素赋初值，则其余元素赋值为 0。例如：

```
int a[10]={1,2,3,4,5};
```

数组内的赋值情况如图 7-4 所示。

图 7-4　数组部分元素初始化

可以用以下方法将数组中所有元素赋值为 0：

```
int a[10]={0,0,0,0,0,0,0,0,0,0};
```

或者

```
int a[10]={0};
```

（2）在定义时对数组全部元素赋初值，可以不指定数组长度，数组长度与初始化的元素个数相等。例如，定义数组的长度为 10。

```
int a[]={1,2,3,4,5,6,7,8,9,10};   //数组长度为 10
```

7.1.2　一维数组程序设计

数组处理实际上就是对数组元素进行处理的过程，按顺序对每个数组元素进行处理的过程称为数组的遍历，其算法如图 7-5 所示。假设数组有 M 个元素，则其下标从 0 到 M-1。

说明：

（1）如图 7-5（a）所示，循环从 a[0]到 a[M-1]顺序遍历并处理数组中的每个元素。

（2）如图 7-5（b）所示，循环从 a[M-1]到 a[0]倒序遍历并处理数组中的每个元素。

（3）可以对元素 a[i]进行赋值、输入、输出、计算或判断等操作。

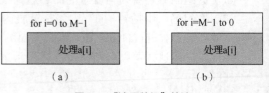

图 7-5　"遍历数组"算法

（4）遍历过程应该灵活，遍历不一定非要从 0 到 M-1，也可以从中间的某元素开始到某元素结束；每次循环的变化不一定是 1 或-1，也可以是 2、3 或-2、-3 等。

【例 7.2】 输入 10 个数，并反序输出。

假定数组长度为 M，则数组元素下标为 0、1、2、…、M-1，算法如图 7-6（a）所示，先顺序遍历并输入数组元素，再反序遍历输出数组元素。按图 7-6（b）所示的算法顺序遍历数组时可给每个元素赋值随机数。

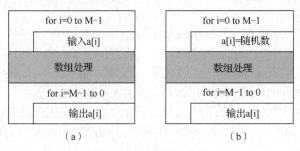

图 7-6　数组输入和输出

编写程序如下：

```
#include <stdio.h>
void main()
{   int a[10];
    int i;
    printf("请输入 10 个数: ");
    for (i=0;i<=9;i++)
        scanf("%d",&a[i]);     //输入元素值
    printf("数组反序输出为: \n");
    for (i=9;i>=0;i--)
        printf("%3d",a[i]);    //输出元素
    printf("\n");
}
```

程序运行的结果如下：

```
请输入 10 个数: 1 2 3 4 5 6 7 8 9 10
数组反序输出为:
10 9 8 7 6 5 4 3 2 1
```

在编程过程中经常需要进行反复调试，如果每次调试都要重新输入一组数据，不仅浪费时间，还很影响效率。使用图 7-6（b）所示的算法赋给一组随机数，可以简化程序的调试过程。

编写程序如下：

```
#include <stdio.h>
#include <stdlib.h>                //包含随机函数的声明
#include <time.h>                  //包含 time()的声明
void main()
{   int a[10];
    int i;
    srand(time(0));               //srand()的参数不同，则 rand()函数会生成不同的随机数序列
    for (i=0;i<=9;i++)
        a[i]=rand()%100;          //生成 0～99 的整数
    printf("数组顺序输出为: \n");
    for (i=0;i<=9;i++)
        printf("%3d",a[i]);       //顺序输出
    printf("\n 数组反序输出为: \n");
    for (i=9;i>=0;i--)
        printf("%5d",a[i]);       //反序输出
    printf("\n");
}
```

程序运行结果如下。

```
数组顺序输出为:
```

```
  71 57 69 44 88 91 35 75 32 16
数组反序输出为：
  16 32 75 35 91 88 44 69 57 71
```

说明：

（1）stdlib.h 文件中包含了随机函数 rand()的声明，因此必须放在程序头部。

（2）要让每次执行程序时生成的随机数都不同，必须使用 srand()函数，并给其赋予不同的实参。time(0)函数（函数声明包含在 time.h 文件中）可获得从 1970 年 1 月 1 日 0 时 0 分 0 秒至系统当前时间所经过的秒数。srand(time(0))使得每次 rand()函数生成不同的随机数。

（3）使用 rand()函数可生成 0～32 767 的整数，如要生成位于区间[M,N]的随机整数，可以使用公式 rand()%(N−M+1)+M。例如，要生成 0～99 的整数，则表达式为 rand()%100。

学习提示：

（1）应该使用循环在遍历过程中对数组元素进行输入、赋值或输出等，而不能用一条语句处理整个数组。

（2）在调试数组程序时，单步执行程序，并在图 7-7 所示的本地窗口中观察数组元素的取值，从而帮助调试程序，提高调试程序的效率。

（3）本章后续例题和习题所列算法，赋值、输入和输出数组都将使用例 7.2 的算法。

图 7-7　调试本地窗口

【**例 7.3**】在一维数组中查找满足条件（元素能被 4 整除）的所有元素，统计个数、和及其平均值。

分析：

（1）在遍历一维数组所有元素的过程中，判断每个元素是否满足条件，如满足条件则处理 a[i]，算法如图 7-8 所示。

（2）在遍历过程中，数组元素满足条件时使得 n++，输出 a[i]，并求其和 s=s+a[i]，算法如图 7-9 所示。

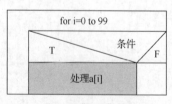

图 7-8　"查找"算法

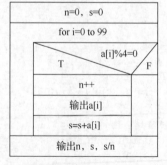

图 7-9　查找统计算法

编写程序如下：

```
#include <stdio.h>
#include <stdlib.h>
#include <time.h>
```

```
void main()
{   int a[100];
    int i,n,s;
    srand(time(0));
    for (i=0;i<=99;i++)                    //数组赋值
        a[i]=rand()%100;
    printf("数组为: ");
    for (i=0;i<=99;i++)                    //输出数组
        printf("%3d",a[i]);
    printf("\n 能被 4 整除的元素为: ");
    n=0;s=0;
    for (i=0;i<=99;i++)
        if (a[i]%4==0)                     //条件
        {   n++;                           //计数
            s=s+a[i];                      //求和
            printf("%3d",a[i]);            //输出符合条件的元素
        }
    printf("\n 符合条件的元素个数为 %d",n);
    printf("\n 和为 %d",s);
    printf("\n 平均值为 %d\n",s/n);
}
```

程序的运行结果如下。

```
数组为: 34 33 77 28 37 67 13  5 40 25 29 62 35 15 90
74 50 50  1 47 87 29 29 93 81 36 66 93 23 64 52 82 47
64 97 11 92 71 47 45 86 67 53 19 96  5 92  7 54 82 25
 2 13 90 17 59 19 84 39 52 88 77 97 22  9 55 46 13 46
 4 44 83 95 79  1 81 78 20 42 83 36 71 14  9 73 22  8
45 85 62 60 96 32 78 91 55 92 20 13 55
能被 4 整除的元素为: 28 40 36 64 52 64 92 96 92 84 52  8
 8  4 44 20 35  8 60 96 32 92 20
 符合条件的元素个数为 22
 和为 1200
 平均值为 54
```

【例 7.4】输出 Fibonacci 数列：1、1、2、3、5、8、13、21、…的前 40 项。

分析：

（1）Fibonacci 数列可以转换为公式 $f(n)=\begin{cases} 1 & n=0,\ 1 \\ f(n-2)+f(n-1) & n \geq 2 \end{cases}$，将数列的每个数依次

存放在数组中。数组的前两个元素为 1，后一个元素为前两个元素之和，即 a[i]=a[i-2]+a[i-1]。

为了输出美观，在输出时如果下标 i+1 能被 5 整除则换行，否则不换行，使得每行输出 5 个元素。设计的算法如图 7-10（a）所示。

（2）根据前述公式，也可以根据下标号判断元素的值，当 i == 0 或 i == 1 时，元素为 1，其他的元素则为前两个元素之和。设计的算法如图 7-10（b）所示。

编写程序如下：

```
#include <stdio.h>
void main()
{   long a[40];
    int i;
    a[0]=1;a[1]=1;
    for (i=2;i<=39;i++)          //计算 Fibonacci 数列
        a[i]=a[i-2]+a[i-1];
    printf("Fibonacci 数列为: \n");
    for (i=0;i<=39;i++)          //输出 Fibonacci 数列
```

```
                if((i+1)%5==0)        //每行输出 5 个数
                     printf("%10ld\n",a[i]);
            else
                     printf("%10ld",a[i]);
        }
```

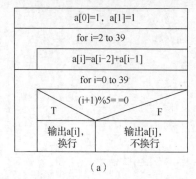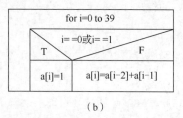

（a）　　　　　　　　　　　　　（b）

图 7-10　"Fibonacci 数列"算法

程序运行的结果如下。

```
Fibonacci 数列为：
         1           1           2           3           5
         8          13          21          34          55
        89         144         233         377         610
       987        1597        2584        4181        6765
     10946       17711       28657       46368       75025
    121393      196418      317811      514229      832040
   1346269     2178309     3524578     5702887     9227465
  14930352    24157817    39088169    63245986   102334155
```

学习提示：

请读者注意掌握一维数组按照每行 M 个元素输出的方法。

7.1.3　数组元素作为函数参数

数组作为函数的参数传递主要有两种形式：数组元素作为函数参数；数组作为函数参数。

因为实参可以是常量、变量或表达式，所以数组元素也可以作为实参。此时，数组元素仅被看成一个简单变量，参数传递则采用单向值传递方式。

【例 7.5】使用数组元素做函数实参，将能被 2 整除的数组元素取反，不能被 2 整除的不变。

```c
#include <stdio.h>
void output(int a)                    //输出一个变量
{  printf("%4d",a);
}
int setvalue(int a)                   //处理一个变量，返回值
{    if (a%2==1)
          return(a);
     else
          return (-a);
}
void main()
{    int a[10]={1,2,3,4,5,6,7,8,9,10},i;
     printf(" 原数组为");
     for(i=0;i<=9;i++)
          output(a[i]);               //输出原数组元素
     for(i=0;i<=9;i++)
```

```
        a[i]=setvalue(a[i]);              //更换数组的值
    printf("\n 新数组为");
    for(i=0;i<=9;i++)
            output(a[i]);                 //输出新数组元素
    printf("\n");
}
```

程序的运行结果如下。

原数组为 1 2 3 4 5 6 7 8 9 10
新数组为 1 -2 3 -4 5 -6 7 -8 9 -10

学习提示:

　　数组元素作为实参就是简单的单向值传递,在编程中并未明显降低 main()函数的程序复杂度。此时,即使在函数中改变了形参的值,作为实参的数组元素也不会改变。

7.1.4　一维数组作为函数参数

　　数组作为函数的形参和实参是地址传递,形参获得实参数组的第 0 个元素的地址,形参数组并不重新申请内存,而是与实参数组共用一段内存地址。对形参数组的处理,就是对实参数组的处理,改变了形参数组的任何元素的值,实参数组也将改变。

　　形参数组的一般形式为:

函数类型　函数名(形参数组类型　形参数组名[长度])

　　【例 7.6】编写函数 setvalue()为整个数组赋随机数,函数 output()输出整个数组,函数 getmax()求一维数组中元素的最大值。

　　分析:

　　算法的基本思想是:首先定义变量 max,将第 0 个元素赋给 max,即 max=a[0];然后遍历整个数组,将 max 与每一个元素相比较,如果max<a[i],则使得 max=a[i],这样即可保证 max 中存放的是最大的数。算法如图 7-11 所示。

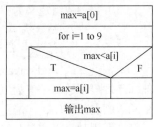

图 7-11　"最大值"算法

　　编写程序如下:

```
#include <stdio.h>
#include <stdlib.h>
#include <time.h>
void setvalue(int x[10])               //数组赋值,定义形参数组
{   int i;
    srand(time(0));
    for (i=0;i<=9;i++)                 //数组赋值
            x[i]=rand()%100;
}
void output(int x[10])                 //数组输出,定义形参数组
{   int i;
    for(i=0;i<=9;i++)
            printf("%3d",x[i]);
}
int getmax(int x[10])                  //用数组求最大值,定义形参数组
{   int max,i;
    max=x[0];                          //求最大值
    for (i=1;i<=9;i++)
        if (max<x[i])
            max=x[i];
    return max;
}
```

```
void main()
{    int a[10];
     setvalue(a);                                 //为数组赋予随机数，数组名 a 为实参
     printf(" 数组为: \n");
     output(a);                                   //输出数组，数组名 a 为实参
     printf("\n 数组的最大值为：%d\n", getmax(a)); //调用函数求最大值，数组名 a 为实参
}
```

程序的运行结果如下。

```
数组为:
35  36  92  17  30  92  6  47  2  49
数组的最大值为：92
```

说明：

（1）作为实参的数组名表示数组的第 0 个元素的地址，即首地址。实参数组和形参数组的数据类型必须一致。

（2）数组参数是地址传递，因此它们共用一段内存，如图 7-12 所示。求形参数组 x 的最大值，就是求实参数组 a 的最大值。改变形参数组 x 的元素，也就改变了实参数组 a 的对应元素。

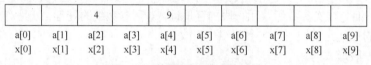

图 7-12　数组形参和实参的关系

（3）实参数组定义为"int a[10];"，其中数组长度可以省略。因此函数可以定义为：

```
void setvalue(int x[])
void output(int x[])
int getmax(int x[])
```

本例设计的 void setvalue(int x[10])、void output(int x[10])和 int getmax(int x[10]) 3 个函数，其内部程序均限制数组长度为 10，函数的通用性不强。如果实参数组的长度不是 10，那么需要修改 3 个函数的内部程序，才能适应实参数组的长度变化。可以考虑另外设一个参数"int n"表示数组的长度，调用时，将实参数组的长度传递进来。编写程序如下：

```
#include <stdio.h>
#include <stdlib.h>
#include <time.h>
void setvalue(int x[],int n)                 //n 为数组的长度
{    int i;
     srand(time(0));
     for (i=0;i<=n-1;i++)
         x[i]=rand()%100;
}
void output(int x[],int n)                   //n 为数组的长度
{    int i;
     for(i=0;i<=n-1;i++)
         printf("%3d",x[i]);
}
int sum(int x[],int n)                       //n 为数组的长度
{    int i,s=0;
     for(i=0;i<=n-1;i++)
         s=s+x[i];
return s;
}
void main()
{    int a[12];
     setvalue(a,12);                         //数组长度为 12
```

```
        printf(" 数组为: \n");
        output(a,12);                          //数组长度为 12
        printf("\n 数组的和为: %d\n",sum(a,12));  //数组长度为 12
}
```

此时，无论实参数组的长度是多少，只要修改形参 n 对应的实参即可，而不用修改函数内部的语句，增强了函数的通用性。

程序的运行结果如下。

```
数组为:
51 97 73 61 98 46 34 76 86 75 79 50
数组的和为: 826
```

【例 7.7】用"冒泡法"把一维数组的 n 个元素按从小到大的顺序排列并输出。

分析:

（1）"冒泡法"排序的基本思想是依次比较数组中两个相邻的元素，如果 a[j]>a[j+1]，则将两个元素进行交换，使得前边的元素小于等于后边的元素。这样的比较要经过 n-1 趟，如图 7-13 所示。

图 7-13 "冒泡法"过程

（2）第 1 趟使得 a[n-1]最大，共比较 n-1 次；第 2 趟使得 a[n-2]最大，共比较 n-2 次；第 i 趟使得 a[n-i]最大，共比较 n-i 次。

（3）第 i 趟比较的算法如图 7-14（a）所示，比较遍历从 a[0]到 a[n-1-i]。外部套上一层循环控制 n-1 趟比较，算法如图 7-14（b）所示。分析可得 n 个元素的一维数组"冒泡法"排序交换次数为 n*(n-1)/2。

（4）在排序过程中，有可能进行到第 i 趟时就已完成排序，此时后续的比较过程中不再有交换。因此，只要某一趟没有交换发生，则可以结束排序，从而减少比较次数，优化的算法如图 7-14（c）所示。此时，最坏情况下 n 个元素的排序交换次数为 n*(n-1)/2。

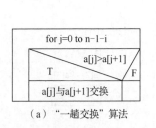

（a）"一趟交换"算法

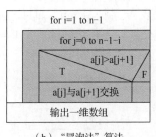

（b）"冒泡法"算法

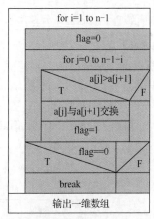

（c）优化"冒泡法"算法

图 7-14 "冒泡法"排序

按照图 7-14（b）所示算法编写程序如下：

```c
#include <stdio.h>
#include <stdlib.h>
#include <time.h>
void setvalue(int x[],int n)              //n 为数组的长度
{   int i;
    srand(time(0));
    for (i=0;i<=n-1;i++)
      x[i]=rand()%100;
}
void output(int x[],int n)                //n 为数组的长度
{   int i;
    for(i=0;i<=n-1;i++)
      printf("%3d",x[i]);
}
void sort(int x[],int n)                  //n 为数组的长度
{   int i,j,t;
    for (i=1;i<=n-1;i++)                  //排序的趟数
        for(j=0;j<=n-1-i;j++)
        if (x[j]>x[j+1])                  //比较
          {t=x[j];x[j]=x[j+1];x[j+1]=t;}  //交换
}
void main()
{    int a[12];
    setvalue(a,12);                       //数组长度为 12
    printf(" 排序前数组为: \n");
    output(a,12);                         //数组长度为 12
    sort(a,12);
    printf("\n 排序后数组为: \n");
    output(a,12);                         //数组长度为 12
    printf("\n");
}
```

程序的运行结果如下。

```
排序前数组为:
91  5 76 81 74 85 57  1 60 46 62 29
排序后数组为:
 1  5 29 46 57 60 62 74 76 81 85 91
```

学习提示:

按照图 7-14（c）所示算法，改进排序过程，减少程序的交换次数。

【**例 7.8**】用选择法把一维数组的 n 个元素按从小到大的顺序排列并输出。

分析: 选择法排序的基本思想是，在一维数组中找出最小元素，并将最小元素与最前边的元素交换，其排序过程如图 7-15 所示。第 0 趟从 a[0]到 a[n-1]，找出最小元素下标 min，a[0]与 a[min]交换；第 1 趟从 a[1]到 a[n-1]，找出最小元素下标 min，a[1]与 a[min]交换；第 i 趟从 a[i]到 a[n-1]，找出最小元素下标 min，a[i]与 a[min]交换。比较共进行了 n-1 趟。

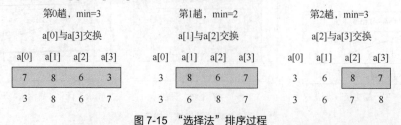

图 7-15 "选择法"排序过程

其中，第 i 趟找出一个最小元素下标的算法，如图 7-16 所示，遍历从 a[i]到 a[n-1]。"选择法"排序的算法如图 7-17 所示。

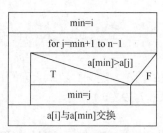

图 7-16 "一趟交换"算法

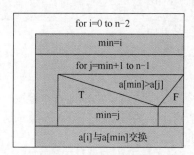

图 7-17 "选择法"算法

按照图 7-17 所示算法将例 7.7 程序中的 sort()函数修改如下：

```
void sort(int x[],int n)          //n 为数组的长度
{   int i,j,min,t;
    for (i=0;i<=n-2;i++)          //排序的趟数
    {   min=i;
        for(j=min+1;j<=n-1;j++)
        if (x[min]>x[j])          //比较
            min=j;
        t=x[i];x[i]=x[min];x[min]=t;  //交换
    }
}
```

7.2 二维数组

7.2.1 二维数组的基本概念

1. 多维数组与二维数组

如果数组元素有多个下标，则称其为多维数组。图 7-18（a）就是一个二维数组，其对应元素如图 7-18（b）所示，它有行号和列号两个下标，数组元素有 a[2][3]、a[i][j]等。如果增加下标的维数，还可以有三维数组、四维数组等。

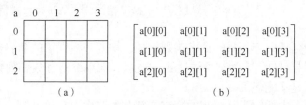

图 7-18 二维数组

【例 7.9】编写并运行以下程序，分析二维数组的定义、引用和特点。

```
#include <stdio.h>
void main()
{   int a[3][4],i,j;
    a[1][2]=3;
    a[1][3]=123.89;  //a[1][3]获得 123
    a[2][1]=2*a[1][2]+3;
```

```
    i=2; j=3;
    a[i][j]=a[i-1][j-1]+2;
    scanf("%d", &a[2][2]);
    printf("%d %d %d %d\n",a[1][2],a[2][1],a[2][2],a[2][3]);
}
```

程序的运行结果如下。

```
44
3 9 44 5
```

说明：

（1）在进行单步调试时，可以通过本地窗口查看数组的情况。定义后数组元素的初始值为乱码，如图 7-19（a）所示；数组赋值、输入等操作结束后，如图 7-19（b）所示。

（2）行列的下标从 0 开始。

（3）可以通过下标引用元素。下标可以是常量、变量或表达式，如 a[1][1]、a[i][j]、a[i+1][j]。

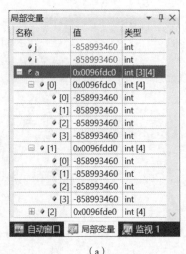
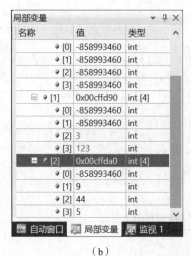

（a）　　　　　　　　　　　　　　　　（b）

图 7-19　二维数组

2. 二维数组的定义

定义二维数组的一般方法如下：

数据类型　<数组名>[常量表达式 1]　[常量表达式 2]

其方法和注意事项与一维数组相似，例如：

```
int  a[3][4];      //行下标从 0 到 2，列下标从 0 到 3，每个元素都为 int 类型的变量
float b[5][10];    //行下标从 0 到 4，列下标从 0 到 9，每个元素均为 float 类型的变量
```

说明：

（1）二维数组的命名规则与变量的命名规则相同，均遵守标识符的命名规则。

（2）数组名后中括号“[]”内为常量表达式，表示二维数组的行数和列数，常量表达式可以包括常量、符号常量，但是不能包括变量。

（3）二维数组在内存中按照先行后列的顺序连续存放，依次是第 0 行、第 1 行、……、第 n-1 行。例如，数组 a[3][4]的存放顺序为 a[0][0]、a[0][1]、a[0][2]、a[0][3]，a[1][0]、a[1][1]、a[1][2]、a[1][3]，a[2][0]、a[2][1]、a[2][2]、a[2][3]。

在 C 语言中还可以定义三维数组、四维数组等多维数组。例如，int a[2][3][4],b[2][3][4][5]。

多维数组也是按照从左到右下标号的顺序依次连续存放。数组 a[2][3][4]的存放顺序为 a[0][0][0]、a[0][0][1]、a[0][0][2]、a[0][0][3]，a[0][1][0]、a[0][1][1]、a[0][1][2]、a[0][1][3]，a[0][2][0]、a[0][2][1]、a[0][2][2]、a[0][2][3]，a[1][0][0]、a[1][0][1]、a[1][0][2]、a[1][0][3]，a[1][1][0]、a[1][1][1]、 a[1][1][2]、a[1][1][3]，a[1][2][0]、a[1][2][1]、a[1][2][2]、a[1][2][3]。

3. 数组元素引用

二维数组元素引用的方法及其注意事项与一维数组相似，举例如下：

```
int  a[3][4],i=2,j=3;
a[1][2]=3;
a[2][2]=a[1][2]*5;
a[i][j]=a[i-1][j-1]+2;
```

说明：

（1）引用元素的行和列下标均必须是整型常量、变量或表达式。

（2）下标的行号和列号均不能越界，如果越界将引用非本数组的元素，从而造成意外错误。

（3）数组元素只能存放定义了类型的数据。

4. 二维数组初始化

二维数组定义时其初值也是无意义的数据。我们在定义二维数组的时候，可以对其进行初始化。例如：

```
int a[3][4]={{1,2,3,4},{5,6,7,8},{9,10,11,12}};
```

（1）其中第一个花括号内的数据赋给第 0 行，第二个花括号内的数据赋给第 1 行，第三个花括号内的数据赋给第 2 行，如图 7-20（a）所示。

（2）也可以将所有数据按顺序放在一对花括号中，例如：

```
int a[3][4]={1,2,3,4,5,6,7,8,9,10,11,12};
```

初始化后数组中的情况如图 7-20（a）所示。

（3）也可以只给每行的部分元素赋值，例如：

```
int a[3][4]={{1},{5},{9}};
```

其中只给 3 行的第 0 列元素赋值，其余元素均赋予 0，如图 7-20（b）所示。

语句 "int a[3][4]={{1},{0,0,5},{0,9}};" 初始化后的数组如图 7-20（c）所示。

语句 "int a[3][4]={{1},{}{9}};" 初始化后的数组如图 7-20（d）所示。

语句 "int a[3][4]={{0}};" 初始化后的数组所有元素都为 0。

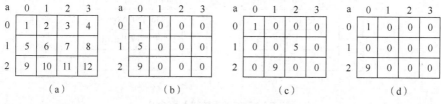

图 7-20　数组初始化内容

（4）如果二维数组的所有元素都初始化数值或者分行初始化数值，二维数组的第一维长度可以为空，但其第二维长度不能省略。其行数由系统计算。

例如：

```
int a[ ][4]={{1,2,3,4},{5,6,7,8},{9,10,11,12}};    //3 行 4 列
int b[ ][4]={{1,2,3,4},{},{9,10,11,12}};           //3 行 4 列
```

7.2.2　二维数组程序设计

在二维数组处理过程中，需要按照行列的方式遍历数组，其算法如图 7-21（a）和图 7-21（b）所示，假设数组为 M 行 N 列。

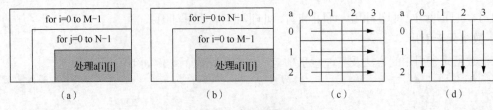

图 7-21　二维数组遍历

说明：

（1）图 7-21（a）所示算法按行的顺序遍历二维数组，其过程如图 7-21（c）所示，顺序为当 i=0 时，a[0][0]、a[0][1]、a[0][2]、a[0][3]；当 i=1 时，a[1][0]、a[1][1]、a[1][2]、a[1][3]；当 i=2 时，a[2][0]、a[2][1]、a[2][2]、a[2][3]。

（2）图 7-21（b）所示算法按列的顺序遍历二维数组，其过程如图 7-21（d）所示。

（3）可以对元素 a[i][j] 进行赋值、输入、输出、计算或判断等处理。

（4）遍历过程可以灵活一些，既可以从左向右，使得 j 从小到大循环，即 0～N-1，也可以从右向左，使得 j 从大到小循环，即 N-1～0；既可以从上而下，使得 i 从小到大循环，即 0～M-1，也可以从下而上，使得 i 从大到小循环，即 M-1～0。

【例 7.10】向二维数组输入数据，并按行列方式输出。

在图 7-22（a）所示算法中，按先行后列的顺序遍历二维数组并输入数组元素；在图 7-22（b）所示算法中，按先行后列的顺序遍历二维数组并赋给随机数。在数组输出时，每输出一行元素就换行，从而实现按行列方式输出二维数组。

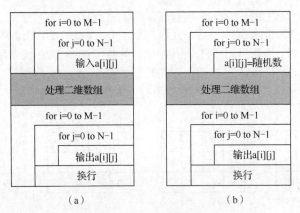

图 7-22　二维数组的输入和输出

按照图 7-22（a）所示算法编写程序如下：

```c
#include <stdio.h>
void main()
{   int a[3][4];
    int i,j;
    printf(" 请输入 12 个数: ");
    for (i=0;i<=2;i++)                      //数组赋值
          for (j=0;j<=3;j++)
                scanf("%d",&a[i][j]);       //输入元素
    printf(" 二维数组为: \n");
    for (i=0;i<=2;i++)                      //输出数组
    {   for (j=0;j<=3;j++)
            printf("%3d",a[i][j]);          //输出元素
        printf("\n");
```

```
    }
}
```

程序的运行结果如下。

请输入 12 个数：1 2 3 4 5 6 7 8 9 10 11 12
二维数组为：
```
 1  2  3  4
 5  6  7  8
 9 10 11 12
```

按照图 7-22（b）所示算法，给二维数组赋随机数的程序如下：

```
#include <stdio.h>
#include <stdlib.h>
#include <time.h>
void main()
{   int a[3][4];
    int i,j;
    srand(time(0));
    for (i=0;i<=2;i++)                //给数组赋随机数
        for (j=0;j<=3;j++)
            a[i][j]=rand()%100;       //给元素赋随机数
    printf(" 随机数二维数组为: \n");
    for (i=0;i<=2;i++)                //输出数组
    {   for (j=0;j<=3;j++)
            printf("%3d",a[i][j]);    //输出元素
        printf("\n");
    }
}
```

程序运行结果如下。

随机数二维数组为：
```
53 92  5 60
85 49 55 21
81 28 67 39
```

学习提示：

（1）在后续编程练习中，读者可以使用随机数赋值的方法为二维数组赋初值，以便减少程序调试中输入数据的次数，提高程序调试效率。

（2）在二维数组程序调试时，单步执行程序，并使用本地窗口（见图 7-23），观察二维数组元素的取值情况。

图 7-23　二维数组调试本地窗口

【例 7.11】求数组中"行号>列号"的元素，元素个数，所有元素之和及其平均值。

分析：

（1）在遍历二维数组所有元素的过程中，可以求出所有元素之和，算法如图 7-24（a）所示。

（2）在遍历过程中，查找满足条件的元素的算法如图 7-24（b）所示。

（3）查找满足"行号>列号"条件的元素，计算元素个数，所有元素之和及其平均值的算法如图 7-24（c）所示。

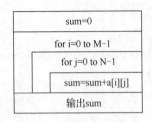

（a）求所有元素之和

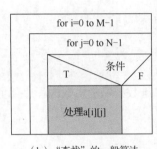

（b）"查找"的一般算法

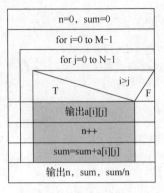

（c）"行号>列号"算法

图 7-24 "查找"算法

编写程序如下：

```c
#include <stdio.h>
#include <stdlib.h>
#include <time.h>
const int M=3,N=4;                        //行数 M 和列数 N
void main()
{   int a[M][N];
    int i,j,n,sum;
    srand(time(0));
    for (i=0;i<= M-1;i++)                  //给数组赋随机数
        for (j=0;j<= N-1;j++)
            a[i][j]=rand()%100;           //给元素赋随机数
    printf(" 随机数二维数组为：\n");
    for (i=0;i<= M-1;i++)                  //输出数组
    {   for (j=0;j<= N-1;j++)
            printf("%3d",a[i][j]);        //输出元素
        printf("\n");
    }
    //---------------------查找满足条件的元素-------------------
    printf(" 行号>列号的元素为：\n");
    n=0;sum=0;
    for (i=0;i<= M-1;i++)                  //输出数组中满足条件的元素
    {   for (j=0;j<= N-1;j++)
            if (i>j)
            {   printf("%3d",a[i][j]);
                n++;
                sum=sum+a[i][j];
            }
            printf("\n");
    }
    printf(" 满足条件元素个数为 %d，和为 %d，平均值为 %d\n",n,sum,sum/n);
}
```

程序运行的结果如下。

```
随机数二维数组为：
10 34 23 22
63 89 66 63
74 50  6 92
行号>列号的元素为：

63
74 50
满足条件元素个数为 3，和为 187，平均值为 62
```

7.2.3　多维数组作为函数参数

多维数组作函数参数与一维数组作函数参数相似，多维数组在形参定义时可以省略最左边维的长度，例如，int a[][10]，int b[][4][5]等。多维数组做实参时也以数组名作为实参。

数组名代表多维数组的首地址，使得形参数组和实参数组共用同一段内存。对形参数组的任何改变，也同样影响实参。

【例 7.12】杨辉三角形是图 7-25（a）所示的数列，求杨辉三角形的前 10 行。

分析：

（1）杨辉三角形存放在二维数组的左下角，其所有元素都满足条件"列号≤行号"。因此只需遍历左下角元素，其算法如图 7-25（b）所示。

（2）第 0 列所有元素值为 1，对角线上（即"行号=列号"）的元素也为 1。

（3）杨辉三角形中除了第 0 列和对角线上以外的元素，a[i][j]=a[i-1][j-1]+a[i-1][j]。

（4）根据以上分析，可知杨辉三角形可以转换为公式：$a(i,j)=\begin{cases} 1 & j=0 \\ 1 & i=j \\ a(i-1,j-1)+a(i-1,j) & j<i \end{cases}$。

求解杨辉三角形的算法如图 7-25（c）所示。

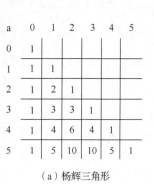

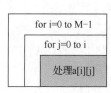

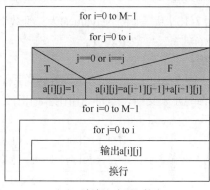

（a）杨辉三角形　　　（b）"左下角遍历"算法　　　（c）"杨辉三角形"算法

图 7-25　"杨辉三角形"问题

编写程序如下：

```
#include <stdio.h>
const int M=10;                //行数和列数均为10
void setvalue(int a[][M],int m)
{   int i,j;
    for (i=0;i<=m-1;i++)       //计算杨辉三角形
        for (j=0;j<=i;j++)
            if(j==0||i==j)
                a[i][j]=1;
            else
                a[i][j]=a[i-1][j-1]+a[i-1][j];
}
void output(int a[][M],int m)
{   int i,j;
    for (i=0;i<=m-1;i++)       //输出杨辉三角形
    {   for (j=0;j<=i;j++)
            printf("%4d",a[i][j]);
        printf("\n");
    }
}
```

```
void main()
{   int a[M][M];
    setvalue(a,M);
    printf(" 杨辉三角形为: \n");
    output(a,M);
}
```

程序运行结果如下。

```
杨辉三角形为:
 1
 1  1
 1  2   1
 1  3   3   1
 1  4   6   4   1
 1  5   10  10  5   1
 1  6   15  20  15  6   1
 1  7   21  35  35  21  7   1
 1  8   28  56  70  56  28  8   1
 1  9   36  84  126 126 84  36  9   1
```

学习提示：

（1）二维数组的问题，可以通过观察行号和列号的关系设计算法。

（2）思考，变换行列号下标的顺序就可以输出二维数组左上角、左下角、右上角、右下角的元素。

【例 7.13】编写函数 setvalue() 为二维数组赋予随机数，函数 output() 可以行列方式输出二维数组，函数 inv() 可将二维数组转置。

分析：

（1）图 7-26（a）所示的矩阵经转置后形如图 7-26（b）所示。经观察，矩阵转置就是将沿着对角线对称的元素交换，即将 a[i][j] 与 a[j][i] 交换。

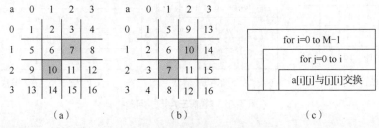

图 7-26 "矩阵转置"算法

（2）设计算法如图 7-26（c）所示遍历数组的左下角，并将 a[i][j] 与 a[j][i] 交换。注意，如果遍历数组的所有元素，最后反而会回到原来的矩阵。

编写程序如下：

```
#include <stdio.h>
#include <stdlib.h>
#include <time.h>
const int M=5;
void setvalue(int a[][M],int m)          //赋值, m 为行数
{   int i,j;
    srand(time(0));
    for (i=0;i<=m-1;i++)
        for(j=0;j<=M-1;j++)
            a[i][j]=rand()%100;
}
void output(int a[][M],int m)            //输出数组, m 为行数
{   int i,j;
    for (i=0;i<=m-1;i++)
```

```
    {    for(j=0;j<=M-1;j++)
            printf("%5d",a[i][j]);
        printf("\n");
    }
}
void inv(int a[][M],int m)                    //数组转置，m为行数
{   int i,j,t;
    for (i=0;i<=m-1;i++)
        for(j=0;j<=i;j++)
        {    t=a[i][j];a[i][j]=a[j][i];a[j][i]=t;}
}
void main()
{   int a[5][M];
    setvalue(a,5);                            //数组为 5 行
    printf(" 转置前数组为：\n");
    output(a,5);                              //数组为 5 行
    inv(a,5);                                 //调用转置函数 inv()
    printf("\n 转置后数组为：\n");
    output(a,5);                              //数组为 5 行
}
```

程序的运行结果如下。

```
转置前数组为：
99  79  40  54  10
92  34  10  48  64
 8  14   6  94  32
93  92  41  50  75
11  12  68  61  11
转置后数组为：
99  92   8  93  11
79  34  14  92  12
40  10   6  41  68
54  48  94  50  61
10  64  32  75  11
```

习题

一、选择题

（1）以下定义一维数组的语句中，错误的是（   ）。

    A．const N=100;int a[N];   B．int a[3+7];

    C．#define N 100   D．int n=100;

       int a[N];   int a[n];

（2）已有一维数组的定义 "int a[10]={1,2,3,4,5};"，元素 a[5]的值是（   ）。

    A．0   B．1   C．4   D．5

（3）已经有一维数组的定义 "int a[10],i=4;"，以下数组元素的引用中错误的是（   ）。

    A．a[3]   B．a[3+4]   C．a[10]   D．a[i]

（4）以下选项中，能够产生 10～60 的随机整数的表达式是（   ）。

    A．rand()%60   B．rand()%100   C．10+rand()%51   D．rand%61

（5）以下程序的功能是计算下标为偶数的元素的和，请将程序补充完整。

```
#include <stdio.h>
void main()
{   int a[10]={1,2,3,4,5,6,7,8,9,10};
```

```
    int i,sum=0;
    for(i=0;i<=9; (_____)
        (_____);
    printf("%d\n",sum);
}
```

    A. i=i+2   B. i++   C. i+2   D. i=2

    A. sum=sum+i   B. sum=sum+a[i]   C. sum=sum+a   D. sum++

（6）以下程序的运行结果是（　　　）。

```
#include <stdio.h>
void main()
{   int a[10]={1,2,3,4,5,6,7,8,9,10};
    int i,sum=0;
    for(i=0;i<=9;i++)
        sum+=a[i]%2;
    printf("%d\n",sum);
}
```

    A. 55   B. 10   C. 5   D. 1

（7）以下程序的运行结果是（　　　）。

```
#include <stdio.h>
void main()
{   int a[]={1,2,3,4,5,6,7},i=5,j;
    for(j=3; j>1; j--)
    switch(j)
    {   case 1:
        case 2:printf("%d",a[i]);break;
        case 3:printf("%d",a[i]);
    }
}
```

    A. 66   B. 555   C. 55   D. 666

（8）以下程序从数组 a 中第二个元素开始，分别将后项减前项的差存入数组 b 中，并输出数组 b，请填空。

```
#include <stdio.h>
void main()
{   int a[10]={1,2,3,4,5,6,7,8,9,10},b[10],i;
    for (i=1;i<=9;i++)
        (_____);
    for(i=0;i<=8;i++)
        printf("%3d",b[i]);
}
```

    A. b[i]=a[i]-1   B. b[i-1]=a[i]-1   C. b[i]=a[i]-a[i-1]   D. b[i-1]=a[i]-a[i-1]

（9）以下程序给一维数组所有元素赋予随机整数，统计其中能同时被 3 和 7 整除的元素个数，请将程序补充完整。

```
void main()
{   int a[100],i,n=0;
    for(i=0;i<=99;i++)
        a[i]=rand()%100;
    for(i=0;i<=99;i++)
        if (_____)
            (_____)
    printf("符合条件的元素个数为 %d", n);
}
```

    A. a[i]%3==0 && a[i]%7==0   B. a[i]==3 && a[i]==7

    C. a[i]/3==0 && a[i]/7==0   D. a[i]==0

    A. n=n+i   B. n++   C. i++   D. a[n]++

（10）以下关于数组作函数参数的说法中，错误的是（　　　）。

    A. 数组作函数参数时，实参和形参之间是地址传递

    B. 数组作函数参数时，将整个数组的元素传递给形参数组

    C. 实参的数组名表示数组的第 0 个元素的地址

    D. 数组作函数参数，形参数组和实参数组共用同一段内存

（11）有以下函数定义和数组定义 "int a[100];"，正确的调用语句是（　　　）。

```
void fun(int x[],int n)
{...
}
```

    A. fun(a,100);   B. fun(a[100],100); C. fun(a100);   D. fun(a0,100)

（12）以下程序的运行结果是（　　　）。

```
#include <stdio.h>
void fun(int a[], int n)
{   int i;
    for(i=0;i<n;i++)
        a[i]=2*i+1;
}
void main()
{   int a[100];
    fun(a,100);
    printf("%d\n",a[5]);
}
```

    A. 3   B. 7   C. 9   D. 11

（13）以下程序的运行结果是（　　　）。

```
#include <stdio.h>
void fun(int a[])
{   int i=0;
    do
    {   a[i]+=a[i+1];
        i++;
    }while(i<2);
}
void main()
{   int k,a[5]={1,2,3,4,5};
    fun(a);
    printf("%d %d",a[1],a[2]);
}
```

    A. 5 3   B. 1 2   C. 2 3   D. 3 4

（14）以下关于二维数组的定义中错误的是（　　　）。

    A. float a[][4]={0,1,5,8,9};   B. int a[3][4];

    C. int n=10;float a[n][3];   D. #define N 5

                                   int a[2][N];

（15）以下关于二维数组初始化的语句中，正确且与 int a[][3]={1,2,3,4,5};等价的是（　　　）。

    A. int a[2][]={1,2,3,4,5};   B. int a[][3]={1,2,3,4,5,0};

    C. int a[][3]={{1,2},{3,4},{5}};   D. int a[2][]={{1,2,3},{4,5}};

（16）以下叙述中错误的是（　　　）。

    A. 在 C 语言中二维数组或多维数组按行存放

    B. 赋值表达式 b[1][2]=a[2][3]正确

    C. 在引用二维数组元素时，行号可以越界

    D. 数组元素的下标可以为常量、变量或表达式

（17）以下程序的运行结果是（　　　）。

```c
#include <stdio.h>
void main()
{    int a[][3]={1,2,3,4,5,6,7,8,9},i,j;
     for(i=0;i<3;i++)
          for (j=0;j<=i;j++)
               printf("%d ",a[i][j]);
}
```

  A. 1 2 3   B. 1 3 5 7 9   C. 1 4 5 7 8 9 D. 3 6 9

（18）以下程序的运行结果是（　　　）。

```c
#include <stdio.h>
void main()
{    int a[5][5]={{1,2,3,4},{5,6,1,8},{5,9,10,2},{1,2,5,6}};
     int i,sum=0;
     for(i=0;i<=4;i++)
          sum+=a[i][2];
     printf("%d\n",sum);
}
```

  A. 12   B. 20   C. 23   D. 19

（19）以下程序的运行结果是（　　　）。

```c
#include <stdio.h>
void main()
{    int a[3][3]={1,2,3,4,5,6,7,8,9},i;
     for(i=0;i<3;i++)
          printf("%d",a[i][2-i]);
}
```

  A. 159   B. 369   C. 357   D. 157

（20）以下程序的运行结果是（　　　）。

```c
#include <stdio.h>
const int N=4;
void fun(int a[][N], int b[])
{    int i;
     for(i=0;i<N;i++)
       b[i]=a[i][i];
}
void main()
{    int x[][N]={{1,2,3},{4},{5,6,7,8},{9,10}},y[N],i;
     fun(x,y);
     for(i=0;i<N;i++)
       printf("%3d",y[i]);
     printf("\n");
}
```

  A. 5 1 4 5 9   B. 1 4 7 10   C. 3 4 8 10   D. 1 0 7 0

（21）以下程序求矩阵之和 c=a+b，请将程序补充完整。

```c
#include <stdio.h>
#include <string.h>
void main()
{    int a[2][5]={1,2,3,4,5,6,7,8,9,10};
     int b[2][5]={1,2,3,4,5,6,7,8,9,10};
     int c[2][5],i,j;
     for(i=0;i<2;i++)
          for(j=0;j<5;j++)
               (_____)
     for(i=0;i<2;i++)
     {    for(j=0;j<5;j++)
               printf("%3d",c[i][j]);
          printf("\n");
```

```
   }
}
```

    A. c[i][j]=a[i][j]+b[i][j]   B. c=a+b

    C. a[i][j]+b[i][j]=c[i][j]   D. c(i,j)=a(i,j)+b(i,j)

（22）以下程序将二维数组 a 行列互换后存入另一个二维数组 b 中，请将程序补充完整。

```
#include <stdio.h>
void main()
{   int a[2][3]={{1,2,3},{4,5,6}},b[3][2],i,j;
    for(i=0;i<2;i++)
        for(j=0;j<3;j++)
            (_____);
}
```

    A. b[i][j]=a[i][j]   B. a[j][i]=b[i][j]   C. a[i][j]=b[i][j]   D. b[j][i]=a[i][j]

二、编程题

1. 设计算法并编写程序，定义、输入（或赋随机数）和输出有 100 个整数元素的一维数组，分别统计其中大于等于 90，80～89，70～79，60～69，小于 60 的元素个数。

2. 设计算法并编写程序，将数列 $f(n)=\begin{cases} 1 & n=1 \\ 2n-1 & n=2 \\ f(n-1)+2n & n \geqslant 3 \end{cases}$ 的前 20 项存放到数组中，并输出。

3. 设计算法并编写程序，定义、输入（或赋随机数）和输出有 100 个整数元素的一维数组，统计其中值为偶数的平均值。（用函数实现）

4. 设计算法并编写程序，将 1～500 之间能被 7 或 11 整除，但不能同时被 7 和 11 整除的所有整数存放在数组 a 中，并输出。（用函数实现）

5. 设计算法并编写程序，定义有 100 个元素的一维数组，将一维数组反序存放在数组中并输出。（用函数实现）

6. 设计算法并编写程序，定义、输入（或赋随机数）10 行 10 列二维数组，分别求其中大于等于 60 和小于 60 的元素个数。

7. 设计算法编写程序，定义、输入（或赋随机数）10 行 10 列二维数组，$f(m,n)=\begin{cases} m+n & m<n \\ 2m+n & m==n \\ 3m-n & m>n \end{cases}$，按行列方式输出。（函数）

8. 设计算法并编写程序，定义、输入（或赋随机数）10 行 10 列二维数组，求其两条对角线的元素之和。（用函数实现）

9. 设计算法并编写程序，定义、输入（或赋随机数）10 行 10 列二维数组，求二维数组元素的最大值。（用函数实现）

10. 定义以下两个矩阵（数据为 0～100 的随机数）：

$$A=\begin{bmatrix} 1 & 2 & 3 & 4 \\ 5 & 6 & 7 & 8 \\ 9 & 10 & 11 & 12 \\ 13 & 14 & 15 & 16 \end{bmatrix} \quad B=\begin{bmatrix} 2 & 3 & 13 & 4 \\ 15 & 16 & 17 & 18 \\ 9 & 10 & 11 & 10 \\ 13 & 15 & 12 & 11 \end{bmatrix}$$

编写程序实现以下功能。

（1）将 A 和 B 矩阵相加后，放入矩阵 A 中。

（2）将 A 和 B 矩阵相乘后，放入矩阵 C 中。

第8章 字符型、字符数组与字符串

字符型是 C 语言的基本数据类型之一，用于描述非数值型数据；字符数组则用于存放多个字符；字符串多存储在字符数组中。在编程时，编程者经常需要对字符进行处理。本章将讲述字符型、字符数组，以及字符串的处理方法。

8.1 字符型

8.1.1 字符型常量、变量

1. 字符型常量

字符型常量一般表示单个字符，其表示形式多用一对单撇号（' '）将之括起来。

例如，'a'、'B'、'$'、'*'、'5'和'8'等字符。

2. 转义字符

在 "\" 后面跟一个字符，可代表一个特殊控制字符，我们一般称之为转义字符。常见的转义字符如表 8-1 所示。

表 8-1 转义字符列表

字符形式	功能
\n	换行
\t	横向跳格
\v	竖向跳格
\b	退格
\r	回车
\f	走纸换页
\\	反斜杠字符 "\"
\'	单撇号 "'"
\ddd	1～3 位八进制数所代表的字符，如'\141'表示字符'a'
\xhh	1～2 位十六进制数所代表的字符，如'\x61'表示字符'a'

3. 字符型变量

字符数据的类型名为 char。

一个字符型变量会占据一个字节的内存空间，它可以用来存放一个字符。在内存中实际存放的是字符的 ASCII 值。例如，字符'a'在内存中存放的是 ASCII 值 97，在处理时其中的 ASCII 值也可以当成整数来处理。

字符的 ASCII 值如表 8-2 所示。

表 8-2 ASCII 值

十进制数	十六进制数	字符	十进制数	十六进制数	字符	十进制数	十六进制数	字符	十进制数	十六进制数	字符
0	0	NUL	32	20	SP	64	40	@	96	60	`
1	1	SOH	33	21	!	65	41	A	97	61	a
2	2	STX	34	22	"	66	42	B	98	62	b
3	3	ETX	35	23	#	67	43	C	99	63	c
4	4	EOT	36	24	$	68	44	D	100	64	d
5	5	ENQ	37	25	%	69	45	E	101	65	e
6	6	ACK	38	26	&	70	46	F	102	66	f
7	7	BEL	39	27	'	71	47	G	103	67	g
8	8	BS	40	28	(	72	48	H	104	68	h
9	9	HT	41	29	)	73	49	I	105	69	i
10	0A	LF	42	2A	*	74	4A	J	106	6A	j
11	0B	VT	43	2B	+	75	4B	K	107	6B	k
12	0C	FF	44	2C	,	76	4C	L	108	6C	l
13	0D	CR	45	2D	_	77	4D	M	109	6D	m
14	0E	SO	46	2E	.	78	4E	N	110	6E	n
15	0F	SI	47	2F	/	79	4F	O	111	6F	o
16	10	DEL	48	30	0	80	50	P	112	70	p
17	11	DC1	49	31	1	81	51	Q	113	71	q
18	12	DC2	50	32	2	82	52	R	114	72	r
19	13	DC3	51	33	3	83	53	S	115	73	s
20	14	DC4	52	34	4	84	54	T	116	74	t
21	15	NAK	53	35	5	85	55	U	117	75	u
22	16	SYN	54	36	6	86	56	V	118	76	v
23	17	ETB	55	37	7	87	57	W	119	77	w
24	18	CAN	56	38	8	88	58	X	120	78	x
25	19	EM	57	39	9	89	59	Y	121	79	y
26	1A	SUB	58	3A	:	90	5A	Z	122	7A	z
27	1B	ESC	59	3B	;	91	5B	[	123	7B	{
28	1C	FS	60	3C	<	92	5C	\	124	7C	|
29	1D	GS	61	3D	=	93	5D	]	125	7D	}
30	1E	RS	62	3E	>	94	5E	^	126	7E	~
31	1F	US	63	3F	?	95	5F	-	127	7F	DEL

【例 8.1】字符型变量。

```
#include<stdio.h>
void main()
{    char c1,c2,c3;
     c1='a';                  //赋给常量字符
     c2=97;                   //赋给 ASCII 值
     c3='\141';               //赋给八进制数转义字符
}
```

在按 F10 键（Step Over 单步退出）追踪执行程序时，3 个变量的取值如图 8-1 所示。c1、c2 和 c3 都得到了字符'a'，其保存的都是 ASCII 值 97。

8.1.2　字符型数据的输入和输出

字符型数据的输入与输出有两种方法：一种是通过基本输入/输出函数实现，另一种是通过格式输入/输出函数实现。

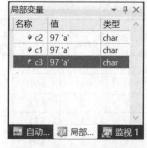

图 8-1　内存中的变量取值

1.　利用基本输入/输出函数输入/输出字符数据

（1）getchar()函数：获得从键盘上输入的一个字符。

（2）putchar(c)：向终端输出参数 c 中的一个字符。参数 c 可以是字符常量、变量或表达式。

【例 8.2】输入一个字符，并输出该字符。

```
#include<stdio.h>
void main()
{    char c;
    c=getchar();            //输入字符，并赋给变量 c
    putchar(c);             //将字符变量 c 输出
    putchar('\n');          //输出转义字符'\n',即输出一个换行
}
```

在运行时输入字母 "a" 后按回车键，变量 c 获得了输入的字母'a'，如图 8-2 所示。程序的运行结果如下。

```
a
a
```

因为一条 getchar()语句只能读入一个字符，所以在输入多个字符时，也仍然只会取第 1 个字符。例如，虽然输入了 5 个字符 "qadfa"，但是变量 c 也只会取第 1 个字符'q'，如图 8-3 所示。程序的运行结果如下。

```
qadfa
q
```

图 8-2　变量 1

图 8-3　变量 2

【例 8.3】输入与输出多个字符。

```
#include<stdio.h>
void main()
{char c1,c2,c3;
  c1=getchar();  c2=getchar();c3=getchar();
  putchar(c1);  putchar(c2);  putchar(c3);
  putchar('\n');
}
```

在程序运行时输入字符'abc'之后按回车键，3 个 getchar()函数依次读取一个字符送给一个变量，如图 8-4 所示。程序的运行结果如下。

```
abc
abc
```

输入的空格、Tab 和回车键都会被 getchar()函数语句接收。本例如果输入 "a␣b␣c"，那么 c1

会得到'a'，c2 会得到'␣'，c3 会得到'b'，如图 8-5 所示。程序的运行结果如下。

```
a b c
a b
```

图 8-4 变量取值 1

图 8-5 变量取值 2

【例 8.4】使用 putchar(getchar()) 输入与输出字符。

```
#include<stdio.h>
void main()
{   putchar(getchar());
    putchar(getchar());
    putchar(getchar());
    putchar('\n');
}
```

语句"putchar(getchar())"将由"getchar()"函数输入的字符转给"putchar()"函数输出。程序的运行结果如下。

```
abc
abc
```

2. 利用格式输入/输出函数输入/输出字符数据

使用格式输入/输出函数输入和输出字符型数据的格式说明符为"%c"。

因为字符型数据在内存中是以 ASCII 值存放的，所以也可以用整型的格式说明符如"%d""%o"和"%x"等输入/输出字符型数据。

【例 8.5】字符型数据格式的输入与输出。

```
#include<stdio.h>
void main()
{   char c;
    scanf("%c",&c);
    printf("%c %d %o %x \n",c, c, c, c);
}
```

在程序运行时，输入字母"a"后按回车键，将输出字母"a"及其十进制、八进制和十六进制的 ASCII 值。程序的运行结果如下。

```
a
a 97 141 61
```

【例 8.6】字符型数据的运算。

```
#include<stdio.h>
void main()
{   char c;
    scanf("%c",&c);
    printf("%c %d\n", c, c);
    c=c-32;                        //将小写字母转换为大写字母
    printf("%c %d\n", c, c);
}
```

在程序运行时，输入小写字母"b"，如图 8-6 所示；语句"c=c-32;"使得变量 c 更改为 66（即字母"B"的 ASCII 值），如图 8-7 所示。程序的运行结果如下。

```
b
b 98
B 66
```

图 8-6   变量取值 1   图 8-7   变量取值 2

8.1.3   字符串

字符串是用一对双撇号""   ""括起来的 0 个或多个字符，其中可以包括转义字符。例如：

```
"I like programming!\n"
"a=%d,b=%d,c=%d"
```

【例 8.7】常量字符串举例。

```
#include<stdio.h>
void main()
{   printf(" I like programming! \n");
    printf(" Abc \' def \" \141 Tianjin \\! \n");              //其中包括转义字符
}
```

字符串中的转义字符可参考表 8-1。程序的运行结果如下。

```
I like programming!
Abc ' def " a Tianjin \!
```

8.2   字符数组

字符数组的数据类型为 char，字符数组中可以存放字符型数据。字符数组除了用来存放字符外，还可以用来存放字符串。

8.2.1   字符数组的定义和使用

字符数组的定义和其他类型的数组相似，只是其数据类型为 char。编程者在使用字符数组元素时可将其看作字符类型的变量。处理字符数组的算法也与其他类型数组的算法相似，如图 8-8 所示。

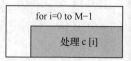

图 8-8   字符数组的处理

【例 8.8】字符数组的应用。

```
#include <stdio.h>
void main()
{   char c[10];
    int i;
    printf(" 请输入 10 个字符：");
    for(i=0;i<=9;i++)
        scanf("%c",&c[i]);
```

```
    printf(" 字符数组为: ");
    for(i=0;i<=9;i++)
        printf("%c",c[i]);
    printf("\n");
}
```
程序运行的结果如下。

请输入 10 个字符: I am happy
字符数组为: I am happy

说明:

（1）在程序中，字符数组中的元素可使用 "%c" 格式进行输入和输出。

（2）字符数组在内存中的存放情况如图 8-9 所示。

（3）字符数组中的元素可以像其他类型数组的元素一样处理，如赋值、计算、输入和输出等。

```
c[3]= 'a';          //赋给字符'a'
c[3]= c[3]-32;      //c[3]如为小写字母，则该语句可将小写字母变为大写字母
```

（4）字符数组在定义时，也可以进行初始化，没有初始化的元素将被赋值为 0，即字符'\0'。例如，初始化语句 "char c[10]={ 'A', '␣', 'b', 'o', 'y'};" 后字符数组如图 8-10 所示。

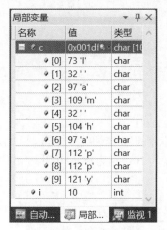

图 8-9　字符数组的取值

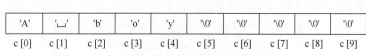

'A'	'␣'	'b'	'o'	'y'	'\0'	'\0'	'\0'	'\0'	'\0'
c[0]	c[1]	c[2]	c[3]	c[4]	c[5]	c[6]	c[7]	c[8]	c[9]

图 8-10　字符数组的初始化

（5）在字符数组定义并初始化时，可以省略数组的长度，此时系统会根据初始化字符的个数确定数组长度。例如:

```
char c[]={ 'A', '␣', 'b', 'o', 'y'};
```

由上述代码可知数组的长度为 5，如图 8-11 所示。

（6）字符数组也可以定义为二维数组。字符型二维数组的算法与其他类型数组的算法相似，如图 8-12 所示。

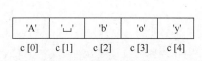

'A'	'␣'	'b'	'o'	'y'
c[0]	c[1]	c[2]	c[3]	c[4]

图 8-11　字符数组的初始化

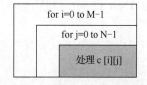

图 8-12　字符型二维数组的算法

【例 8.9】 使用二维字符数组输出菱形图案。

```
#include <stdio.h>
void main()
{   char c[9][9]={
        {' ',' ',' ',' ','*',' ',' ',' ',' '},
```

```
            {' ',' ',' ','*','*','*',' ',' ',' '},
            {' ',' ','*','*','*','*','*',' ',' '},
            {' ','*','*','*','*','*','*','*',' '},
            {'*','*','*','*','*','*','*','*','*'},
            {' ','*','*','*','*','*','*','*',' '},
            {' ',' ','*','*','*','*','*',' ',' '},
            {' ',' ',' ','*','*','*',' ',' ',' '},
            {' ',' ',' ',' ','*',' ',' ',' ',' '}});
    int i,j;
    for(i=0;i<=8;i++)   //输出菱形图案
    {    for (j=0;j<=8;j++)
              printf("%c",c[i][j]);
         printf("\n");
    }
}
```

程序运行结果如下。

```
    *
   ***
  *****
 *******
*********
 *******
  *****
   ***
    *
```

8.2.2 字符串数组

在 C 语言中，字符串依次存放在字符数组中，在有效字符的后边以字符'\0'作为结束标志。例如，字符串"I am a boy"在内存中的情况如图 8-13 所示。字符串的实际长度为 10，结束标志' \0'也要占用 1 个字符空间，所以该字符串在内存中共占用了 11 个字符的空间。

图 8-13　字符串数组 1

系统在处理字符串时，遇到结束标志'\0'时就认为字符串结束了。结束标志'\0'就是 ASCII 值为 0 的字符。例如语句：

```
printf("I am a boy \0 and a student.");
```

遇到第一个字符' \0'，即认为字符串结束，因此会输出"I am a boy"。

在 C 语言中，可以定义字符数组用来存放字符串。例如：

```
char c[]={"I am a boy"};
```

因为字符串"I am a boy"的最后会自动补上结束标志' \0'，所以数组的长度为 11，比有效字符数多 1。

字符数组也可以按如下方式定义并初始化：

```
char c[]="I am a boy";
char c[]={'I',' ','a','m',' ','h','a','p','p','y','\0'};
```

以下语句在有效字符之后的字符都为' \0'，如图 8-14 所示。

```
char c[10]= "Boy";
```

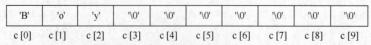

图 8-14　字符串数组 2

1. 使用 "%s" 输出字符串

输出字符串时可使用格式控制字符 "%s"。输出项使用字符数组名，不管字符数组的长度为多大，均以第一个'\0'作为字符串结束标志。

【例 8.10】输出字符串。

```
#include <stdio.h>
void main()
{   char c[20]={"I am a boy\n"};
    char c1[100]="I am a boy\n\0 and a student.";
    printf("%s",c);
    printf("%s",c1); //以'\0'作为结束标志
}
```

程序的运行结果如下。

```
I am a boy
I am a boy
```

【例 8.11】输出菱形图案。

```
#include <stdio.h>
void main()
{   char c[][11]={
        {"    *\n"},
        {"   ***\n"},
        {"  *****\n"},
        {" *******\n"},
        {"*********\n"},
        {" *******\n"},
        {"  *****\n"},
        {"   ***\n"},
        {"    *\n"}};
    int i;
    for (i=0;i<=8;i++)
        printf("%s",c[i]);   //二维字符数组的一行 c[i]就是一个一维字符数组
}
```

程序的运行结果如下。

```
    *
   ***
  *****
 *******
*********
 *******
  *****
   ***
    *
```

2. 使用 scanf()函数输入字符串

在使用 scanf()函数输入字符串时，可以使用格式字符 "%s"，输入项也为字符数组名，系统将自动在输入字符串后增加结束标志'\0'。

（1）字符数组的长度必须比输入的字符串中的有效字符数多。例如，字符数组 char c[5]，仅能输入 4 个有效字符。

【例 8.12】输入字符串 1。

```
#include <stdio.h>
void main()
{   char c[5];
    scanf("%s",c);
    printf("字符串为: %s\n",c);
}
```

程序运行时，输入"Tian"，如图 8-15 所示，其运行结果如下。

```
Tian
字符串为：Tian
```

（2）格式字符"%s"，以空格作为结束符。

【例 8.13】输入字符串 2。

```
#include <stdio.h>
void main()
{   char c[100];
    scanf("%s",c);
    printf("字符串为：%s\n",c);
}
```

程序运行时，输入"How are you!"，在数组中仅得到字符串"How"，如图 8-16 所示，运行结果如下。

```
How are you!
字符串为：How
```

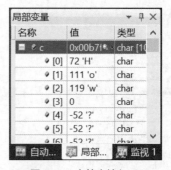

图 8-15　字符串输入 1　　　　图 8-16　字符串输入 2

【例 8.14】多个字符串的输入。

```
#include <stdio.h>
void main()
{   char s1[20],s2[20],s3[20];
    scanf("%s%s%s",s1,s2,s3);
    printf(" s1:%s\n s2:%s\n s3:%s\n",s1,s2,s3);
}
```

程序运行时，输入"How are you!"，在字符数组 s1、s2 和 s3 中的字符情况如图 8-17 所示，程序的运行结果如下。

```
How are you!
s1:How
s2:are
s3:you!
```

s1	'H'	'o'	'w'	'\0'	'\0'	'\0'	'\0'	'\0'	...
s2	'a'	'r'	'e'	'\0'	'\0'	'\0'	'\0'	'\0'	...
s3	'y'	'o'	'u'	'!'	'\0'	'\0'	'\0'	'\0'	...

图 8-17　字符串数组的输入

3. 使用 gets() 函数和 puts() 函数输入和输出字符串

gets() 函数可用来输入字符串，该函数在输入时，不以空格作为分隔符。puts() 函数可用来输出字符串。输入项必须为字符数组名，输出项可以是字符数组名或常量字符串。

puts() 函数在输出字符串后，将把光标转入下一行的开始处。

【例 8.15】使用 gets() 函数和 puts() 函数输入和输出字符串。

```
#include <stdio.h>
void main()
{   char s1[100];
    gets(s1);  //输入字符串
```

```
    puts(s1);  //输出字符串
}
```

程序运行时，输入 "How are you!"，可以得到字符串" How are you!"，运行结果如下。

```
How are you!
How are you!
```

8.2.3　字符串处理函数

C 语言中提供了一些用来处理字符串的函数，具体可见附录 ANSI C 常用库函数，这些字符串函数的声明都包含在 string.h 头文件中，使用它前必须先包含该头文件。

1. strlen()函数

strlen()函数可用来计算字符串的有效字符的长度，不包括结束标识符'\0'。

【例 8.16】使用 strlen()函数求输入的字符串中有效字符的个数。

```
#include <string.h>
void main()
{   char s1[100];
    int n;
    gets(s1);//输入字符串
    puts(s1);//输出字符串
    n=strlen(s1);//求字符串长度
    printf("字符串长度为: %d\n",n);
}
```

程序运行结果如下。

```
How are you!
How are you!
字符串长度为: 12
```

2. strupr()函数和 strlwr()函数

strupr()函数能将字符串中的所有小写字母变为大写字母，strlwr()函数能将字符串中的所有大写字母变为小写字母，两个函数的返回值均为字符串的首地址。

【例 8.17】使用 strupr()函数和 strlwr()函数对字符串进行大小写转换。

```
#include <stdio.h>
#include <string.h>
void main()
{   char s1[100];
    gets(s1);                      //输入字符串
    puts("原字符串: ");puts(s1);    //输出字符串
    strupr(s1);                    //小写变大写
    puts("变大写后: "); puts(s1);
    strlwr(s1);                    //大写变小写
    puts("变小写后: "); puts(s1);
}
```

程序运行结果如下。

```
How are you!
原字符串:
How are you!
变大写后!
HOW ARE YOU!
变小写后:
how are you!
```

3. strcpy(字符数组 1,字符串 2)函数

在 C 语言中，不可以将字符串直接赋给字符数组。例如：

```
char s1[100],s2[]="How are you!";
s1=s2;    //此语句有语法错误
```

因为字符数组名 s1 表示字符数组第 0 个元素的地址，它为常量，不能被赋值。因此输入语句
"s1=s2;"系统会报错。

strcpy()函数是字符串复制函数，其作用是将字符串 2 的所有字符复制到字符数组 1 中，函数的
返回值为字符数组 1 的地址。

说明：

（1）字符数组 1 的长度必须超过字符串 2 的长度，才能够放下该字符串。

（2）字符串 2 可以是常量字符串，也可以是字符数组中存放的字符串。

【例 8.18】复制字符串。

```
#include <stdio.h>
#include <string.h>
void main()
{   char s1[100],s2[]="How are you!";
    strcpy(s1,s2);                    //复制字符串
    puts(s1);                         //输出 s1
    strcpy(s1,"Tianjin ren!");        //复制字符串
    puts(s1);                         //输出 s1
}
```

程序运行结果如下。

```
How are you!
Tian jin ren!
```

4. strcat(字符数组 1,字符串 2)函数

strcat()函数可将字符串 2 连接在字符数组 1 的后面，函数的返回值为字符数组 1 的地址。

说明：

（1）字符数组 1 的长度必须超过字符串 1 和字符串 2 的长度之和。

（2）字符串 2 可以是常量字符串，也可以是字符数组中存放的字符串。

（3）连接时字符串 1 最后的结束标志'\0'被删除了，其后会连接字符串 2。

【例 8.19】字符串连接函数举例。

```
#include <stdio.h>
#include <string.h>
void main()
{   char s1[100]="Tianjin,",s2[]="How are you!";
    strcat(s1,s2);      //连接字符串
    puts(s1);           //输出 s1
}
```

程序中字符串连接前后的情况如图 8-18 所示，其运行结果如下。

```
Tianjin,How are you!
```

s1	'T'	'i'	'a'	'n'	'j'	'i'	'n'	','	'\0'	'\0'	'\0'	'\0'	'\0'	…							
s2	'H'	'o'	'w'	'␣'	'a'	'r'	'e'	'␣'	'y'	'o'	'u'	'!'	'\0'	…							
连接后s1	'T'	'i'	'a'	'n'	'j'	'i'	'n'	','	'H'	'o'	'w'	'␣'	'a'	'r'	'e'	'␣'	'y'	'o'	'u'	'!'	'\0' …

图 8-18　字符串连接

5. strcmp(字符串 1,字符串 2)函数

strcmp()函数可用于比较两个字符串的大小。在 C 语言中，字符串比较的规则是，两个字符串
自左向右逐个字符依次比较（按照 ASCII 值的大小），直至出现不同字符或结束标志'\0'。如果字符

串的所有字符都相同则两个字符串相同；如果两个字符串不同，则出现第一个不同字符的 ASCII 值大的字符串大。例如：

```
"ABCDEF"等于"ABCDEF"
"ABCDEFG"大于"ABCDEF"
"ABCDEFG"小于"aBCDEF"
```

strcmp()函数按照字符串 1 和字符串 2 大小取值：

① 如字符串 1 大于字符串 2，那么函数值为正整数；

② 如字符串 1 等于字符串 2，那么函数值为 0；

③ 如字符串 1 小于字符串 2，那么函数值为负整数。

【例 8.20】字符串比较大小举例。

```c
#include <stdio.h>
#include <string.h>
void main()
{   char s1[100],s2[100];
    int n;
    puts("请输入两个字符串: ");
    gets(s1);gets(s2);
    n=strcmp(s1,s2)
    if(n>0)
            puts("s1>s2");
    else if (n==0)
            puts("s1=s2");
    else
            puts("s1<s2");
}
```

程序运行时输入两个字符串，结果如下。

```
请输入两个字符串:
ABCDEF
ABCDEFG
s1<s2
```

【例 8.21】编写程序，输入 N 个字符串，查找最大的字符串。

分析：

（1）二维字符数组的每一行 str[i]均可以看作一个一维字符数组。

（2）求最大字符串的算法如图 8-19 所示，其中比较字符串大小应该使用 strcmp()函数。

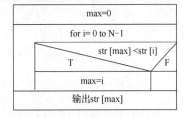

图 8-19 "最大字符串"算法

编写程序如下：

```c
#include <stdio.h>
#include <string.h>
void main()
{   char str[6][100];
    int i,max;
    printf("请输入 6 个字符串: \n");
    for (i=0;i<=5;i++)  //输入字符串
            gets(str[i]);
    max=0;
    for (i=0;i<=5;i++)
            if (strcmp(str[max],str[i])<0)
                    max=i;
    printf("最大字符串为: ");puts(str[max]);
}
```

程序的运行结果如下。

```
请输入 6 个字符串:
Beijing
```

```
Tianjin
Shanghai
Chongqing
Nanjing
Xian
最大字符串为:Xian
```

8.3　字符串处理

处理字符串时，除了使用现有的函数外，也可以用结束标志'\0'来设计算法。

8.3.1　字符串处理算法和程序设计

字符串存放在字符数组中，以'\0'作为结束标志。在进行字符串处理时，需要遍历字符串中的每个字符元素，遇到第 1 个'\0'时结束，而不必考虑字符数组的长度，其算法如图 8-20 所示。

【例 8.22】编写程序，将输入的字符串中的所有小写字母变为大写字母。

分析：要将小写字母变为大写字母，需要遍历字符串中的每一个字符，判断其为小写字母后再将其变为大写字母，其算法如图 8-21 所示。

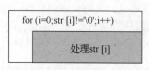

图 8-20　"字符串处理"算法

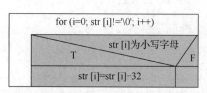

图 8-21　"小写变大写"算法

编写程序如下：

```
#include <stdio.h>
void main()
{   char str[100];
    int i;
    printf("请输入字符串: ");
    gets(str);
    for(i=0;str[i]!='\0';i++)
        if(str[i]>='a' && str[i]<='z')
            str[i]=str[i]-32;  //小写变大写
    printf("变换后字符串: ");
    puts(str);
}
```

程序运行结果如下。

```
请输入字符串:Hello World 2020!
变换后字符串:HELLO WORLD 2020!
```

【例 8.23】编写程序，将输入的字符串 2 复制到字符数组 1 中。

分析：遍历字符串 2，将其中的每一个字符依次复制到字符数组 1 的对应位置，最后的结束标志'\0'也应复制到字符数组 1 中，算法如图 8-22 所示。

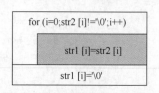

图 8-22　"字符串复制处理"算法

编写程序如下：

```
#include <stdio.h>
void main()
{   char str1[100],str2[100];
    int i;
```

```
    printf("请输入字符串: ");
    gets(str2);
    for(i=0;str2[i]!='\0';i++)          //复制字符串
        str1[i]=str2[i];
    str1[i]='\0';
    printf("复制后的 str1: ");
    puts(str1);
}
```

程序运行结果如下。

请输入字符串:Hello World 2020!
复制后的 str1:Hello World 2020!

【例 8.24】编写程序，统计输入的字符串中英文单词的数目。

分析:

（1）字符串如图 8-23 所示，单词数目以'⎵'的数目决定。

'A'	'⎵'	'b'	'o'	'y'	'\0'	'\0'	'\0'	'\0'	'\0'	'⎵'	…	'\0'	…
s[0]	s[1]	s[2]	s[3]	s[4]	s[5]	s[6]	s[7]	s[8]	s[9]	s[10]			

图 8-23　"字符串处理"算法

（2）如果某个字符非'⎵'，而它之前的字符是'⎵'，则新的单词开始，单词数目 num++。

（3）如果某个字符非'⎵'，而它之前的字符也非'⎵'，则仍为原来的单词，单词数目 num 不变。
设变量 word，如果前一个字符为'⎵'，则使得 word=0，否则 word=1。

（4）设计的算法如图 8-24 所示。

编写程序如下:

```
#include <stdio.h>
void main()
{   char s[100];
    int i,word,num;
    printf("请输入字符串: ");
    gets(s);
    num=0;word=0;
    for(i=0;s[i]!='\0';i++)
        if (s[i]==' ')
                word=0;
        else
                if (word==0)
                {   word=1;
                    num++;
                }
    printf("单词数目为 %d\n",num);
}
```

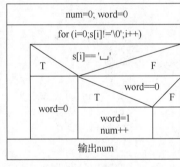

图 8-24　"统计英文单词数目"算法

程序运行结果如下。

请输入字符串: I am happy, today!
单词数目为 4

8.3.2　字符串作为函数参数

字符串作为函数参数时，形参数组可定义为字符型数组，如 char str[100]。字符串以'\0'作为结束标志，字符串参数不需要数组长度，也可以定义为 char str []。

```
void fun(char str[])
{…
}
```

在调用时，以字符串数组名作为实参：

```
char s[100];
fun(s);
```

将实参字符串数组 s 的第 0 个字符的地址传递给形参字符串数组 str。形参和实参字符串数组的第 0 个元素地址相同，形参和实参字符串数组共用同一段内存。此时对形参字符串数组做的任何处理也就是对实参数组做的。

【例 8.25】编写函数将两个字符串连接起来。

分析： 图 8-25 所示为字符串连接的过程，首先将 i 定位到 str1 中结束标志'\0'的位置；然后将 str2 中的字符逐个复制到 str1 的对应位置；最后将结束标志'\0'也复制过去。

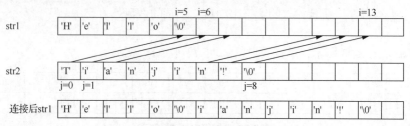

图 8-25　字符串连接的过程

编写程序如下：

```
#include <stdio.h>
#include <stdlib.h>
#include <time.h>
void str_cat(char str1[],char str2[])
{   int i,j;
    for(i=0;str1[i]!='\0';i++)          //求得 str1 中'\0'元素的下标
    ;
    for(j=0;str2[j]!='\0';j++,i++)      //连接
    str1[i]=str2[j];
    str1[i]='\0';                       //补充结束标志'\0'
}
void main()
{   char s1[100],s2[100];
    printf(" 请输入 s1 和 s2:");
    gets(s1);
    gets(s2);
    printf("s1:");puts(s1);
    printf("s2:");puts(s2);
    str_cat(s1,s2);                     //连接字符串
    printf("s1:");puts(s1);
}
```

程序的运行结果如下。

```
请输入 s1 和 s2:Hello
Tianjin!
s1:Hello
s2:Tianjin!
s1:HelloTianjin!
```

【例 8.26】编写函数 palindrome()，判断输入的字符串是否为回文字符串，如果是则返回值为 1，否则返回 0。回文字符串就是正反序都相同的字符串，例如，"ab2cdedc2ba"就是一个回文字符串。

分析：

（1）根据回文字符串的定义，要判断是否为回文字符串，只需按照图 8-26 所示进行对应位置字符的比较，到达字符串中间结束。在比较过程中，只要发现对应的字符不相等，就可以断定字符串

不是回文字符串。

（2）在进行比较之前应先遍历字符串，直至结束标志'\0'。结束标志'\0'的下标 n 为字符串有效字符的长度，而 n-1 就是字符串最后一个有效字符的下标。

（3）先设定标志变量 flag=1，再从两端向中间依次比较对应的字符，如有 s[i]!=s[n]，则设定 flag=0，并跳出循环。

（4）在循环结束时，如果 flag=1，那么字符串为回文字符串，否则不是。

算法如图 8-27 所示，编写程序如下：

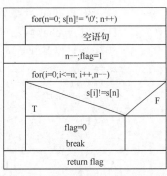

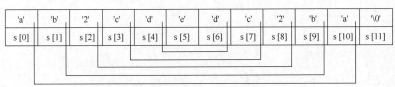

图 8-26 回文字符串的比较过程　　　　　图 8-27 "回文字符串的比较"算法

```c
#include <stdio.h>
int palindrome(char s[])
{  int i,n,flag;
   for(n=0;s[n]!='\0';n++)        //循环获得字符串长度
        ;
   n--;
   flag=1;
   for(i=0;i<=n;i++,n--)
        if (s[i]!=s[n])
        {      flag=0;
               break;
        }
return flag;  //返回1或0
}
void main()
{   char str[100];
    printf("请输入字符串: ");
    gets(str);
    if (palindrome(str))
        printf("字符串是回文! \n");
    else
        printf("字符串不是回文! \n");
}
```

程序运行结果如下。

请输入字符串：ab2cdedc2ba　　　　请输入字符串：ab2cdedc2bax
字符串是回文!　　　　　　　　　　字符串不是回文!

习题

一、选择题

（1）char 类型的变量存储时会占据（　　　　）字节。

A. 1　　　　　　　　B. 2　　　　　　　　C. 4　　　　　　　　D. 8

（2）以下选项中，不合法的字符常量是（　　　）。

  A. '\\'   B. '\xbb'   C. '\019'   D. 'c'

（3）已定义变量 char c，（　　　）不能正确地给该变量赋值。

  A. c=97   B. c='A'   C. c="B"   D. c='A'+6

（4）以下关于输入/输出格式说明符的说法正确的是（　　　）。

  A. %c 是 char 数据的输入/输出格式符

  B. %d 是 char 数据的输入/输出格式符

  C. %s 是 char 数据的输入/输出格式符

  D. %f 是 char 数据的输入/输出格式符

（5）已知数字字符'0'的 ASCII 值为 48。以下程序运行后的输出结果是（　　　）。

```
#include<stdio.h>
void main()
{   char a='4',b='5';
    b=b+2;
    printf("%c,",b);
    printf("%d",b-a);
}
```

  A. 5,4   B. 7,3   C. 5,1   D. 4,5

（6）以下选项中，（　　　）是正确的字符串。

  A. 'hello'   B. "hello "   C. hello   D. 'h'

（7）以下语句中，（　　　）能够正确定义字符数组并存入字符串。

  A. char str[]={'\064'};   B. char str="kx43";

  C. char str=";   D. char str[]="\0";

（8）已有定义 char a[]="xyz",b[]={'x','y','z'};，以下叙述中正确的是（　　　）。

  A. 数组 a 和 b 的长度相同   B. 数组 a 的长度小于数组 b 的长度

  C. 数组 a 的长度大于数组 b 的长度 D. 以上说法都不对

（9）字符'@'为结束标记，输入字符并统计输入字符的个数。请填空。

```
#include <stdio.h>
void main()
{   int m;
    for(m=0;getchar()!='@';   (　　　)  )
        ;
    printf("%d\n",m);
}
```

  A. m++   B. m--   C. m=1   D. m=m+2

（10）在运行语句"gets(s)"时输入了"Tian jin"，则数组 s 得到的是（　　　）。

  A. "T"   B. "Tian"   C. "Tian jin" D. "Tian j"

（11）在 C 语言中，字符串的结束标识为（　　　）。

  A. '\0'   B. '0'   C. '\n'   D. 'n'

（12）strlen("abc\0defg")函数的值为（　　　）。

  A. 0   B. 3   C. 4   D. 9

（13）已有定义"char s1[], s2[]="abcde";"，能够将字符串 s2 复制到 s1 中的语句是（　　　）。

  A. s1=s2   B. s2=s1   C. strcpy(s1,s2) D. strcpy(s2,s1)

（14）已有定义"char s[]="Abc12Def";"，运行 strupr(s)语句后，字符串 s 为（　　　）。

  A. "abcdef" B. "ABCDEF" C. "ABC12DEF" D. "abc12def"

（15）已有定义"char s1[]="abcde", s2[]="abcdE";"，函数 strcmp(s1,s2)的值是（　　　）。

  A. 正数   B. 负数   C. 0   D. 真

（16）以下程序的运行结果是（　　　）。

```
#include <stdio.h>
#include <string.h>
void main()
{   char s1[100]="12345",s2[10]="678",s3[]="90";
    strcat(strcpy(s1,s2),s3);
    puts(s1);
}
```

  A. 12345678 B. 1234590   C. 90   D. 67890

（17）以下程序在运行时，输入 CDEF<回车>BADEF<回车>QTHRG<回车>，则运行结果是（　　　）。

```
#include <stdio.h>
#include <string.h>
void main()
{   int i;
    char s[10],t[10];
    gets(t);
    for(i=0;i<2;i++)
    {   gets(s);
        if (strcmp(t,s)<0)
                strcpy(t,s);
    }
    puts(t);
}
```

  A. CDEF   B. BADEF   C. QTHRG   D. t

（18）以下程序的运行结果是（　　　）。

```
#include <stdio.h>
void main()
{   char s[]="abcd1234ABCD";
    int i,n=0;
    for(i=0;s[i]!='\0';i++)
        if (s[i]>='a'&&s[i]<='z') n++;
    printf("%d",n);
}
```

  A. 4   B. 8   C. 12   D. 0

（19）以下程序可将字符串 s 中的数字字符复制到 t 数组中，请将程序补充完整。

```
#include <stdio.h>
void fun(char s[],char t[])
{   int i,j;
    for(i=0,j=0;____①____;i++)
      if (s[i]>='0'&&s[i]<='9')
      {   ____②____;
          j++;
      }
    t[j]='\0';
}
void main()
{   char s[100]="abc334455hj",t[100];
    ____③____;
    puts(t);
}
```

  ① A. s[i]!='\0' B. t[i]!='\0' C. s=0   D. t=0

  ② A. s[j]=t[i] B. s[I]=t[j] C. t[i]=s[j] D. t[j]=s[i]

  ③ A. fun(s[],t[]) B. fun(t[],s[]) C. fun(s,t) D. fun(t,s)

（20）以下程序的功能只保留字符串的小写字母，请将程序补充完整。

```
#include <stdio.h>
```

```
void fun(char s[])
{    int i,j;
     for(i=0,j=0;s[i]!='\0';i++)
     if (_____①_____)
        {    s[j]=s[i];
             _____②_____;
        }
     s[j]='\0';
}
void main()
{    char s[100]="abc123abc123abc";
     _____③_____;
     puts(s);
}
```

① A. s[i]>='a'&&s[i]<='z'　　　　　B. s[i]>='0'&&s[i]<='9'

　 C. s[i]>='A'&&s[i]<='Z'　　　　　D. s[i]>=a&&s[i]<=z

② A. j=i　　　　B. j++　　　　C. i++　　　　D. i=j

③ A. fun=s　　　B. fun(s[])　　　C. fun(s[100])　　　D. fun(s)

二、编程题

1. 编写程序，输入字符串，分别统计其中大写字母、小写字母和数字字符的个数。

2. 编写程序，输入字符串 str2，将其中所有小写字母复制到字符串数组 str1 中。例如，str2 为 "aa11bb22cc33de44AA55BB"，生成的 str1 为 "aabbccde"。

3. 定义函数 int upr_len(char str[])，其功能是统计字符串中大写字母的个数。在 main()函数中输入字符串，调用 fun()求大写字母的个数。

4. 定义函数 fun()，将形参字符串中的所有小写字母变为大写字母，而大写字母变为小写字母。在 main()函数中输入字符串，调用 fun()对输入的字符串进行相应变换。

5. 编写函数 void str_inv(char str[])，将字符串 str 反序。例如，原字符串为"abcdefg"，则反序后为"gfedcba"。在 main()函数中输入字符串，调用函数 str_inv()将字符串反序并输出。

6. 编写函数 int str_cmp(char s1[], char s2[])，用于比较两个字符串的大小。函数返回值为第一个对应位置不相同的元素的 ASCII 值的差 s1[i]-s2[i]，如果两个字符串相等，则函数值为 0。在 main()函数中，输入两个字符串，调用函数 str_cmp()进行比较。

7. 编写函数 replace(char s[], char c1, char c2)，将字符串 s 中所有字符 c1 替换为字符 c2。在 main()函数中输入字符串、字符 c1 和字符 c2，调用函数 replace()完成字符替换。

8. 定义函数 void str_encrypt (char str[])，能够将 str 按照以下规则进行加密。加密规则为 A→E，a→e，B→F，b→f，…，V→Z，v→z，W→A，w→a，X→B，x→b，…，Z→D，z→d，其他字符不变。例如，输入 "China Tianjin 2010"，加密后为 "Glmre Xmernmr 2010"。在 main()函数中输入字符串调用函数 str_encrypt ()对输入的字符串进行加密。

第9章　编译预处理

编译是指把高级语言编写的源程序翻译成计算机可以识别的二进制程序（目标程序）的过程，它由编译程序完成。

编译预处理指的是在编译之前所做的处理工作，它由编译预处理程序完成。编译预处理是 C 语言特有的功能。在对一个源程序进行编译时，系统将自动调用预处理程序对源程序中的预处理部分做处理，处理完毕后自动编译源程序。编译预处理可以简化程序的书写，便于程序的移植，增加程序的灵活性。

前面各章已多次使用过以 "#" 开头的预处理命令，如宏定义命令（#define）、文件包含命令（#include）等。在源程序中，这些命令都放在函数之外，而且一般都放在源程序的起始部分。

本章将介绍 C 语言常用的几种预处理命令，包括宏定义、文件包含和条件编译。

> **学习提示:**
> 　　（1）预处理命令不是 C 语句，不能直接对它们进行编译，只能由预处理程序来处理。
> 　　（2）预处理命令必须以符号 "#" 开头，但并非以 "#" 开头的命令都是预处理命令。

9.1　宏定义

C 语言源程序中允许用一个标识符来表示一个字符串，一般可将之称为宏。被定义为宏的标识符称为宏名。在编译预处理时，对程序中所有出现的宏名，都用宏定义中的字符串替换，这称为宏展开。宏定义由宏定义命令完成，宏展开由预处理程序自动完成。

在 C 语言中，宏分为不带参数的宏和带参数的宏两种。

9.1.1　不带参数的宏定义

不带参数的宏，其宏名后不带任何参数。定义的一般形式为：

```
#define 标识符 字符串
```

其中，"#" 是预处理命令的开始标识，表示这是一条预处理命令；"define" 为宏定义命令；"标识符" 是所定义的宏名（习惯上用大写字母）；"字符串" 为宏名将要被替换的字符串，可以是常量字符串、表达式字符串、格式字符串等。

前面用过的符号常量的定义就是一种不带参数的宏定义。例如：

```
#define PI 3.1415926
```

其作用是用标识符"PI"表示"3.1415926"。在编写源程序时，所有的"3.1415926"都由"PI"代替。在编译源程序时，先由预处理程序进行宏展开，即用"3.1415926"替换源程序中所有的"PI"，之后再进行编译。

对程序中反复使用的常量、表达式或字符串，常常会进行宏定义，这样可使程序编写简单、不易出错，而且当需要改变某个常量、表达式或字符串的值时，只需修改"#define"命令行中的字符串一处即可实现一改全改。

【例 9.1】常量的宏定义。

```
#include <stdio.h>
#define PI 3.1415926
void main()
{   float r,l,s,v;
    printf("Input radius: ");
    scanf("%f",&r);
    l=2.0*PI*r;        //宏展开为  l=2.0*3.1415926*r;
    s=PI*r*r;          //宏展开为  s=3.1415926*r*r;
    v=4.0/3*PI*r*r*r; //宏展开为  v=4.0/3*3.1415926*r*r*r;
    printf("l=%.4f\ns=%.4f\nv=%.4f\n",l,s,v);
}
```

程序的运行结果如下。

```
Input radius: 2.0
l=12.5664
s=12.5664
v=33.5103
```

说明：

（1）程序中多次用到常量 3.1415926，宏定义"#define PI 3.1415926"后，用"PI"代替所有的"3.1415926"，简化了程序的书写。

（2）语句"l = 2.0*PI*r;"在编译预处理时宏展开为"l = 2.0*3.1415926*r;"。

（3）语句"s = PI*r*r;"在编译预处理时宏展开为"s = 3.1415926*r*r;"。

（4）语句"v = 4.0/3*PI*r*r*r;"在编译预处理时宏展开为"v = 4.0/3*3.1415926*r*r*r;"。

【例 9.2】表达式的宏定义。

```
#include <stdio.h>
#define M (y*y+3*y)
void main()
{   int s,y;
    printf("Input a number: ");
    scanf("%d",&y);
    s=3*M+4*M+5*M;       //宏展开为 s=3*(y*y+3*y)+4*(y*y+3*y)+5*(y*y+3*y);
    printf("s=%d\n",s);
}
```

程序的运行结果如下。

```
Input a number: 2
s=120
```

说明：

（1）程序中多次用到表达式(y*y + 3*y)，宏定义"#define M (y*y + 3*y)"后，用 M 代替所有的"(y*y + 3*y)"，简化了程序的书写。

（2）语句"s = 3*M + 4*M + 5*M;"进行宏展开后为"s = 3* (y*y + 3*y) + 4* (y*y + 3*y) + 5* (y*y + 3*y);"。

（3）宏定义"#define M (y*y + 3*y)"中表达式"(y*y + 3*y)"两边的括号不能少，否则结果是不相同的。如果定义为以下形式：

```
#define M y*y+3*y
```

语句 "s = 3*M + 4*M + 5*M" 进行宏展开后为 "s = 3*y*y + 3*y + 4*y*y + 3*y + 5**y*y + 3*y;"，计算结果显然不同。这一点在做宏定义时应该十分注意。

【例 9.3】函数名和格式字符串的宏定义。

```
#include <stdio.h>
#define P printf
#define F "%4d\t%.2f\n"
void main()
{   int a=3, c=5, e=11;
    float b=4.6, d=7.9, f=22.08;
    P(F,a,b);            //宏展开为 printf("%4d\t%.2f\n",a,b);
    P(F,c,d);            //宏展开为 printf("%4d\t%.2f\n",c,d);
    P(F,e,f);            //宏展开为 printf("%4d\t%.2f\n",e,f);
}
```

程序的运行结果如下。

```
 3    4.60
 5    7.90
11    22.08
```

说明：

（1）程序中多次用到了函数 printf() 和格式字符串 "%4d\t%.2f\n"，经宏定义后，程序的书写变得简单了。

（2）宏定义命令中的 printf() 和格式字符串为普通的字符串，没有实际意义。只有在宏展开后，进行编译时才会被理解为 printf() 函数和 printf() 函数中的格式字符串。

这里对宏定义还要做以下几点说明。

① 宏不是变量，不能存放数据，也没有数据类型之说。

② 宏定义与变量定义不同，它只做字符串替换，不分配内存空间。

③ 宏名习惯上用大写字母表示，以便与变量名相区分，但也允许用小写字母表示宏名。

④ 宏定义用宏名来表示一个字符串，在宏展开时又以该字符串替换宏名，这只是一种简单的源程序代码的替换。字符串中可以包含任何字符，预处理程序不做任何正确性检查。如果存在错误，也只有在编译已经预处理后的源程序时才能被发现。例如：

```
#define PI 3.1415926
```

把数字 "1" 写成了小写字母 "l"，宏展开时只会直接替换而不会做检查，只有在编译时才会发现错误并报错。

⑤ 宏定义不是语句或说明，在行末不必加分号，如加上分号则会连分号也一起替换。例如：

```
#define PI 3.1415926;
...
area=PI*r*r;
...
```

语句 "area=PI*r*r;" 进行宏展开后为 "area=3.1415926; *r*r;"。显然，在编译时会出错。

⑥ 在源程序中用双引号引起来的字符串内，与宏名相同的字符不会被替换。

【例 9.4】双引号中与宏名相同的字符不做替换。

```
#include <stdio.h>
#define PI 3.1415926
void main()
{   printf("PI\n");         //不进行宏展开
    printf("%f\n",PI);      //进行宏展开
}
```

程序的运行结果如下。

```
PI
3.141593
```

说明：

第 4 行的语句 "printf("PI\n");" 双引号中的 "PI" 虽然与宏名 PI 相同，但它不是宏名，因此不做替换。

（1）宏定义允许嵌套，在宏定义的字符串中可以使用已经定义的宏名。在宏展开时由预处理程序层层替换。例如，有以下宏定义：

```
#define PI 3.1415926
#define S PI*r*r          // PI 是已定义的宏名
```

语句 "printf("%f", S);" 进行宏展开后为 "printf("%f",3.1415926*r*r);"。

（2）宏定义必须写在函数之外，其作用域为宏定义命令开始到源程序结束。如要终止其作用域可使用# undef 命令。

【例 9.5】使用# undef 结束宏的作用域。

```
#include <stdio.h>
#define PI 3.1415926
void main()
{    float r=2,area;
     area=PI*r*r;           //宏展开为 area=3.1415926*r*r;
     printf("area=%f",area);
}
#undef PI
f1()
{    float r=2,area;
     area=PI*r*r;           //PI 不能被宏展开，此处语法报错，PI 没有定义
     printf("area=%f",area);
}
```

说明：

"PI" 在主函数 main()中有效，在函数 f1()中无效。在 f1()中会报语法错误 "error C2065: 'PI' : undeclared identifier"。

9.1.2　带参数的宏定义

C 语言允许宏带参数。宏定义中的参数称为形式参数（形参），在程序中使用宏的语句中的参数称为实际参数（实参）。在预编译时，带参数的宏不但要进行宏展开，而且要用实参去替换形参。带参数的宏定义的一般形式为：

```
#define 宏名(形参表) 字符串
```

在字符串中可以含有形参表中的各个形参。在源程序中使用带参数的宏的一般形式为：

```
宏名(实参表);
```

例如：

```
#define S(a,b) a*b
...
area=S(3,2);
...
```

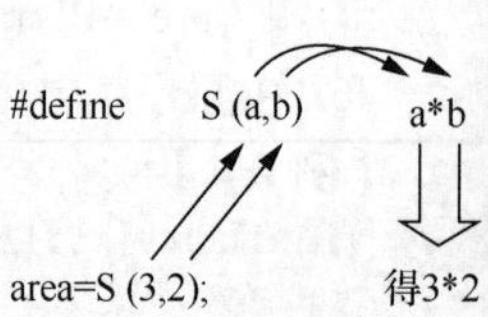

语句 "area = S(3,2);" 进行宏展开的过程如图 9-1 所示，用实参 3 替换形参 a，用实参 2 替换形参 b，宏展开后的语句为 "area=3*2; "。

图 9-1　带参数的宏展开

【例 9.6】带参数的宏定义。

```
#include <stdio.h>
#define MAX(a,b) (a>b)?a:b
void main()
```

```
{    int x,y,max;
     printf("Input two numbers:");
     scanf("%d,%d",&x,&y);
     max=MAX(x,y);   //宏展开为 max=(x>y)?x:y;
     printf("max=%d\n",max);
}
```

程序的运行结果如下。

```
Input two numbers:3,5
max=5
```

说明：

（1）此程序可用来求两个数中的较大者。

（2）宏定义中用带参数的宏"MAX"代表条件表达式"(a>b)?a:b"，形参 a 和 b 均出现在条件表达式中。语句"max=MAX(x, y);"在宏展开时，实参 x 和 y 分别替换形参 a 和 b，语句宏展开为"max=(x>y)?x:y;"。

这里对于带参数的宏定义有以下几点说明。

① 宏名和形参表外的括号之间不能加空格，否则会将空格以后的字符都作为替代字符串的一部分。

例如，把宏定义"#define   MAX(a,b) (a>b)?a:b"改写为：

```
#define  MAX  (a,b)(a>b)?a:b
```

将被认为是不带参数的宏定义，宏名"MAX"代表字符串"(a,b) (a>b)?a:b"。语句"max=MAX(x,y);"进行宏展开后为"max=(a,b) (a>b)?a:b(x,y);"，这显然是错误的。

② 宏定义中的形参是标识符，语句中的实参可以是表达式。

【例 9.7】 语句中的实参为表达式。

```
#include <stdio.h>
#define SQ(y) (y) * (y)
void main()
{    int a,sq;
     printf("Input a number: ");
     scanf("%d",&a);
     sq=SQ(a+1);    //宏展开为 sq=(a+1) * (a+1);
     printf("sq=%d\n",sq);
}
```

程序的运行结果如下。

```
Input a number: 2
sq=9
```

说明：

宏定义中的形参为 y，语句"sq = SQ(a + 1);"中的实参"a + 1"是一个表达式。在宏展开时，用"a + 1"替换"y"，结果为"sq = (a + 1) * (a + 1);"。

在宏定义中，形参通常要用括号括起来以避免出错。宏定义"#define SQ(y) (y) * (y)"中(y) * (y)表达式的 y 都用括号括起来了，因此结果是正确的。如果去掉括号，定义形式变为：

```
#define SQ(y) y*y
```

那么语句"sq=SQ(a + 1);"进行宏展开后为"sq=a + 1*a + 1;"，而不是"sq=(a + 1) * (a + 1);"。因此参数两边带括号和不带括号的结果可能完全不同。

有时即使在参数两边加括号也还是不够的，如按以下形式定义：

```
#define SQ(y)(y) * (y)
sq=1.0/SQ(a + 1);    //宏展开后为 sq=1.0/(a+1) * (a+1);，而非 sq=1.0/((a+1) * (a+1));
```

若想先算乘法后算除法，则应在宏定义的整个字符串外加括号，按如下形式定义：

```
#define SQ(y) ((y) * (y))
```

从以上例子可知，带参数的宏和带参数的函数很相似，但二者有着本质的区别。

（1）函数调用时，先求出实参表达式的值，然后将值传给形参；而带参数的宏展开时只是完整的实参表达式字符替代形参，并不求解实参表达式的值，不进行值传递。

（2）函数调用是在程序运行时进行的，调用时为形参分配了内存空间；而宏展开是在编译前进行的，宏展开时没有为形参分配内存空间。

（3）函数中的形参和实参都要定义类型，二者的类型要求一致；而宏的形参无须定义类型，因为宏不存在类型问题，宏名无类型，宏的形参也无类型，它们都只是一串字符。

（4）调用函数只能得到一个返回值，而使用宏可以设法得到多个结果。

【例 9.8】通过宏展开得到若干结果。

```c
#include <stdio.h>
#define SSSV(L,W,H,SA,SB,SC,VV)  SA=L*W;SB=L*H;SC=W*H;VV=W*L*H;
void main()
{   int l=3,w=4,h=5,sa,sb,sc,vv;
    SSSV(l,w,h,sa,sb,sc,vv);    //宏展开后为 sa=l*w;sb=l*h;sc=w*h;vv=w*l*h;
    printf("sa=%d\nsb=%d\nsc=%d\nvv=%d\n",sa,sb,sc,vv);
}
```

程序的运行结果如下。

```
sa=12
sb=15
sc=20
vv=60
```

说明：

（1）此程序是求长方体的 3 个侧面积和体积。

（2）程序中用带参数的宏 SSSV 代表 4 个赋值语句，宏展开时用每个小写的实参分别替换 4 个赋值语句中对应的大写的形参，语句 "SSSV(l, w, h, sa, sb, sc, vv);" 展开为 "sa = l*w;sb = l*h; sc = w*h;vv = w*l*h;"。这样，在程序运行时就可以得到 4 个值。

9.2 文件包含

文件包含指的是一个源文件可以包含另一个源文件，即把一个源文件插入另一个源文件中。文件包含命令在前面已被多次使用，如#include <stdio.h>，表示将系统提供的头文件 stdio.h 包含进源程序中。

文件包含命令的一般形式为：

```
#include "文件名"
```

或

```
#include <文件名>
```

文件包含命令的功能是把文件名所指定的文件插到该命令行位置并取代该命令行，从而把指定的文件与当前的源程序文件连成一个源文件，如图 9-2 所示。

说明：

图 9-2（a）所示为预处理前的情况，"file1.c" 文件的开头有一条文件包含命令 "#include"file 2.c""，其他内容以 "内容 A" 表示。"file2.c" 文件的全部内容以 "内容 B" 表示。编译预处理时，将 "file2.c" 文件的全部内容插入 "file1.c" 文件

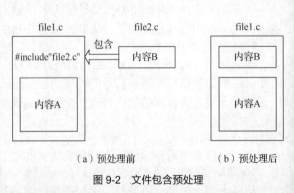

（a）预处理前　　　　（b）预处理后

图 9-2　文件包含预处理

的命令行 "#include"file2.c"" 处，替换该命令行，得到图 9-2（b）所示的结果。编译时，编译的是经过预处理后的新的源程序文件。

【例 9.9】文件包含命令的使用。

（1）文件 file1.c 的内容如下。

```
#include <stdio.h>
#include "file2.c"
void main()
{   int a,b,c;
    printf("Input two numbers: ");
    scanf("%d,%d",&a,&b);
    c=max(a,b);
    printf("max=%d\n",c);
}
```

（2）文件 file2.c 的内容如下。

```
int max(int x,int y)
{   int z;
    if(x>y)   z=x;
    else      z=y;
    return(z);
}
```

程序的运行结果如下。

```
Input two numbers: 3,5
max=5
```

说明：

文件 file2.c 不能单独运行，因为其中没有主函数 main()。

在程序设计过程中，文件包含很有用。一个大程序可以分为多个模块，由多个程序员分别编写。有些公用的符号常量或宏定义等可单独组成一个文件，并在其他文件的开头用文件包含命令包含该文件。这样，可避免在每个文件开头都去书写那些公用量，从而节省了编程时间，减少出错概率。

这里对文件包含命令还有以下几点说明。

（1）常用在文件头部的被包含文件称为"标题文件"或"头文件"，常以".h"为后缀（h 为 head 的缩写），这样更能体现此文件的性质。当然也可用".c"或".cpp"为后缀，也可无后缀。

（2）一个#include 命令只能指定一个被包含文件，若要包含 n 个文件，需要用 n 个#include 命令。

（3）文件包含允许嵌套，即在一个被包含的文件中又可以包含另一个文件，如图 9-3 所示，文件 file1.c 中包含文件 file2.h 中，而文件 file2.h 中又包含文件 file3.h。

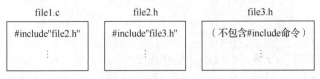

图 9-3 文件包含的嵌套

（4）包含命令中的文件名可以用双引号括起来，也可以用尖括号括起来。例如：

```
#include <stdio.h>
#include "file2.h"
```

两种形式的区别如下。

① 使用尖括号，预处理时系统会直接在存放 C 库函数头文件的系统目录中寻找，这称为标准方式。

② 使用双引号，预处理时系统先在用户当前目录（即源文件所在目录）中寻找要包含的文件，若找不到，再按标准方式查找（即按尖括号的方式查找）。

一般来说，若要包含系统头文件（如 stdio.h），通常用尖括号，以节省查找时间。若要包含用户自己编写的文件（如 file2.h），通常用双引号，因为这种文件一般都保存在用户当前目录中。若要包含的文件不在用户当前目录，也不在系统目录中，就只能用双引号，并且要在双引号内给出文件路径。如语句 "#include "C:\man\file2.h""。

9.3　条件编译

一般情况下，源程序的所有行都要进行编译。但是有时候，编程者会希望程序中一部分语句只在满足一定条件时才进行编译，不满足条件时不进行编译，或编译另一部分语句，这就是"条件编译"。利用条件编译，可以减少程序的输入，方便程序的调试，增强程序的可移植性。

条件编译命令有以下几种形式。

1. 形式一

```
#ifdef  标识符
    程序段 1
#else
    程序段 2
#endif
```

功能：如果所指定标识符之前已被 #define 命令定义过，则在编译时编译程序段 1；否则编译程序段 2。如果没有程序段 2，本格式中的#else 也可以没有，即可以写为：

```
#ifdef  标识符
    程序段
#endif
```

【例 9.10】给定半径 r，求圆的面积 s。要求设置条件编译：若 π（即 PI）值已定义，则直接计算面积；若 π 值未定义，则定义π值后再计算面积。

```
#include <stdio.h>
void main()
{   float r,s;
    printf("Input radius:  ");
    scanf("%f",&r);
    #ifdef PI                         //条件编译
        s=PI*r*r;                     //程序段 1
    #else
        #define PI 3.1415926          //程序段 2
        s=PI*r*r;
    #endif
    printf("s=%f\n",s);
}
```

程序在条件编译前未定义π值，所以编译程序段 2。程序的运行结果如下。

```
Input radius: 2.0
s=12.566370
```

说明：

若程序开头加入宏定义 "#define PI 3.1415926"，则编译程序段 1。程序的运行结果同上。

2. 形式二

```
#ifndef 标识符
    程序段 1
#else
    程序段 2
#endif
```

形式二与形式一的区别是将"ifdef"改为"ifndef"。它的功能与形式一的功能正好相反：如果标识符之前未被#define 命令定义过，则对程序段 1 进行编译，否则对程序段 2 进行编译。

【例 9.11】按形式二修改例 9.10 的程序。

```
#include <stdio.h>
void main()
{   float r,s;
    printf("Input radius:  ");
    scanf("%f",&r);
    #ifndef PI                       //条件编译
        #define PI 3.1415926         //程序段 1
        s=PI*r*r;
    #else
        s=PI*r*r;                    //程序段 2
    #endif
    printf("s=%f\n",s);
}
```

说明：

（1）程序在条件编译前未定义π值，所以编译程序段 1。

（2）若在程序的开头加入宏定义"#define PI 3.1415926"，则编译程序段 2。

3. 形式三

```
#if 表达式
    程序段 1
#else
    程序段 2
#endif
```

功能：若表达式的值为真（非 0），则编译程序段 1，否则编译程序段 2。这样可以使程序在不同的条件下，完成不同的功能。

注意： 表达式必须为整型常量表达式（不包括 sizeof 运算符、强制类型转换和枚举常量）。

【例 9.12】设置条件编译，求圆的面积或正方形的面积。

```
#include <stdio.h>
#define PI 3.1415926
#define R 1
void main()
{   float c,s;
    printf ("Input a number:  ");
    scanf("%f",&c);
    #if R                            //条件编译
        s=PI*c*c;                    //程序段 1
        printf("Area of circle is : %f\n",s);
    #else
        s=c*c;                       //程序段 2
        printf("Area of square is : %f\n",s);
    #endif
}
```

宏定义中，定义 R 为 1，因此在条件编译时，表达式 R 的值为真，故编译程序段 1，求圆的面积。程序的运行结果如下。

```
Input a number: 2.0
Area of circle is : 12.566370
```

若在宏定义中，R 定义为 0，即将程序第 3 行的语句"#define R 1"改为"#define R 0"，则编译程序段 2，计算正方形的面积。程序的运行结果如下。

```
Input a number: 2.0
Area of square is : 4.000000
```

这里对条件编译有以下几点说明。

（1）3 种形式的条件编译必须严格按照形式说明中的格式书写，每一个条件编译命令都必须单独成行。

例如：

```
#if R s=PI*c*c;    //出错
```

将程序段 "s=PI*c*c;" 与条件编译命令 "#if R" 写在同一行，是不正确的。

（2）形式一和形式二中的标识符，若在条件编译之前被#define 命令定义过，不管被定义为何值，甚至不定义任何值，只要被定义过，都会编译相应的程序段（形式一编译程序段 1，形式二编译程序段 2）。

例如：

```
#ifdef COMPUTER_A
    #define INTEGER_SIZE 16
#else
    #define INTEGER_SIZE 32
#endif
```

若在这组条件编译命令之前，COMPUTER_A 曾被定义过，如"#define COMPUTER_A 0""#define COMPUTER_A 1"或者定义为其他值，甚至是 "#define COMPUTER_A"，都会编译 "#define INTEGER_SIZE 16"，否则编译 "#define INTEGER_SIZE 32"。

（3）形式三与形式一及形式二不同，"#if" 后为表达式，而非标识符，所以不存在是否定义过的问题。只要该表达式的值为真（非 0），就编译程序段 1，否则编译程序段 2。

（4）条件编译命令允许嵌套使用。

例如：

```
#if 表达式 1
    程序段 1
#else
    #if 表达式 2
        程序段 2
    #else
        程序段 3
        #endif
#endif
```

在条件编译中也可以使用语句：

```
#elif
```

它代表 else if。若使用#elif 语句，则上述嵌套可写成如下形式：

```
#if 表达式 1
    程序段 1
#elif 表达式 2
    程序段 2
#else
    程序段 3
#endif
```

学习提示：

条件编译也可以用 if 条件语句来实现。二者的差别在于：if 条件语句将会编译整个源程序，编译时间较长，生成的目标程序较长，运行时间也较长；用条件编译，则根据条件只编译部分程序段，编译时间较短，生成的目标程序较短，运行时间也较短。

习题

一、选择题

（1）编译预处理的工作是在（　　　）完成的。

    A. 编译前　　　　　　B. 编译时　　　　　　C. 编译后　　　　　　D. 执行时

（2）以下选项中，（　　　）不属于编译预处理。

    A. 宏定义　　　　　　B. 文件包含　　　　　C. 条件编译　　　　　D. 连接

（3）以下选项中，（　　　）是 C 语句。

    A. #include<stdio.h>　　　　　　　　B. #define PI 3.1415926

    C. j++;　　　　　　　　　　　　　　D. a=3

（4）以下叙述中错误的是（　　　）。

    A. 在程序中凡是以"#"开始的语句行都是预处理命令行

    B. 预处理命令行的最后不能以分号结束

    C. "#define MAX　3"是合法的预处理命令行

    D. C 程序对预处理命令行的处理是在程序执行的过程中进行的

（5）以下关于宏的叙述中正确的是（　　　）。

    A. 宏名必须用大写字母表示　　　　　B. 宏定义必须位于源程序中所有语句之前

    C. 宏展开没有数据类型的限制　　　　D. 宏调用比函数调用耗费时间

（6）在宏定义#define PI 3.1415926 中，可用宏名代替一个（　　　）。

    A. 单精度数　　　　B. 双精度数　　　　C. 常量　　　　D. 字符串

（7）设有宏定义#define　A　B　abcd，则宏展开时（　　　　）。

    A. 宏名 A 用 B　abcd 替换　　　　　　B. 宏名 A　B 用 abcd 替换

    C. 宏名 A 和宏名 B 都用 abcd 替换　　D. 语法错误，无法替换

（8）若程序中有宏定义行#define N 100，则以下叙述中正确的是（　　　）。

    A. 宏定义行中定义了标识符 N 的值为整数 100

    B. 对 C 源程序进行预处理时，可用 100 替换标识符 N

    C. 对 C 源程序进行编译时，可用 100 替换标识符 N

    D. 在运行时，可用 100 替换标识符 N

（9）以下程序的运行结果是（　　　）。

```c
#include <stdio.h>
#define M 5
#define N M+M
void main( )
{   int k;
    k=N*N*5;
    printf("%d\n",k);
}
```

    A. 500　　　　　　B. 55　　　　　　C. 125　　　　　　D. 程序有错无输出结果

（10）以下程序的运行结果是（　　　）。

```c
#include <stdio.h>
#define PT 3.5;
#define S(x) PT*x*x;
void main( )
{   int a=1, b=2;
    printf("%4.1f\n",S(a+b));
}
```

    A. 14.0　　　　　　B. 31.5　　　　　　C. 7.5　　　　　　D. 程序有错，无输出结果

（11）以下程序的运行结果是（　　　）。

```
#include <stdio.h>
#define N 5
#define M N+1
#define f(x) (x*M)
void main( )
{   int i1,i2;
    i1=f(2);
    i2=f(1+1);
    printf("%d  %d\n",i1,i2);
}
```

　　A. 12　12　　　　　　B. 12　7　　　　　　C. 11　7　　　　　　D. 11　12

（12）关于文件包含，以下说法中正确的是（　　　）。

　　A. 被包含的文件必须以 ".h" 为后缀

　　B. 一个#include 命令可以指定多个被包含文件

　　C. 文件包含允许嵌套

　　D. #include <stdio.h>和#include "stdio.h"没有任何区别

（13）在文件包含预处理命令中，当#include 后面的文件名用双引号括起时，寻找被包含文件的方式为（　　　）。

　　A. 直接按系统设定的标准方式搜索目录

　　B. 先在源程序所在目录搜索，若找不到，再按系统设定的标准方式搜索

　　C. 仅搜索源程序所在目录

　　D. 仅搜索当前目录

（14）有一个名为 init.txt 的文件，内容如下：

```
#define HDY(A,B) A/B
#define PRINT(Y) printf("Y=%d\n",Y)
```

那么以下程序的运行结果是（　　　）。

```
#include <stdio.h>
#include "init.txt"
void main( )
{   int a=1,b=2,c=3,d=4,k;
    k=HDY(a+c,b+d);
    PRINT(k);
}
```

　　A. Y=0　　　　　　B. 0=0　　　　　　C. Y=6　　　　　D. 6=6

（15）下面程序由两个源文件 f1.h 和 f1.c 组成，程序的运行结果是（　　　）。

f1.h 的源程序为：

```
#define  N  10
#define  f2(x)  (x*N)
```

f1.c 的源程序为：

```
#include <stdio.h>
#define  M  8
#define  f(x)  ((x) *M)
#include "f1.h"
void main( )
{   int i,j;
    i=f(1+1);
    j=f2(1+1);
    printf("%d  %d\n",i,j);
}
```

　　A. 16　11　　　　　B. 16　20　　　　　C. 9　11　　　　　D. 9　20

（16）关于条件编译，下列说法错误的是（　　　）。

A．条件编译允许嵌套 　　　　　　　B．条件编译与 if 条件语句没有任何区别

C．条件编译可以使用#endif 　　　　D．每个条件编译命令都必须单独成行

（17）以下程序的运行结果是（　　　）。

```
#include <stdio.h>
#define P 0
void main( )
{    int n=10,m;
    #ifdef P
    m=n+n;
    #else
    m=n*n;
    #endif
    printf("%d\n",m);
}
```

A．20　　　　　　　B．100　　　　　　　C．0　　　　　　　D．程序有错

（18）以下程序的输出结果是（　　　）。

```
#include <stdio.h>
#define P 0
void main( )
{    int n=10,m;
    #if P
    m=n+n;
    #else
    m=n*n;
    #endif
    printf("%d\n",m);
}
```

A．20　　　　　　　B．100　　　　　　　C．0　　　　　　　D．程序有错

二、编程题

1．使用带参数的宏 "#define M(a, b) a/b"，求两个整数相除的商。

2．使用带参数的宏交换两个变量的值。

3．用宏定义设计几种输出格式（包括整数、实数、字符串等），并单独放在文件 "format.h" 中。另编一个程序文件，包含文件 "format.h" 使用这些格式。

4．定义一个带参数的宏求两个数的最大值，并单独放在一个头文件中。定义一个函数求两个数的最小值，并单独放在一个 C 文件中。另编写一个 C 程序文件，利用前两个文件求两个数的最大值和最小值。

5．输入两个数，用条件编译求两个数的和或两个数的乘积。

6．输入一行字符，用条件编译将其中的大写字母变为对应的小写字母，或将其中的小写字母变为对应的大写字母，其他字符不变。

第 10 章　指针

指针是 C 语言中一种重要的数据类型，使用它可以表示复杂的数据结构、方便地使用数组和字符串、在调用函数时获得一个以上的结果、动态分配内存并直接处理内存单元等。指针极大地丰富了 C 语言的功能，可以使程序简洁、紧凑、高效，它是 C 语言的一个重要特色。

10.1　地址和指针

1. 地址

在计算机中，所有数据都存放在存储器中。我们一般把主存储器中的一个字节称为一个内存单元，通过内存单元的编号能正确地访问内存单元，内存单元的编号也称为地址。

2. 指针

通常将内存单元的地址称为指针，其中存放的数据是内存单元的内容。内存单元的指针和内容是两个不同的概念。就像我们到银行去存取款时，银行工作人员根据账号查找存取款记录，找到之后在该记录上写入存取款的金额。在这里，账号就是存取款记录的指针，存取款数目就是存取款记录的内容。

10.2　变量的指针和指向变量的指针变量

在 C 语言中，一种数据类型或数据结构往往占有一组连续的内存单元。指针是一个数据结构的首地址，它"指向"一个数据结构。

在 C 语言中，允许用一个变量来存放指针，这种变量称为指针变量。指针变量的值就是某个数据结构的地址。指针是一个地址，是常量。而指针变量可以存放不同的指针值，是变量。

变量的指针就是变量的地址，存放某变量地址的变量称为指向某变量的指针变量。在程序中用"*"符号表示"指向"。

如果已定义 i_pointer 为指针变量，则 *i_pointer 是 i_pointer 所指向的变量。如图 10-1 所示，i 是一个变量，值为 3，它在内存中的首地址为 2000；i_pointer 为指针变量，其值为变量 i 的首地址 2000，我们称变量 i_pointer 指向

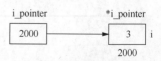

图 10-1　指向变量的指针变量

变量 i。*i_pointer 就是 i，它代表一个变量。以下两条语句的作用相同：

```
i=3;
*i_pointer=3;
```

第二条语句的含义是将 3 赋给指针变量 i_pointer 所指向的变量 i。

10.2.1　定义指针变量

指针变量不同于整型变量和其他类型的变量，它是专门用来存放地址的。定义指针变量的一般形式为：

```
类型说明符　*指针变量名;
```

例如：

```
int *p1;            //p1 是指向整型变量的指针变量
float *p2;          //p2 是指向实型变量的指针变量
char *p3;           //p3 是指向字符型变量的指针变量
```

"*"表示定义的是一个指针变量，"类型说明符"表示指针变量所能指向的变量的数据类型。其中 p1 是一个指针变量，它的值只能是 int 变量的地址，或者说 p1 只能指向一个 int 变量。

> **学习提示：**
> 一个指针变量只能指向定义的数据类型的变量，不能指向其他类型的变量。

10.2.2　指针变量的引用

下面介绍两个与指针使用有关的运算符。

（1）&：取地址运算符。例如，&a 取得变量 a 的地址。

（2）*：指针运算符（或称间接访问运算符）取得指针变量指向的内容。例如，*p 取得指针变量 p 所指向的变量的值。

> **学习提示：**
> 此处的*与定义指针变量中的*不同，定义中的*仅是一个标识，指明它后面的变量是指针变量。

给指针变量赋值可以有以下两种方法。

① 在定义的同时赋值。

```
int a;
int *p=&a;          //在定义的同时进行初始化，将变量 a 的地址赋给指针变量 p
```

② 在定义后赋值。

```
int a;
int *p;
p=&a;               //将变量 a 的地址赋给指针变量 p
```

指针变量中只能存放地址，不要将一个整数（或任何其他非地址类型的数据）赋给一个指针变量。以下赋值是不合法的：

```
int *p;
p=100;              // p 为指针变量，100 为整数，不合法
```

【例 10.1】指针变量的使用。

```
1    #include <stdio.h>
2    void main()
3    {   int a,b;
4        int *pointer_1, *pointer_2;      //定义指针变量
5        a=100;b=10;
6        pointer_1=&a;                    //指针变量 pointer_1 指向 a
```

```
7          pointer_2=&b;                              //指针变量 pointer_2 指向 b
8          printf("%d,%d\n",a,b);
9          printf("%d,%d\n",*pointer_1, *pointer_2);  //通过指针变量取得变量的值
10   }
```

程序的运行结果如下。

```
100,10
100,10
```

说明：

（1）在程序的第 4 行定义两个只能指向 int 类型变量的指针变量 pointer_1 和 pointer_2。

（2）程序第 6 行和第 7 行使得 pointer_1 指向 a，pointer_2 指向 b，如图 10-2 所示。"pointer_1=&a" 和 "pointer_2=&b" 不能写成 "*pointer_1=&a" 和 "*pointer_2=&b"。因为 a 的地址是赋给指针变量 pointer_1，而不是赋给*pointer_1。

（3）在第 9 行中，*pointer_1 取得变量 a 的值，*pointer_2 取得变量 b 的值。

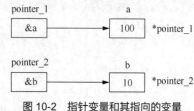

图 10-2　指针变量和其指向的变量

如果已经执行了语句 "pointer_1=&a;"，那么关于指针变量有以下说法。

① pointer_1 ⇔ &a。

② *&a ⇔ *pointer_1 ⇔ a。

③ &*pointer_1 ⇔ &(*pointer_1) ⇔ pointer_1 ⇔ &a。"&" 和 "*" 运算符的优先级相同，它们按自右至左的顺序结合。先进行*pointer_1 的运算，结果为 a，再进行 "&" 运算，结果为&a，即 pointer_1。

④ (*pointer_1) ++ ⇔ a++。

⑤ *pointer_1++ ⇔ * (pointer_1++)。因为 "++" 和 "*" 处于同一优先级，其结合方向为自右至左。又由于 "++" 在 pointer_1 之后，所以先取得*pointer_1 的值（即 a 的值），然后改变 pointer_1，pointer_1 不再指向 a。

【例 10.2】输入整数 a 和 b，按从大到小的顺序输出 a 和 b。

```
#include <stdio.h>
void main()
{   int *p1, *p2, *p,a,b;
    printf("请输入两个整数:");
    scanf("%d,%d",&a,&b);
    p1=&a;p2=&b;                    //指针变量指向变量
    if(a<b)
    {    p=p1;p1=p2;p2=p;}          //指针变量交换指向
    printf("%d,%d\n",a, b);
    printf("%d,%d\n",*p1, *p2);
}
```

程序的运行结果如下。

```
请输入两个整数: 3,5
3,5
5,3
```

说明：

（1）当输入 "3,5" 时，由于 a<b，将 p1 和 p2 交换，交换前后的情况如图 10-3 所示。

（2）a 和 b 并未交换，它们仍保持原值，但 p1 和 p2 的值交换了。p1 的值原来为&a，后来变成&b，p2 的值原来为&b，后来变成&a。这样再输出*p1 和*p2，实际是输出了 "5，3"。

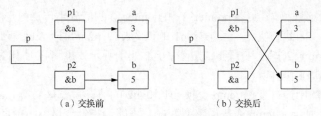

图 10-3　p1 和 p2 交换前后的情况

10.2.3　指针变量作为函数参数

函数的参数不仅可以是整型、实型、字符型等数据，还可以是指针。它的作用是将一个变量的地址传送到函数中。

【例 10.3】编写用指针变量作参数的函数，将输入的两个整数按从大到小的顺序输出。

```c
#include <stdio.h>
void swap(int *p1,int *p2)      //将指针变量作为形参
{   int temp;
    temp=*p1;                   //交换 p1 和 p2 指向的变量的值
    *p1=*p2;
    *p2=temp;
}
void main()
{   int a,b;
    int *pointer_1, *pointer_2;
    printf("请输入两个整数:");
    scanf("%d,%d",&a,&b);
    pointer_1=&a;pointer_2=&b;
    if(a<b)
     swap(pointer_1,pointer_2);  //将指针变量作为实参，也可以使用 swap(&a,&b);
    printf("%d,%d\n",a,b);
}
```

程序的运行结果如下。

```
请输入两个整数：3,5
5,3
```

说明：

（1）swap()是用户定义的函数，它的形参 p1、p2 是指针变量，在调用时能传入的实参是变量的地址。

（2）在 main()函数中，pointer_1 指向 a，pointer_2 指向 b，如图 10-4（a）所示。

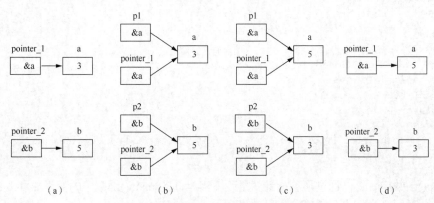

图 10-4　程序执行过程中各变量的变化情况

（3）调用 swap()函数时，将实参 pointer_1 和 pointer_2 的值分别传递给形参变量 p1 和 p2，采取的依然是值传递方式。因此虚实结合后形参 p1 的值为&a，p2 的值为&b。此时 p1 和 pointer_1 指向变量 a，p2 和 pointer_2 指向变量 b，如图 10-4（b）所示。也可以使用语句 "swap(&a, &b);" 调用函数，即把&a 和&b 作为实参。

（4）在 swap()函数中通过变量 temp 交换*p1 和*p2 的值，也就是交换 main()函数中变量 a 和 b 的值，如图 10-4（c）所示。temp 为普通整型变量，不能为指针变量，故前面不能加 "*"。

（5）swap()函数调用结束后，在 main()函数中输出的 a 和 b 的值已经交换，如图 10-4（d）所示。

（6）因为在 C 语言中实参变量和形参变量之间的数据传递是单向 "值传递"，指针变量作函数参数也要遵循这一规则。所以改变指针形参的值不会影响到指针实参的值。

【例 10.4】改变形参指针变量的指向，而实参变量不变。

```c
#include <stdio.h>
void swap(int *p1,int *p2)
{   int *p;
    p=p1;                   //改变形参指针变量的指向
    p1=p2;
    p2=p;
}
void main()
{   int a,b;
    int *pointer_1, *pointer_2;
    printf("请输入两个整数:");
    scanf("%d,%d",&a,&b);
    pointer_1=&a;pointer_2=&b;
    if(a<b)
     swap(pointer_1,pointer_2);            //将指针变量作为实参
    printf("%d,%d\n",*pointer_1, *pointer_2);    //实参指针变量的指向不变
}
```

在 swap()函数中交换形参 p1 和 p2 的值，不能交换实参 pointer_1 和 pointer_2 的值。程序的运行结果如下。

```
请输入两个整数: 3,5
3,5
```

函数的调用只能得到一个返回值（函数值），而用指针变量作参数可以返回多个结果。

【例 10.5】指针变量作参数可以返回多个变化的值。

```c
#include <stdio.h>
void swap(int *p1,int *p2)
{   *p1=100;                    //改变形参指针变量的指向
    *p2=200;
}
void main()
{   int a,b;
    int *pointer_1, *pointer_2;
    printf("请输入两个整数:");
    scanf("%d,%d",&a,&b);
    pointer_1=&a;pointer_2=&b;
    if(a<b)
        swap(pointer_1,pointer_2);       //指针变量作实参，也可以使用swap(&a,&b);
    printf("%d,%d\n",a,b);
}
```

在 swap()函数中，可以通过形参指针变量改变其指向的 main()函数中的变量 a 和 b 的值，从而可以实现函数返回多个结果。程序的运行结果如下。

```
请输入两个整数：3,5
100,200
```

10.3 数组的指针和指向数组的指针变量

一个数组包含若干元素，每个数组元素都占用内存的存储单元，它们都有相应地址。所谓数组的指针就是指数组的首地址，数组元素的指针就是指数组元素的地址。

10.3.1 指向数组元素的指针

定义一个指向数组元素的指针变量的方法，与定义指针变量的方法相同。例如：

```
int a[10];   //定义 a 为包含 10 个整型元素的数组
int *p;      //定义 p 为指向整型变量的指针
p=&a[0];     //p 指向数组的第 0 个元素 a[0]
```

把 a[0]的地址赋给指针变量，也就是说，p 指向 a[0]，如图 10-5 所示。因为数组为 int 型，所以指针变量也应该是指向 int 型的指针变量。

C 语言规定，数组名代表数组的首地址，也就是第 0 号元素的地址。因此，以下两条语句等价：

```
p=&a[0];
p=a;
```

也可以在定义指针变量的同时赋给初值：

```
int *p=&a[0];   或者   int *p=a;
```

它等效于以下语句：

```
int *p;
p=&a[0];
```

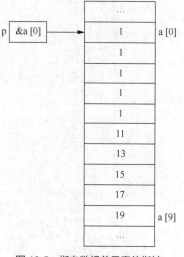

图 10-5　指向数组首元素的指针

p、a 和&a[0]均指向同一数组元素 a[0]，它们是数组 a 的首地址，也是元素 a[0]的地址。其中，p 是变量，而 a 和&a[0]都是常量。

10.3.2 通过指针引用数组元素

C 语言规定，如果指针变量 p 已指向数组中的一个元素，则 p + 1 指向同一数组的下一个元素。如果 p 的初值为&a[0]，那么：

（1）p+i⇔a+i⇔&a[i]。p+i 和 a+i 就是 a[i]的地址，或者说它们都指向 a 数组的第 i 个元素，如图 10-6 所示。

（2）*(p+i)⇔*(a+i)⇔a[i]。例如，*(p+5)⇔*(a+5)⇔a[5]。

（3）指向数组的指针变量也可带下标，p[i]⇔*(p+i)⇔a[i]⇔*(a+i)。

（4）p++⇔p=p+1，指针变量 p 指向数组的下一个元素。

如果 a 是数组名，p 是指向数组的指针变量，其初值为 p=a，则引用一个数组元素可以有以下两种方法。

① 下标法，采用 a[i]、p[i]的形式访问数组元素。

② 指针法，采用*(a+i)或*(p+i)形式，用指针法访问数组元素。

【例 10.6】输出数组的全部元素。

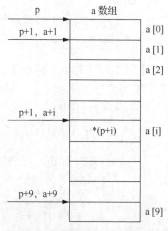

图 10-6　指向数组任一元素的指针

（1）使用下标法引用数组元素。

```
#include <stdio.h>
void main()
{ int a[10],i;
  for(i=0;i<10;i++)
    a[i]=i;                       //使用下标法引用数组元素
  for(i=0;i<10;i++)
    printf("%4d",a[i]);           //使用下标法引用数组元素
  printf("\n");
}
```

（2）使用指针法，利用数组名计算地址引用数组元素。

```
#include <stdio.h>
void main()
{   int a[10],i;
    for(i=0;i<10;i++)
        *(a+i)=i;                 //指针法，利用数组名引用数组元素
    for(i=0;i<10;i++)
        printf("%4d",* (a+i));    //指针法，利用数组名引用数组元素
    printf("\n");
}
```

（3）使用指针变量指向数组元素。

```
#include <stdio.h>
void main()
{   int a[10],i, *p;
    p=a;
    for(i=0;i<10;i++)
        *(p+i)=i;                 //通过指针变量取得数组元素
    for(i=0;i<10;i++)
        printf("%4d",* (p+i));    //通过指针变量取得数组元素
    printf("\n");
}
```

以上 3 个程序的运行结果如下。

```
 0  1  2  3  4  5  6  7  8  9
```

学习提示：

（1）指针变量中的值是可以改变的，如 p++⇔p=p+1，指针变量指向的是下一个数组元素。

（2）注意指针变量的当前指向。

【例 10.7】 输入并输出数组的全部元素。

编写程序如下：

```
#include <stdio.h>
void main()
{   int *p,i,a[10];
    p=a;
    printf("请输入 10 个元素: ");
    for(i=0;i<10;i++)
        scanf("%d",p++);
    for(i=0;i<10;i++)
     printf("%4d",*p++);
    printf("\n");
}
```

程序的运行结果如下。

```
请输入 10 个元素: 1  3  5  7  9  11  13  15  17  19
   012450521245120419895 3   13674672367474423674601243068214730 3424
```

说明：

（1）语句 "scanf("%d", p++);" 表示把输入的数赋给指针变量指向的元素，然后 p++ 指向下一个变量。

（2）第一个循环（输入）结束后，指针变量 p 指向数组最后一个元素之后的内存单元，系统并不认为非法。但是第二个循环输出的是数组最后一个元素后边的内存中的数据，因此为乱码。

将程序修改如下：

```
#include <stdio.h>
void main()
{   int *p,i,a[10];
    p=a;
    printf("请输入 10 个元素：");
    for(i=0;i<10;i++)
            scanf("%d",p++);
    p=a;                      //p 重新指向 a[0]
    for(i=0;i<10;i++)
     printf("%4d",*p++);
    printf("\n");
}
```

程序的运行结果如下。

```
请输入 10 个元素：1 3 5 7 9 11 13 15 17 19
   1   3   5   7   9   11   13   15   17
```

说明：

（1）*p++⇔*(p++)。由于++和*优先级相同，结合方向为自右向左。故这里先取得*p 的值，后使得 p 指向下一个元素。

（2）*++p⇔*(++p)。先使得 p 指向下一个元素，后取得*p 的值。

（3）(*p)++表示 p 所指向的元素值加 1。

（4）若 p 的初值为 a，那么：

```
*(p++)  ⇔  a[0]
*(++p)  ⇔  a[1]
(*p)++  ⇔  a[0]++
```

（5）若 p 指向 a 数组中的第 i 个元素，那么：

```
*(p--)  ⇔  a[i--]
*(++p)  ⇔  a[++i]
*(--p)  ⇔  a[--i]
```

10.3.3 数组和指向数组的指针变量作函数参数

数组名可以作为函数的实参和形参。例如：

```
void main()
{   int array[10];
    ...
    ...
    f(array,10);            //数组名作为函数的实参
    ...
}
void f(int arr[],int n)    //数组作为函数形参
{   ...
}
```

说明：

（1）array 为实参数组名，arr 为形参数组名。将实参数组的首地址传递给形参数组，使得形参

数组也指向同一个数组。形参数组和实参数组共用同一段内存，所以如果改变了形参数组，那么实参数组也会随之改变。

（2）把函数 f() 的形参写成数组形式：

```
void f(int arr[],int n)
```

但是在编译时也将 arr 按指针变量处理，相当于：

```
void f(int *arr,int n)
```

（3）指针变量可以存放数组的首地址，所以数组指针变量也可以作为函数的参数使用。

【例 10.8】将数组 a 中的 n 个整数按相反顺序存放。

分析：

将 a[0] 与 a[n-1] 交换，a[1] 与 a[n-2] 交换，…，a[n/2-1] 与 a[(n+1)/2] 交换。设两个"位置指示变量" i 和 j，i 的初值为 0，j 的初值为 n-1。将 a[i] 与 a[j] 交换，然后使 i 的值加 1、j 的值减 1，再将 a[i] 与 a[j] 交换，直到 i≥j 为止，如图 10-7 所示。

图 10-7　数组反序的方法

（1）用数组作为函数的形参和实参，编写程序如下。

```
#include <stdio.h>
void inv(int x[],int n)                      //将数组 x 作为函数的形参
{    int temp,i,j=n-1;
     for(i=0;i<j;i++,j--)
     {    temp=x[i];x[i]=x[j];x[j]=temp; }   //交换对应元素
}
void main()
{    int i,a[10]={3,7,9,11,0,6,7,5,4,2};
     printf("The original array:\n");
     for(i=0;i<10;i++)
     printf("%4d",a[i]);
     printf("\n");
     inv(a,10);                              //将数组名作为函数的实参
     printf("The array has been inverted:\n");
     for(i=0;i<10;i++)
     printf("%4d",a[i]);
     printf("\n");
}
```

程序的运行结果如下。

```
The original array:
   3   7   9  11   0   6   7   5   4   2
The array has been inverted:
   2   4   5   7   6   0  11   9   7   3
```

（2）用指针变量作为函数的形参，数组名作为函数调用的实参，编写程序如下。

```
#include <stdio.h>
void inv(int *x,int n)                       //将指针变量 x 作为函数的形参
{    int temp, *i, *j;
     i=x;j=x+n-1;
     for(;i<j;i++,j--)
     {    temp=*i; *i=*j; *j=temp;    }      //交换对应元素
}
void main()
{    int i,a[10]={3,7,9,11,0,6,7,5,4,2};
     printf("The original array:\n");
     for(i=0;i<10;i++)
     printf("%4d",a[i]);
     printf("\n");
     inv(a,10);                              //将数组名作为函数的实参
     printf("The array has been inverted:\n");
```

```
        for(i=0;i<10;i++)
        printf("%4d",a[i]);
        printf("\n");
}
```

归纳一下，如果想在函数中改变实参数组元素的值，实参与形参的对应关系有以下 4 种。

① 形参和实参都是数组。

```
void main()
{    int a[10];
     ...
     f(a,10);
     ...
}
void f(int x[],int n)
{    ...
}
```

② 实参是数组，形参是指针变量。

```
void main()
{    int a[10];
     ...
     f(a,10);
     ...
}
void f(int *x,int n)
{ ...
}
```

③ 实参、形参都是指针变量。

```
void main()
{    int a[10], *p=a;
     ...
     f(p,10);
     ...
}
void f(int *x,int n)
{    ...
}
```

④ 实参是指针变量，形参是数组。

```
void main()
{    int a[10], *p=a;
     ...
     f(p,10);
     ...
}
void f(int x[ ],int n)
{    ...
}
```

因为对数组元素的引用可以采用下标法和指针法，所以不论函数的形参是数组名还是指针变量，都可以使用下标法和指针法。

（3）用实参作为指针变量，编写程序如下。

```
#include <stdio.h>
void inv(int *x,int n)                          //实参是指针变量，采用下标法引用数组元素
{    int temp,i,j=n-1;
     for(i=0;i<j;i++,j--)
     {    temp=x[i];x[i]=x[j];x[j]=temp;}       //交换对应元素
}
void main()
{    int i,arr[10]={3,7,9,11,0,6,7,5,4,2},*p;
```

```
        p=arr;
        printf("The original array:\n");
        for(i=0;i<10;i++,p++)
            printf("%4d",*p);
        printf("\n");
        p=arr;                              //将指针变量指向数组的 a[0]
        inv(p,10);                          //指针变量作为实参，也可以写为 inv(a,10);
        printf("The array has been inverted:\n");
        for(p=arr;p<arr+10;p++)
            printf("%4d",*p);
        printf("\n");
}
```

【例 10.9】用选择法将 10 个整数按从大到小的顺序排序。

编写程序如下：

```
#include <stdio.h>
void sort(int *x,int n)          //也可以写为 void sort(int x[],int n);
{   int i,j,k,t;
    for(i=0;i<n;i++)
    {   k=i;
        for(j=i+1;j<n;j++)
        if  (x[j]>x[k])  k=j;
        if(k!=i)
        {   t=x[i];x[i]=x[k];x[k]=t;}
    }
}
void main()
{   int *p,i,a[10]={3,7,9,11,0,6,7,5,4,2};
    printf("The original array:\n");
    for(i=0;i<10;i++)
    printf("%4d",a[i]);
    printf("\n");
    p=a;                        //将指针变量指向数组的 a[0]
    sort(p,10);                 //指针变量作为函数实参，也可以写为 sort(a,10);
    printf("The array has been sorted:\n");
    for(p=a,i=0;i<10;i++)
    {   printf("%4d",*p);p++;}
    printf("\n");
}
```

程序的运行结果如下。

```
The original array:
 3  7  9  11  0  6  7  5  4  2
The array has been sorted:
 11  9  7  7  6  5  4  3  2  0
```

说明：

（1）函数定义 "void sort(int *x, int n)" 用指针变量作为形参，也可以改为函数定义 "void sort(int x[], int n)" 用数组名作为形参。

（2）可将函数调用语句 "sort(p, 10);" 改为用数组名作实参 "sort(a, 10);"。

10.3.4　指向多维数组的指针和指针变量

本节以二维数组为例介绍指向多维数组的指针和指针变量。

1. 多维数组元素的地址

设有整型二维数组定义如下：

```
int a[3][4]={{0,1,2,3},{4,5,6,7},{8,9,10,11}};
```

假设数组 a 的首地址为 1000，那么各元素的地址及其值如图 10-8 所示。

C 语言可以把一个二维数组分解为多个一维数组来处理。数组 a 可以分解为 3 个一维数组，即 a[0]、a[1]和 a[2]。每一个一维数组都包含 4 个元素，如图 10-9 所示。

10000	10041	10082	10123
10164	10205	10246	10287
10328	10369	104010	104411

图 10-8　二维数组

图 10-9　将二维数组分解为多个一维数组

例如，一维数组 a[0]，包含 a[0][0]、a[0][1]、a[0][2]和 a[0][3]共 4 个元素。

关于数组及数组元素的地址说明如下。

（1）从二维数组的角度来看，a 是二维数组名，代表整个二维数组的首地址，也就是二维数组第 0 行的首地址，为 1000。a＋1 代表第 1 行的首地址，为 1016，如图 10-10 所示。

（2）a[0]是第 0 行一维数组的数组名和首地址，值为 1000。* (a＋0)⇔ *a⇔a[0] ⇔ &a[0][0]。&a[0][0]是元素 a[0][0]的首地址。

（3）a＋1 是二维数组第 1 行的首地址，其值为 1016。a[1]是第 1 行一维数组的数组名和首地址，其值也为 1016。a[1] ⇔ * (a＋1) ⇔ &a[1][0]。

（4）由此可得出：* (a＋i)⇔a[i] ⇔ &a[i][0]。

（5）a[0] ⇔ a[0]＋0，表示一维数组 a[0]的第 0 号元素的首地址，而 a[0] ＋1 则是 a[0]第 1 号元素的首地址，a[0] ＋2 是 a[0]第 2 号元素的首地址，如图 10-11 所示。由此可以得出 a[i] ＋j 是一维数组 a[i]的第 j 号元素的首地址，a[i] ＋j ⇔ &a[i][j]。

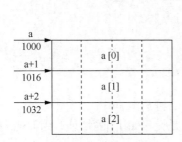

图 10-10　每行的首地址

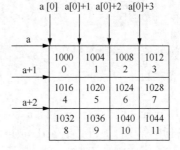

图 10-11　每行内每个元素的首地址

（6）a[i]⇔ * (a＋i)，a[i] ＋j⇔* (a＋i) ＋j。由于* (a＋i) ＋j 是二维数组 a 第 i 行第 j 列元素的首地址，所以，* (* (a＋i) ＋j) ⇔ * (a[i] ＋j) ⇔a[i][j]。

【例 10.10】输出二维数组的有关值。

```c
#include <stdio.h>
void main()
{   int a[3][4]={{0,1,2,3},{4,5,6,7},{8,9,10,11}};
    printf("%d,%d\n",a, a+1);
    printf("%d,%d,%d,%d\n", a[0], *a, * (a+0), &a[0][0]);
    printf("%d,%d,%d\n", a[1], * (a+1), &a[1][0]);
    printf("%d,%d\n",a[1],* (a+1));
    printf("%d,%d,%d\n", a[1]+0, a[1]+1, a[1]+2);
    printf("%d,%d,%d\n", * (a+1)+0, * (a+1)+1, * (a+1)+2);
    printf("%d,%d,%d\n", * (a[1]+0), * (a[1]+1), * (a[1]+2));
    printf("%d,%d,%d\n", * (* (a+1)+0), * (* (a+1)+1), * (* (a+1)+2));
}
```

程序的运行结果如下。

```
1245008,1245024
1245008,1245008,1245008,1245008
1245024,1245024,1245024
1245024,1245024
1245024,1245028,1245032
1245024,1245028,1245032
4,5,6
4,5,6
```

2. 指向多维数组的指针变量

指向二维数组指针变量定义的一般形式为：

类型说明符　(*指针变量名) [长度];

其中，"类型说明符"为所指向数组的数据类型，"*"表示变量是指针变量，"[长度]"表示一维数组的长度，也就是二维数组的列数。注意，"(*指针变量名)"两边的小括号不可缺少。例如：

```
int (*p)[4];
```

其中，p 是一个指针变量，指向包含 4 个元素的一维数组。

【例 10.11】利用指向数组的指针变量，按行列方式输出二维数组。

```
#include <stdio.h>
void main()
{    int a[3][4]={{0,1,2,3},{4,5,6,7},{8,9,10,11}};
     int (*p)[4];
     int i,j;
     p=a;                    //指针指向二维数组的第0行
     for(i=0;i<3;i++)
     {    for(j=0;j<4;j++)
              printf("%4d",*(*(p+i)+j));
              //*(*(p+i)+j)相当于p[i][j],相当于*(*(a+i)+j),相当于 a[i][j]
          printf("\n");
     }
}
```

程序的运行结果如下。

```
 0  1  2   3
 4  5  6   7
 8  9 10  11
```

说明：

（1）语句"p=a;"使得指针 p 指向 a 数组的第 0 行一维数组 a[0]。

（2）p + i 指向第 i 行一维数组 a[i]，则 * (p + i) + j 是元素 a[i][j] 的地址，因而 * (* (p + i) + j) ⇔ p[i][j] ⇔ * (* (a + i) + j) ⇔ a[i][j]。

10.4　字符串的指针和指向字符串的指针变量

10.4.1　字符串的表示形式

在 C 语言中，可以用两种方法访问一个字符串。

（1）用字符数组存放和处理字符串。

【例 10.12】定义并初始化一个字符数组，然后输出字符串。

```
#include <stdio.h>
void main()
{    char string[]="I love China!";
     printf("%s\n",string);
}
```

程序的运行结果如下。

```
I love China!
```

说明：

string 是数组名，它表示字符数组的首地址，如图 10-12 所示。

（2）用字符指针指向一个字符串。

可以使用字符型指针变量来指向字符串中的字符型元素。

【**例 10.13**】定义指向一个字符串的字符指针变量。

```
#include <stdio.h>
void main()
{   char *string="I love China!";
    printf("%s\n",string);
}
```

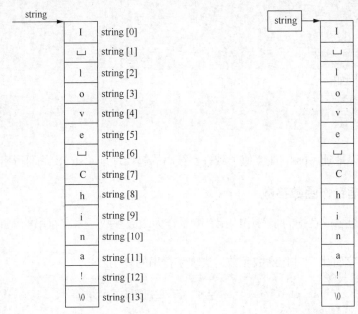

图 10-12　用字符数组处理字符串　　　　图 10-13　用字符指针处理字符串

程序的运行结果如下。

```
I love China!
```

说明：

（1）在程序中定义了一个字符指针变量 string，用字符串常量"I love China!"对它进行初始化，实际是把字符串第 0 个元素的地址赋给指针变量 string，如图 10-13 所示。

（2）指向字符串的指针变量的定义与指向字符变量的指针变量的定义相同，只是赋给指针变量的地址不同。例如：

```
char c, *p=&c;
```

表示 p 是一个指向字符变量 c 的指针变量。

【**例 10.14**】输出字符串中第 n 个字符后的所有字符。

```
#include <stdio.h>
void main()
int n=10;
{    char *ps="This is a book.";
     ps=ps+n;            //ps 指向第 n 个字符
     printf("%s\n",ps);
}
```

程序的运行结果如下。

```
book.
```

说明：

在定义指针变量时初始化 ps，并把字符串首地址赋给 ps。ps=ps+10，ps 指向字符'b'，因此输出为 "book."。

【例 10.15】用指针变量的方法，求字符串的长度。

```
#include <stdio.h>
void main()
{   char *ps,str[100];
    int n;
    printf("Input a string:\n");
    gets(str);
    ps=str;
    while(*ps!='\0')
        ps++;                    //将指针变量指向下一个字符
    n=ps-str;
    printf("The length is %d \n",n);
}
```

程序的运行结果如下。

```
Input a string:
C language
The length is 10
```

说明：

用字符串的结束地址（ps 的最终值）减去字符串的起始地址（str），从而得出字符串长度。

10.4.2　字符串指针作函数参数

可以用字符数组名或者指向字符串的指针变量作为函数参数，将字符串的地址从一个函数传递给另一个函数。

【例 10.16】用字符串指针作函数参数，实现字符串的复制。

```
#include <stdio.h>
void cpystr(char *pss,char *pds)    //用字符串指针变量作函数形参
{   while((*pds=*pss)!='\0')
    {   pds++;pss++; }
}
void main()
{   char *pa="CHINA",b[10],*pb;
    pb=b;
    cpystr(pa,pb);                  //用字符串指针变量作函数实参，也可以写为 cpystr(pa,b)
    printf("string a=%s\nstring b=%s\n",pa,pb);
}
```

程序的运行结果如下。

```
string a=CHINA
string b=CHINA
```

说明：

（1）该程序的功能是将字符串 pa 复制到数组 b[10]中。

（2）函数 cpystr()的形参为两个字符指针变量，pss 指向源字符串，pds 指向目标字符串。

（3）语句 "cpystr(pa, pb);" 的实参也是两个字符指针变量，pa 指向源字符串，pb 指向目标字符串。

（4）虽然函数参数传递是单向值传递，但是由于传递的是指针变量的值（即地址），所以 pss 和 pa 指向同一字符串，pds 和 pb 指向同一字符串。

（5）也可以把指针的移动和赋值合并在一个语句中，cpystr()函数可简化为以下形式：

```
void cpystr(char *pss,char *pds)
{   while((*pds++=*pss++)!='\0');   }
```

（6）由于'\0'的 ASCII 值为 0，对于 while 语句，表达式的值为非 0 就进入循环，为 0 则结束循环，因此也可省略 "!= '\0'"。函数 cpystr()可简化为以下形式：

```
void cpystr(char *pss,char *pds)
{   while (*pdss++=*pss++);   }
```

（7）函数参数可以是存放字符串的字符数组名，也可以是指向字符串的字符指针变量。它大致有以下几种情况。

① 实参和形参均为数组名。

② 实参和形参均为字符指针变量。

③ 实参为数组名，形参为字符指针变量。

④ 实参为字符指针变量，形参为数组名。

10.4.3　字符指针变量和字符数组

用字符指针变量和字符数组可以实现字符串的处理，但是两者又有区别。使用时应注意以下几点。

（1）字符指针变量是一个变量，用于存放字符串的首地址，而字符串本身是存放在以该地址为首的一块连续内存空间中。字符数组由若干个数组元素组成，每个元素中存放一个字符，整个数组可以存放一个字符串，数组名是字符串的首地址，是常量。

（2）字符指针变量和字符数组赋初值的方法不一样。

对字符指针变量赋初值：

```
char *ps="C Language";          //合法
```

也可以写为：

```
char *ps;
ps="C Language";                //合法
```

而对字符数组赋初值：

```
char str[20]={"C Language"};    //合法
```

不能写为：

```
char str[20];
str={"C Language"};             //非法
```

因为数组名是一个常量，而我们是不能给常量赋值的，所以数组名可以在定义时赋初值，但不能在赋值语句中赋值。

（3）一个指针变量在未取得确定地址前使用是很危险的。因为指针变量的默认值指向的内存不一定是本程序的存储空间，随意修改容易引起错误。

例如：

```
char *ps;
scanf("%s", ps);                //可能引起错误
```

可以改为：

```
char *ps, str[20];
ps=str;
scanf("%s", ps);
```

通过语句 "ps=str;" 使 ps 有了确定的值，它指向数组的第 0 个元素。

10.5　函数的指针和指向函数的指针变量※

在 C 语言中，一个函数总是占用一段连续的内存空间，而函数名就是函数所占内存区的首地址。

函数的首地址（或称入口地址）称为函数的指针。

把函数的指针赋予一个指针变量，使该指针变量指向该函数，通过指针变量就可以调用这个函数，那么该指针变量就称为指向函数的指针变量。指向函数的指针变量定义的一般形式为：

```
类型说明符  (*指针变量名)(函数参数列表)；
```

说明：

（1）"类型说明符"表示被指向函数的返回值的类型。"*"表示后面定义的变量是指针变量。最后的小括号表示指针变量所指的是函数。

（2）"(*指针变量名)"两边的括号不能少，否则就成了指针函数（即返回指针值的函数）。

（3）"函数参数列表"只需写出各个形式参数的类型即可，也可以与函数原型的写法相同。例如：

```
int (*pf)(int, int);
```

上述语句表示 pf 是一个指向返回值类型为 int 的函数的指针变量，且它带有两个 int 类型的参数。

10.5.1　用函数指针变量调用函数

我们可以通过函数名调用函数，也可以通过函数指针变量调用函数。通过指针变量调用函数的一般形式为：

```
(*指针变量名) (实参表)
```

【例 10.17】编写函数求两个形参中的较大值（用函数指针变量调用函数）。

```
#include <stdio.h>
int max(int x,int y)
{   if(x>y)return x;
    else return y;
}
void main()
{   int a,b,c;
    int (*pmax)(int,int);           //定义指向 int 类型的函数的指针变量 pmax
    pmax=max;                       //将指针变量指向函数 max
    printf("Input two numbers:\n");
    scanf("%d,%d",&a,&b);
    c=(*pmax)(a,b);                 //通过指针变量调用函数
    printf("max=%d\n",c);
}
```

程序的运行结果如下。

```
Input two numbers:
3,5
max=5
```

说明：

用函数指针变量调用函数的一般过程如下。

（1）首先定义函数指针变量，如语句"int (*pmax)(int, int);"定义了一个指向 int 类型的函数的指针变量 pmax。

（2）然后把被调函数的入口地址（函数名）赋给函数指针变量，如语句"pmax = max;"使得指针变量 pmax 指向函数 max。

（3）最后通过函数指针变量调用函数，如语句"c = (*pmax)(a, b);"。

学习提示：

用函数指针变量进行算术运算（如 p + n、p ++、p--等）无意义。

10.5.2 用指向函数的指针作函数参数

函数的参数可以是变量、指向变量的指针变量、数组名、指向数组的指针变量等，也可以是指向函数的指针。用指向函数的指针作函数参数，传递的是函数的地址。

若要在每次调用函数时完成不同操作，可以用指向函数的指针作为函数的参数。每次调用时，使该指针指向不同的函数即可。

【例 10.18】设有一个函数 f()，在每次调用时均可实现不同功能：第一次调用，求两数中的较大者；第二次调用，求两数中的较小者；第三次调用，求两数之和。

```c
#include <stdio.h>
int max(int x,int y)        //求较大者
{   if(x>y)  return x;
    else return y;
}
int min(int x,int y)        //求较小者
{   if(x<y)  return x;
    else       return y;
}
int sum(int x,int y)        //求两数之和
{   return (x+y);
}
void f(int x,int y,int (*p)(int,int))
{   int result;
    result=(*p)(x,y);       //调用 p 指向的函数
    printf("%d\n",result);
}
void main()
{   int a,b;
    printf("Input two numbers:\n");
    scanf("%d,%d",&a,&b);
    printf("max=");
    f(a,b,max);             //max 函数的入口地址传给形参指针变量
    printf("min=");
    f(a,b,min);             //min 函数的入口地址传给形参指针变量
    printf("sum=");
    f(a,b,sum);             //sum 函数的入口地址传给形参指针变量
}
```

程序的运行结果如下。

```
Input two numbers:
3,5
max=5
min=3
sum=8
```

说明：

（1）主函数第一次调用函数 f()时，形参 p 指向函数 max，函数调用 "result=(*p)(x, y);" 相当于 "result=max(x, y);"，求两数中的较大者。

（2）主函数第二次调用函数 f()时，形参 p 指向函数 min，函数调用 "result=(*p)(x, y);" 相当于 "result=min(x, y);"，求两数中的较小者。

（3）主函数第三次调用函数 f()时，形参 p 指向函数 sum，函数调用 "result=(*p)(x, y);" 相当于 "result=sum(x, y);"，求两数之和。

10.6 返回指针值的函数

一个函数可以返回一个整型值、实型值、字符值等，也可以返回一个指针值（即地址）。返回

指针值的函数也称为指针型函数。定义指针型函数的一般形式为：

```
类型说明符 *函数名(形参表)
{    …              //函数体
}
```

其中，"函数名"之前加"*"号表明这是一个指针型函数，即其返回值是一个指向类型说明符数据类型的指针。例如：

```
int *ap(int x,int y)
{    …              //函数体
}
```

上述语句表示 ap 是一个返回值为指向 int 类型数据的指针值的指针型函数。

【例 10.19】输入 1～7 的整数，输出对应的星期名（通过调用指针函数实现）。

```
#include <stdio.h>
char name[8][20]={"Illegal day", "Monday", "Tuesday", "Wednesday", "Thursday", "Friday",
"Saturday", "Sunday"};
    char *day_name(int n)        //函数返回值为指向字符的指针
{    if (n<1||n>7)
            return name[0];   //返回第 0 行第 0 列字符的地址
        else
            return name[n];   //返回第 n 行第 0 列字符的地址
}
    void main()
{    int i;
    char *ps;
    printf("Input Day No:\n");
    scanf("%d",&i);
    ps=day_name(i);          //函数返回值为指向第 i 行的第 0 个字符的地址
    printf("%s\n",ps);
}
```

程序的运行结果如下。

```
Input Day No:
3
Wednesday
```

说明：

（1）程序中定义的指针型函数 day_name，其返回值指向的是一个字符串。

（2）函数外定义二维字符数组 name 并初始化为 8 个字符串，分别表示出错信息和星期名。

（3）函数中将指针值 name[0]或 name[n]（指向对应字符串）作为返回函数的返回值。

（4）主函数中指针变量 ps 接收函数 day_name 返回的指针值。

学习提示：

（1）应该特别注意函数指针变量和指针型函数的区别。如"int(*p)()"和"int *p()"是完全不同的。

（2）"int (**p)()"是一个变量定义，p 是一个指向返回值为 int 类型的函数的指针变量。

（3）"int *p()"是一个函数说明，p 是一个指针型函数，其返回值是一个指向 int 类型数据的指针。

10.7　指针数组和指向指针的指针

在 C 语言中，指针数组和指向指针的指针变量能够存储另一个指针变量的地址的变量。

10.7.1　指针数组

每一个元素都为指针类型的数组称为指针数组。指针数组中的每一个元素都相当于一个指针变量。定义一维指针数组的一般形式为：

```
类型说明符 *数组名[数组长度]
```

其中，"类型说明符"为数组元素所指向的变量的类型，"*"表示数组是指针数组。例如：

```
int *pa[3];
```

上述语句表示 pa 是一个包含 3 个指针类型元素的指针数组，每个元素都指向整型数据。

通常可以用一个指针数组来指向一个二维数组，指针数组中的每个元素被赋予二维数组每一行的首地址，也可理解为每个元素都指向一个一维数组。例如：

```
int a[3][4]={{0,1,2,3},{4,5,6,7},{8,9,10,11}};
int *pa[3]={a[0],a[1],a[2]};
```

在上述语句中，二维数组 a 和指针数组 pa 之间的关系如图 10-14 所示。

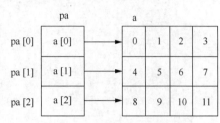

图 10-14　指针数组与二维数组

【例 10.20】利用指针数组输出二维数组。

```c
#include <stdio.h>
void main()
{   int a[3][4]={{0,1,2,3},{4,5,6,7},{8,9,10,11}};
    int *pa[3];
    int i,j;
    for(i=0;i<3;i++)
        pa[i]=a[i];                       //pa[i]指向一维数组 a[i]
    for(i=0;i<3;i++)
    {   for(j=0;j<4;j++)
        printf("%4d",*(*(pa+i)+j));        //*(*(pa+i)+j) ⇔ p[i][j] ⇔ a[i][j]
    printf("\n");
    }
}
```

程序的运行结果如下。

```
0  1  2  3
4  5  6  7
8  9  10  11
```

说明：

定义指针数组 pa，数组中的 3 个元素分别指向二维数组 a 的每一行。* (* (pa + i) + j)) 表示第 i 行第 j 列的元素值，相当于 a[i][j]。

学习提示：

（1）应该注意指针数组和二维数组指针变量的区别。二维数组指针变量是单个变量，而指针数组表示多个指针元素的数组。

（2）语句 "int (*p)[3];" 中的 p 表示一个指向二维数组的指针变量。二维数组的列数为 3 或可分解为长度为 3 的一维数组。

（3）语句 "int *p[3];" 中的 p 表示一个指针数组，3 个元素 p[0]、p[1]、p[2] 均为指针变量。

指针数组经常用来表示一组字符串，当每个字符串的长度不等时，若用二维数组来存储会浪费存储空间，而用指针数组则会节约存储空间，并且使字符串的处理更加方便和灵活。指针数组表示一组字符串时，指针数组的每个元素均被赋予了一个字符串的首地址。

【例 10.21】用指针数组改写例 10.19 的程序。

```c
#include <stdio.h>
char *day_name(char *name[],int n)
{   char *pa1, *pa2;
    pa1=*name;
    pa2=* (name+n);
    return (n<1||n>7)? pa1:pa2;
}
void main()
{   static char *name[]={"Illegal day", "Monday", "Tuesday", "Wednesday", "Thursday",
"Friday", "Saturday", "Sunday"};                        //name 数组的每个元素均指向一个字符串
    char *ps;
    int i;
    printf("Input Day No:\n");
    scanf("%d",&i);
    ps=day_name(name,i);
    printf("%s\n",ps);
}
```

程序的运行结果如下。

```
Input Day No:
3
Wednesday
```

说明：

（1）在主函数中定义了指针数组 name，初始化一组字符串使得每个元素均指向一个字符串。

（2）以 name 作为实参调用指针型函数 day_name，把数组名 name 赋予形参变量 name，输入的整数 i 赋予形参 n。

（3）在 day_name 函数中，指针变量 pa1 的值为 name[0]（即*name），指向字符串"Illegal day"，pa2 的值为 name[n]（即"*(name+ n)"）。

（4）条件表达式决定返回 pa1 或 pa2 给主函数中的指针变量 ps。

【例 10.22】将 5 个国名按字母顺序排列后输出。

```c
#include <stdio.h>
#include <string.h>
void sort(char *name[],int n)
{   char *pt;
    int i,j,k;
    for(i=0;i<n;i++)
    {   k=i;
        for(j=i+1;j<n;j++)
        if (strcmp(name[k],name[j])>0)
            k=j;
        if(k!=i)
        {   pt=name[i];name[i]=name[k];name[k]=pt;   } //交换数组元素的指向
    }
}
void print(char *name[],int n)                         //打印字符串
{   int i;
    for(i=0;i<n;i++)
    printf("%s\n",name[i]);
}
void main()
{   static char *name[]={"China","America","France","German","Australia"};
    int n=5;
    sort(name,n);                                      //调用排序函数
    print(name,n);
}
```

程序的运行结果如下。

```
America
Australia
China
France
German
```

说明：

（1）函数 sort() 用于排序，其形参指针数组 name 为待排序的各字符串数组的指针。形参 n 为字符串个数。

（2）函数 print() 用于排序后字符串的输出，其形参与 sort 的形参相同。

（3）主函数中定义指针数组 name 初始化多个字符串。分别调用 sort() 函数和 print() 函数完成排序和输出。

（4）在函数 sort() 中使用了 strcmp() 函数比较字符串的大小，实参 name[k] 和 name[j] 分别指向一个字符串。在排序过程中，交换数组元素改变了数组元素的指向。这样字符串本身的位置不会有变化，而且节省了时间，提高了运行效率。

10.7.2　指向指针的指针

如果一个指针变量存放的是另一个指针变量的地址，则称这个指针变量为指向指针的指针变量，简称为指向指针的指针。如图 10-15 所示，指针变量 1 就是指向指针的指针变量。

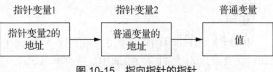

图 10-15　指向指针的指针

定义指向指针的指针变量的一般形式为：

```
类型说明符 **指针变量名;
```

其中，"**"表示后面的指针变量是指向指针的指针，"类型说明符"表示定义的指针变量所指的指针变量指向的数据类型。例如：

```
char **p;
```

说明：

（1）"char **p;" ⇔ "char * (*p);"。p 是指向一个字符指针变量的指针变量。

（2）**p ⇔ * (*p)。*p 取得 p 指向的指针变量，* (*p) 取得 p 指向的指针变量指向的变量的值。

【例 10.23】用指向指针的指针输出一维数组。

```
#include <stdio.h>
void main()
{    int a[5]={1,3,5,7,9};
     int *num[5]={&a[0], &a[1], &a[2], &a[3], &a[4]};        //每个元素都是一个指针
     int **p,i;
     p=num;                                                  //p 指向 num 数组的第 0 个元素
     for(i=0;i<5;i++)
         {    printf("%4d",**p);                             //**p 取得了变量的值
         p++;                                                //p 指向 num 数组的下一个元素
     }
     printf("\n");
}
```

程序的运行结果如下。

```
  1    3    5    7    9
```

说明：

（1）指针数组 num 可用来存放整型数组 a 中各元素的地址。

（2）指向指针的指针变量 p 存放的是指针数组 num 的首地址，即指向 num[0]。

（3）"**p"输出数组 a 中的元素。其中*p ⇔ num[i]⇔ &a[i]，**p⇔*&a[i]⇔a[i]，如图 10-16 所示。

【例 10.24】用指向指针的指针输出若干字符串。

```c
#include <stdio.h>
void main()
{   char *name[]={"Basic","Visual Basic","C","Visual
C++","Pascal","Delphi"};
    char **p;
    int i;
    for(i=0;i<6;i++)
    {   p=name+i;              //p⇔&name[i]
    printf("%s\n",*p);         //*p⇔name[i]
    }
}
```

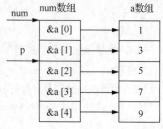

图 10-16 指向指针的指针处理数组

程序的运行结果如下。

```
Basic
Visual Basic
C
Visual C++
Pascal
Delphi
```

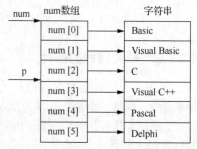

图 10-17 指向指针的指针处理字符串

说明：

p 是指向指针的指针，赋值语句"p = name + i;"使 p 指向 name 数组的第 i 号元素 name[i]。*p⇔name[i]，就是第 i 个字符串的首地址，如图 10-17 所示。

程序也可以改写为：

```c
#include <stdio.h>
void main()
{   char *name[]={"Basic","Visual Basic","C","Visual C++","Pascal","Delphi"};
    char **p;
    int i;
    p=name;                 //p 指向 num 数组的第 0 个元素
    for(i=0;i<6;i++)
    {   printf("%s\n",*p);
        p++;                //p 指向 name 数组的下一个元素
    }
}
```

说明：

（1）p 是指向指针的指针，赋值语句"p=name;"使 p 指向 name 数组的第 0 号元素 name[0]。*p⇔name[0]，就是第 0 个字符串的首地址。

（2）p++使得 p 指向 name 数组的下一个元素。

10.7.3 指针数组作 main()函数的形参

前面编写的 main()函数都不带参数，因此 main()后的括号都为空。实际上，main()函数也可以带参数（形参）。

C 语言规定，main()函数只能有两个参数，我们习惯上经常将之命名为 argc（第一个形参）和 argv（第二个形参）。argc 必须是整型变量，argv 必须是指向字符串的指针数组。main()函数的函数头可写为：

```c
void main (int argc,char *argv[])
```

main()函数不能被其他函数调用，因此不可能在程序内部取得实参值。实际上，main()函数是由操作系统调用的,所以 main()函数的参数值可从操作系统命令行获得。在操作命令状态下,输入命令行,操作系统调用 main()函数,并把实参传送到 main()函数的形参中。

命令行的一般形式为:

命令名 参数 1 参数 2…参数 n

命令名和参数之间用空格分隔。命令名是源程序经过编译、连接后得到的可执行文件名(后缀为.exe)。C 语言规定,形参 argc 可获得命令行中参数的个数(注意,命令名本身也算一个参数),形参 argv 的每一个元素都指向命令行中的一个字符串。

例如:

file1 Beijing Tianjin Shanghai Chongqing

(1)"file1"为可执行文件名。实际上,文件名也可以包括盘符、路径以及文件的扩展名。

(2)argc 的值等于 5("file1"、"Beijing"、"Tianjin"、"Shanghai"和"Chongqing"共 5 个字符串)。argv 中的元素分别指向一个字符串。如图 10-18 所示。

图 10-18 argv 与命令行

【例 10.25】输出命令行的参数。该程序文件名为 eg1025.c。

```c
#include <stdio.h>
void main(int argc,char *argv[])
{ while(argc-->1)
    printf("%s\n",*++argv);
}
```

程序的运行结果如下。

```
C:\Documents and Settings\naj>d:

D:\>cd c\eg1025\debug

D:\C\EG1025\Debug>eg1025 Beijing Tianjin Shanghai Chongqing
Beijing
Tianjin
Shanghai
Chongqing
```

说明:

用命令行运行程序的过程如下。

(1)先将该文件(eg1025.c)进行编译、连接,得到一个可执行文件(eg1025.exe)。

(2)执行 Windows 菜单中的"命令提示符"命令,打开命令提示符窗口。

(3)假设可执行文件的位置在"D:\C\EG1025\Debug"中。运行以下命令行:

```
C:\Documents and Settings\naj>d:
D:\>cd c\eg1025\debug
D:\C\EG1025\Debug>eg1025 Beijing Tianjin Shanghai Chongqing。
```

(4)命令行共有 5 个参数(包括文件名"eg1025")。argc 的初值为 5,argv 的 5 个元素分别指向 5 个字符串。每循环一次,argc 的值减 1,当 argc 等于 1 时停止循环,共循环 4 次,因此可输出 4 个参数。

(5)在语句"printf("%s\n",*++argv);"中,应首先执行"++argv"使得 argv 指向下一个元素,然后进行*运算,输出 argv 当前指向的字符串。

【例 10.26】编写一个实现 echo 命令的程序,文件名为 echo.c。

许多操作系统提供的 echo 命令的作用是实现"参数回送",将 echo 后面的各参数(字符串)在同一行上输出。

编写程序如下:

```c
#include <stdio.h>
void main(int argc,char *argv[])
```

```
{   while(--argc>0)
        printf("%s%c",*++argv,(argc>1)?' ':'\n');
}
```

程序的运行结果如下。

```
C:\>echo Program Design and C language
Program Design and C language
```

说明：

（1）此处的 echo 命令执行的是操作系统提供的 echo 可执行程序，并不是本源程序编译的可执行文件（echo.exe）。

（2）若要执行编写的程序，可先将文件名（echo.c）改为其他名字，然后编译、连接，再在命令行中运行。

（3）while 语句中的循环条件 "--argc>0" 和 "argc-->1"，虽然形式不同，但作用相同。

（4）语句 printf 中，当 argc>1 时在字符串后输出一个空格，当 argc=1 时，在字符串（即最后一个字符串）后输出一个换行。从而使得输出的所有字符串在同一行上。

习题

一、选择题

（1）设已有定义语句：float x;，则以下定义指针变量 p 并赋初值的语句中正确的是（   ）。

    A. float *p=1024;   B. int *p=(float)x;   C. float p=&x;   D. float *p=&x;

（2）若有定义语句：double *p, a;，则能正确赋值并通过 scanf 语句给输入项读入数据的程序段是（   ）。

    A. *p=&a; scanf("%lf",p);   B. *p=&a; scanf("%f",p)

    C. p=&a; scanf("%lf", *p);   D. p=&a; scanf("%lf",p);

（3）以下程序的功能是：通过指针运算求 3 个数中的最大值。以下选项中，（   ）不能填入空白处。

```
#include <stdio.h>
void main()
{   int x,y,z,max, *px, *py, *pz, *pmax;
    scanf("%d%d%d",&x,&y,&z);
    px=&x; py=&y; pz=&z;
    pmax=&max;
    _____;
    if(*pmax<*py) *pmax=*py;
    if(*pmax<*pz) *pmax=*pz;
    printf("max=%d\n",max);
}
```

    A. *pmax = *px   B. *pmax = x   C. max =px   D. max = x

（4）以下程序的运行结果是（   ）。

```
#include<stdio.h>
void swap(int *a,int *b)
{   int *t;
    t=a; a=b; b=t;
}
void main()
{   int i=3,j=5,*p=&i,*q=&j;
    swap(p,q);
    printf("%d  %d\n",*p, *q);
}
```

    A. 3 5   B. 5 3   C. 3 3   D. 5 5

（5）以下程序的运行结果是（　　）。

```
#include <stdio.h>
void main()
{   int a=1,b=3,c=5;
    int *p1=&a, *p2=&b, *p=&c;
    *p=*p1* (*p2);
    printf("%d\n",c);
}
```

  A. 1   B. 3   C. 5   D. 15

（6）以下程序的运行结果是（　　）。

```
#include <stdio.h>
void  f(int *p,int *q);
void main()
{   int m=1,n=2, *r=&m;
    f(r,&n);
    printf("%d,%d",m,n);
}
void f(int *p,int *q)
{   p=p+1; *q=*q+1;
}
```

  A. 1,3   B. 2,3   C. 1,4   D. 1,2

（7）以下程序的运行结果是（　　）。

```
#include <stdio.h>
void fun(int *a,int *b)
{   int *c;
    c=a; a=b; b=c;
}
void main()
{   int x=3,y=5, *p=&x, *q=&y;
    fun(p,q);
    printf("%d,%d,", *p, *q);
    fun(&x,&y);
    printf("%d,%d\n",*p, *q);
}
```

  A. 3,5,5,3   B. 3,5,3,5   C. 5,3,3,5   D. 5,3,5,3

（8）若有以下定义：int x[10], *pt=x;，则能正确引用 x 数组元素的是（　　）。

  A. *&x[10] B. * (x+3) C. * (pt+10) D. pt+3

（9）若有定义语句：double x[5]={1.0, 2.0, 3.0, 4.0, 5.0}, *p=x;，则引用 x 数组元素错误的是（　　）。

  A. p + 1   B. x[4]   C. * (p + 1)   D. *x

（10）若 int 型数据在内存中占 16 位，有定义"int a[ ]={10, 20, 30}, *p=a;"，当执行语句"p++;"后，下列说法错误的是（　　）。

  A. p 向高地址移动两个字节   B. *p 值为 20

  C. p 与 a+1 等价   D. 语句"p++;"与"a++;"等价

（11）以下程序的运行结果是（　　）。

```
#include<stdio.h>
void main()
{   int a[5]={2,4,6,8,10}, *p;
    p=a;
    p++;
    printf("%d",*p);
}
```

  A. 2   B. 3   C. 4   D. 5

（12）以下程序的运行结果是（　　　）。

```c
#include <stdio.h>
void fun(int *s,int nl,int n2)
{   int i,j,t;
    i=nl; j=n2;
    while(i<j)
    {   t=s[i];
        s[i]=s[j];
        s[j]=t;
        i++; j--;
    }
}
void main()
{   int a[10]={1,2,3,4,5,6,7,8,9,0},k;
    fun(a,0,3);
    fun(a,4,9);
    fun(a,0,9);
    for(k=0;k<10;k++)
        printf("%d",a[k]);
    printf("\n");
}
```

    A. 0987654321   B. 4321098765   C. 5678901234   D. 0987651234

（13）以下程序的运行结果是（　　　）。

```c
#include <stdio.h>
void main()
{   int a[3][4]={{0,1,2,3},{4,5,6,7},{8,9,10,11}};
    int (*p)[4];
    int i=2,j=2;
    p=a;
    printf("%4d",*(*(p+i)+j));
}
```

    A. 2   B. 5   C. 8   D. 10

（14）以下程序的运行结果是（　　　）。

```c
#include <stdio.h>
int fun(char s[ ])
{   int n=0;
    while(*s<='9'&&*s>='0')
    {   n=10*n+*s-'0'; s++;  }
    return(n);
}
void main()
{   char s[10]={'6','1','*','4','*','9','*','0','*'};
    printf("%d\n",fun(s));
}
```

    A. 9   B. 61490   C. 61   D. 5

（15）以下程序的运行结果是（　　　）。

```c
#include <stdio.h>
void fun(char *a,char *b)
{   while(*a=='*')
        a++;
    while(*b=*a)
    {   b++; a++;    }
}
void main()
{   char *s="****a*b****",t[80];
    fun(s,t);
    puts(t);
}
```

    A. *****a*b   B. a*b   C. a*b****   D. ab

（16）以下程序的运行结果是（　　　）。

```c
#include <stdio.h>
void fun1(char *p)
{   char *q;
    q=p;
    while(*q!='\0')
    {   (*q)++;  q++;   }
}
void main()
{   char a[]={"Program"},*p;
    p=&a[3];
    fun1(p);
    printf("%s\n",a);
}
```

    A. Prohsbn   B. Prphsbn   C. Progsbn   D. Program

（17）以下程序的运行结果是（　　　）。

```c
#include <stdio.h>
void swap(char *x,char *y)
{   char t;
    t=*x;
    *x=*y;
    *y=t;
}
void main()
{   char sa[]="abc",sb[]="123";
    char *s1=sa, *s2=sb;
    swap(s1,s2);
    printf("%s,%s\n",s1,s2);
}
```

    A. abc,123   B. 1bc,a23   C. 123,abc   D. a23,1bc

（18）以下程序的功能是：将字符串 pa 中的小写字母转换为对应的大写字母，请选择正确选项填空。

```c
#include <stdio.h>
void fun(char *p)
{   while(_____①_____)
    {   if (*p>='a' && *p<='z')
        _____②_____;
        p++;
    }
}
void main()
{   char pa[]="Hello China 2020";
    _____③_____;
    printf("%s\n",pa);
}
```

    ① A. p=='\0'   B. *p=='\0'   C. p!='\0'   D. *p!='\0'
    ② A. p=p-32   B. p=p+32   C. *p=*p-32   D. *p=*p+32
    ③ A. fun(pa)   B. fun(pa[ ])   C. pa=fun( )   D. pa=fun(pa)

（19）以下叙述中错误的是（　　　）。

    A. 改变函数形参的值，不会改变对应实参的值

    B. 函数可以返回地址值

    C. 可以给指针变量赋一个整数作为地址值

D. 当在程序的开头包含文件 stdio.h 时，可以给指针变量赋 NULL 值

（20）已定义函数 int fun(int *p){return *p;}，则 fun()函数的返回值是（　　　）。

    A. 不确定的值　　　　　　　　　　　B. 一个整数

    C. 形参 p 中存放的值　　　　　　　　D. 形参 p 的地址值

（21）以下程序的运行结果是（　　　）。

```
#include <stdio.h>
int f1(int x,int y)
{    return x+y;
}
int f2(int x,int y)
{    return x-y;
}
void main()
{    int (*p)(int,int),c,d;
    p=f1;
    c=(*p)(3,4);
    p=f2;
    d=(*p)(3,4);
    printf("%d,%d\n",c,d);
}
```

    A. 7，-1　　　　　B. -1，7　　　　　C. 7，7　　　　　D. -1，-1

（22）以下程序的运行结果是（　　　）。

```
#include<stdio.h>
void main()
{    int x[]={1,2,3,4,5,6,7,8,9},*p[4],i;
    for(i=0;i<4;i++)
    {    p[i]=&x[2*i+1];
        printf("%d ",p[i][1]);
    }
    printf("\n");
}
```

    A. 2 3 4 5　　　　B. 1 3 5 7　　　　C. 2 4 6 8　　　　D. 3 5 7 9

（23）以下程序的运行结果是（　　　）。

```
#include <stdio.h>
void main()
{    int a[3][4]={{0,1,2,3},{4,5,6,7},{8,9,10,11}};
    int *pa[3];
    int i,j;
    for(i=0;i<3;i++)
        pa[i]=a[i];
    printf("%d\n",* (* (pa+1)+2));
}
```

    A. 1　　　　　　　B. 5　　　　　　　C. 6　　　　　　　D. 11

（24）以下程序的运行结果是（　　　）。

```
#include <stdio.h>
void main()
{    int a[5]={1,2,3,4,5};
    int *num[5]={&a[0], &a[1], &a[2], &a[3], &a[4]};
    int **p,i;
    p=num;
    p++;
    printf("%d\n",**p);
}
```

    A. 1　　　　　　　B. 2　　　　　　　C. 3　　　　　　　D. 4

（25）以下程序的运行结果是（　　　）。

```
#include <stdio.h>
void main()
{   char *name[]={"Java","Python","C","Visual C++"};
    char **p;
    int i;
    p=name+2;
    printf("%s\n",*p);
}
```

  A.　Java   B.　Python   C.　C   D.　Visual C++

（26）以下程序的可执行程序为 t.exe，运行时在命令窗口输入命令"t Tianjin China"，则输出结果是（　　　）。

```
#include <stdio.h>
void main(int argc,char *argv[])
{   printf("%d,",argc);
    printf("%s\n",*(argv+1));
}
```

  A.　2,Tianjin   B.　2, China   C.　3, Tianji   D.　3,China

二、编程题

1. 编写程序，输入 3 个整数，使用指针的方法按从小到大的顺序输出。

2. 编写程序，输入 3 个字符串，使用指针的方法按从小到大的顺序输出。

3. 编写程序，输入 10 个整数，使用指针 int *p，通过 p 求其中最小的数。

4. 编写程序，输入一行字符串，用指针 char *p 指向字符串，分别求出其中大写字母、小写字母、数字和其他字符的个数。

5. 编写函数 void　fun(char　*p1, char　*p2, int m)，将字符串 p1 中从第 m 个字符开始的所有字符复制到字符串 p2 中。

6. 编写一个函数，实现两个字符串的比较，函数原型为 int strcmp(char *s1,char *s2)。若 s1 = s2，返回值为 0；若 s1≠s2，返回二者第一个不同字符的 ASCII 码的差值，若 s1>s2，则输出正值；若 s1<s2，则输出负值。

第 11 章　其他数据类型

前面已经介绍了 C 语言的基本数据类型（如整型、实型、字符型等）和指针类型，也介绍了一种构造类型（数组），但只有这些数据类型还是不够的。本章将介绍结构体、链表、共用体、枚举类型，以及如何用 typedef 自定义数据类型名。

11.1　结构体

在实际问题中，有时需要将不同类型的数据组合成一个有机整体，以便之后的引用。例如，一个学生的数据包括学号（整型）、姓名（字符型）、性别（字符型）、年龄（整型）、成绩（实型）等。若将每个数据项都定义为一个独立的简单变量，就难以反映它们之间的联系，也体现不出整体性，所以不能将所有数据项作为一个整体定义为一个数组。C 语言给出了一种构造数据类型（结构体），能帮助用户完美解决这个问题。

11.1.1　结构体类型的声明

结构体可将所有数据项组织成一个整体，其中每个数据项都是结构体的一个"成员"，它既可以是一种基本数据类型，也可以是一种构造类型。结构体是一种构造数据类型，在使用之前必须先声明，声明结构体类型的一般形式为：

```
struct  结构体名
{   成员列表
};
```

"struct 结构体名"声明了结构体类型名。"struct"是声明结构体类型的关键字。"结构体名"是结构体类型的名称，由用户自行命名。"成员列表"由若干成员组成，又称"域表"。每个成员都是该结构体的一个组成部分，又称"域"。对其中的每个成员也必须做类型定义，具体形式为：

```
类型说明符  成员名;
```

"类型说明符"既可以是基本数据类型，也可以是构造数据类型。"成员名"与变量名的命名规则相同。例如：

```
struct student
{   int num;
    char name[20];
    char sex;
    int age;
    float score;
};
```

说明：

上述语句声明了一个结构体类型 struct student，其结构如图 11-1 所示。结构体名为 student，该结构体由 5 个成员组成。第一个成员为 num（学号），整型变量；第二个成员为 name（姓名），字符数组；第三个成员为 sex（性别），字符变量；第四个成员为 age（年龄），整型变量；第五个成员为 score（成绩），实型变量。可见，结构体类型是一种复杂的数据类型，是数目固定、类型不同（也可以相同）的若干有序变量的集合。

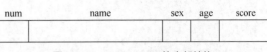

图 11-1　struct student 的内部结构

学习提示：

（1）结构体类型声明中"}"后的";"不能省略，否则会出错。

（2）结构体类型的声明一般都放在文件的头部。

11.1.2　定义结构体类型变量

声明的结构体类型相当于一个新的数据类型，系统并不分配实际的内存空间。为了能在程序中使用结构体类型，应当定义结构体类型的变量。定义结构体类型变量有 3 种方法。

1. 先声明结构体类型后定义结构体类型变量

先声明结构体类型后定义结构体类型变量的一般形式为：

```
结构体类型名  变量名表列;
```

例如：

```
struct student
{   int num;
    char name[20];
    char sex;
    int age;
    float score;
};                                  //声明结构体类型
struct student  student1, student2;    //定义结构体类型变量student1和student2
```

说明： 首先声明结构体类型 struct student，然后定义两个 struct student 类型的变量 student1 和 student2。注意最后一行的 "struct" 和 "student" 都不可缺少。

2. 在声明结构体类型的同时定义结构体类型变量

在声明结构体类型的同时定义结构体类型变量的一般形式为：

```
struct   结构体名
{   成员表列
}变量名表列;
```

例如：

```
struct student
{ . int num;
    char name[20];
    char sex;
    int age;
    float score;
}student1, student2;
```

3. 直接定义结构体类型变量

直接定义结构体类型变量的一般形式为：

```
struct
{   成员表列
```

```
}变量名表列;
```
这种定义形式，省略了结构体类型名。例如：
```
struct
{   int num;
    char name[20];
    char sex;
    int age;
    float score;
}student1, student2;
```
定义结构体变量后，系统会为之分配内存空间。结构体变量的各个成员在内存中会占用连续的存储区域，结构体变量所占内存大小为结构体中每个成员所占内存长度之和。上面 3 种方法定义的结构体类型变量 student1 和 student2 的内存分配情况如图 11-2 所示。

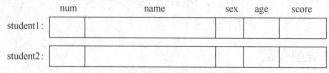

图 11-2　结构体变量的内存分配情况

在 Visual C++中，变量 student1 和 student2 在内存中各占 33 个字节（4+20+1+4+4）。注意，同一数据类型在不同的 C 编译系统中所占内存长度有可能不同。

关于结构体类型有以下几点需要说明。

（1）结构体类型与变量是不同的概念，不能将二者相混淆。只能对结构体变量进行赋值、存取或运算，而不能对一个结构体类型进行赋值、存取或运算。程序编译时，并不会给结构体类型分配空间，它只会给变量分配空间。

（2）结构体中的成员可以单独使用，它的作用相当于普通变量。

（3）成员既可以是普通变量，也可以是一个结构体变量。例如：
```
struct date
{   int year;
    int month;
    int day;
};
struct student
{   int num;
    char name[20];
    char sex;
    int age;
    struct date birthday;            //birthday 是 struct date 类型
    float score;
}student1, student2;
```
说明： 先声明一个 struct date 类型，其中包括 3 个成员 year（年）、month（月）和 day（日）。在声明 struct student 类型时，将成员 birthday 定义为 struct date 类型。此时 struct student 类型的结构如图 11-3 所示。

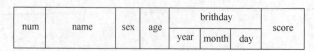

图 11-3　成员为结构体变量的结构体类型

（4）一个结构体类型中的成员名可以与普通变量名相同，也可以与另一个结构体类型中的成员名相同。例如，可以先定义一个普通变量 num，再定义一个包含成员 num 的结构体类型 struct teacher，它们与 struct student 中的成员 num 互不干扰。

```
   int num;                    //普通变量
   struct teacher
   {   int num;                //成员
       ...
   };
   struct student
   {   int num;                //成员
       ...
   };
```

11.1.3　结构体变量的引用

引用结构体变量时，只能引用结构体变量中的成员，而不能引用整个结构体变量。

（1）不能将一个结构体变量作为一个整体进行输入/输出。

```
scanf("%d,%s,%c,%d,%f", &student1);       //出错
printf("%d,%s,%c,%d,%f", student1);       //出错
```

（2）不能对结构体变量整体赋值。

```
student1={1001, "Zhang Qiang", 'M', 18, 82.5};        //出错
```

引用结构体变量中成员的一般形式为：

```
结构体变量名.成员名
```

其中，"."是成员（分量）运算符，在所有运算符中其优先级最高，因此可以将"结构体变量名.成员名"作为一个整体来看待。

例如：

```
scanf("%d", &student1.num);                //给成员 num 输入值
printf("%d", student1.num);                //输出成员 num 的值
student1.num=10010;                        //给成员 num 赋值
student2.num= student1.num;                //成员赋值
```

关于结构体变量的引用，有以下几点需要说明。

① 结构体变量的成员可以像普通变量一样进行各种运算。

例如：

```
sum=student1.score+student2.score;
student1.age++;                            //相当于(student1.age)++;
++student1.age;                            //相当于++(student1.age);
```

② 如果成员本身又是一个结构体类型，则要用若干个成员运算符，一级一级找到最低一级的成员，只能引用最低级的成员。

例如：

```
student1.birthday.year=2010;              //成员 year
student1.birthday. month =12;             //成员 month
student1.birthday. day =24;               //成员 day
```

③ ANSI C 标准允许将一个结构体变量作为一个整体赋值给另一个具有相同类型的结构体变量。假如有以下结构体变量的定义"struct student　　student1, student2;"，则可以用赋值语句"student2=student1;"将 student1 中的各成员值赋值给 student2 中对应的各成员。

④ 可以引用整个结构体变量的地址。

例如：

```
printf("%o",&student1);                    //以八进制整数的形式输出 student1 的首地址
```

11.1.4　结构体变量的初始化

结构体变量的初始化有以下两种方法。

1. 在定义结构体变量的同时进行初始化

可以在定义的时候进行初始化赋值。

【例 11.1】在定义时给结构体变量赋初值。

```
#include <stdio.h>
void main()
{   struct student
    {    int num;char name[20];char sex;int age;float score;
    }student1={1001,"ZhangQiang",'M',18,82.5};   //定义 student1 的同时给其赋初值
    printf("student1's record is:\n");
    printf("\tNumber:%d\n\tName:%s\n",student1.num,student1.name);
    printf("\tSex:%c\n\tAge:%d\n\tScore:%.1f\n",student1.sex,student1.age,student1.
        score);
}
```

程序的运行结果如下。

```
student1's record is:
        Number:1001
        Name:ZhangQiang
        Sex:M
        Age:18
        Score:82.5
```

说明：

（1）在定义 student1 的同时给其赋初值，用"{}"将所有成员值括起来，各成员值之间用逗号分隔。

（2）定义的是一个局部的结构体类型和结构体变量，它们只在主函数内有效。

（3）这种初始化方法虽然形式简单，但不灵活。

2. 先定义结构体变量，再进行初始化

定义结构体变量后，可用输入语句或赋值语句为各成员初始化赋值。

【例 11.2】在定义后给结构体变量赋初值。

```
#include <stdio.h>
struct student
{ int num;  char name[20];  char sex;  int age;  float score;
}temp;
void main()
{   struct student student1;
    temp.num=1001;                    //用赋值语句给成员 num 赋初值
    printf("Number:%d\n",temp.num);
    printf("\tInput name: ");
    scanf("%s",temp.name);            //用输入语句给成员 name 赋初值
    printf("\tInput sex: ");
    scanf("\n%c",&temp.sex);          //用输入语句给成员 sex 赋初值
    printf("\tInput age: ");
    scanf("%d",&temp.age);            //用输入语句给成员 age 赋初值
    printf("\tInput score: ");
    scanf("%f",&temp.score);          //用输入语句给成员 score 赋初值
    student1=temp;                    //用赋值语句给 student1 整体赋初值
    printf("student1's record is:\n");
    printf("\tNumber:%d\n\tName:%s\n",student1.num,student1.name);
    printf("\tSex:%c\n\tAge:%d\n\tScore:%.1f\n",student1.sex,student1.age,student1.
        score);
}
```

程序的运行结果如下。

```
Number:1001
        Input name: ZhangQiang
```

```
        Input sex: M
        Input age: 18
        Input score: 82.5
Student1's record is:
        Number: 1001
        Name: ZhangQiang
        Sex: M
        Age: 18
        Score: 82.5
```

说明：

（1）在定义 temp 后，再用赋值语句和输入语句对其各成员分别赋初值。

（2）用赋值语句“student1=temp;”进行整体赋值，即将 temp 中各成员值赋值给 student1 中各对应成员。

（3）在主函数外声明结构体类型 struct student 和定义变量 temp，它们是全局的。在主函数内定义结构体变量 student1，它是局部的，只在主函数中有效。

（4）这种初始化方法虽然形式烦琐，但较为灵活。

（5）在定义后如果要进行整体赋值，只能用同一结构体类型的其他变量，否则只能对各成员分别赋值。结构体变量不能采用以下格式整体赋值。

```
temp={1001,"ZhangQiang",'M',18,82.5};                    //出错
```

11.2　结构体数组

一个结构体变量只能存放一个学生的数据。如果要存放一个班学生的数据，必须使用数组。结构体数组就是数组元素类型均为同一结构体类型的数组，每个元素都相当于一个结构体变量。

11.2.1　定义结构体数组

定义结构体数组与定义结构体变量类似，只需说明它为数组即可。例如：

```
struct student
{  int num; char name[20]; char sex;int age; float score;
};
struct student  stu[3];                  //定义结构体数组
```

或

```
struct student
{  int num; char name[20]; char sex;int age; float score;
}stu[3];                                 //定义结构体数组
```

或

```
struct
{  int num; char name[20]; char sex; int age; float score;
}stu[3];                                 //定义结构体数组
```

说明：以上 3 种形式均定义了一个结构体数组 stu，数组中有 3 个元素，均为同一结构体类型，如图 11-4 所示。

	num	name	sex	age	score
stu [0]					
stu [1]					
stu [2]					

图 11-4　结构体数组

11.2.2 结构体数组的初始化

定义了结构体数组后，就可以对其进行初始化。与结构体变量的初始化类似，结构体数组的初始化也有两种方法。

1. 在定义结构体数组的同时进行初始化

【例 11.3】在定义时给结构体数组赋初值。

```
#include <stdio.h>
struct student
{   int num;  char name[20];  char sex;  int age;  float score;
}stu[3]={{1001,"ZhangQiang",'M',18,82.5},{1002,"WangYing",'F',17,90.5},
    {1003,"ZhaoMing",'M',19,78.5}};        //定义数组 stu 的同时对其全部元素赋初值
void main()
{   int i;
    printf("These 3 students' records are:\n");
    printf("\tNumber\tName\t\tSex\tAge\tScore\n");
    for(i=0;i<3;i++)
        printf("\t%d\t%s\t%c\t%d\t%.1f\n",stu[i].num,stu[i].name,stu[i].sex,
            stu[i].age, stu[i].score);
}
```

程序的运行结果如下。

```
These 3 students' records are:
    Number     Name          Sex     Age       Score
    1001       ZhangQiang    M       18        82.5
    1002       WangYing      F       17        90.5
    1003       ZhaoMing      M       19        78.5
```

说明：

（1）在定义数组 stu 的同时给其全部元素赋初值，每个元素都用"{}"括起来，"{}"之间用逗号分隔。

（2）与一般数组相似，若在定义数组的同时给其全部元素初始化赋值，可以省略数组长度。

2. 在定义结构体数组后赋初值

【例 11.4】在定义后给结构体数组元素赋初值。

```
#include <stdio.h>
struct student
{   int num; char name[20]; char sex; int age; float score;
};
void main()
{   struct student stu[3];
    int i;
    printf("Input 3 students' records:\n");
    printf("\tNumber\tName\t\tSex\tAge\tScore\n");
    for(i=0;i<3;i++)                            //用循环语句给数组各元素赋初值
    {   stu[i].num=1001+i;                      //用赋值语句给数组各元素的 num 成员赋初值
        printf("\t%d\t",stu[i].num);
        scanf("%s\t%c%d%f",stu[i].name,&stu[i].sex,&stu[i].age,&stu[i].score);
        //用输入语句给数组各元素的其他成员赋初值
    }
    printf("These 3 students' records are:\n");
    printf("\tNumber\tName\t\tSex\tAge\tScore\n");
    for(i=0;i<3;i++)
        printf("\t%d\t%s\t%c\t%d\t%.1f\n",stu[i].num,stu[i].name,stu[i].sex, stu[i].
            age,stu[i].score);
}
```

程序的运行结果如下。

```
Input 3 students' records :
        Number              Name            Sex      Age       Score
        1001                ZhangQiang      M        18        82.5
        1002                WangYing        F        17        90.5
        1003                ZhaoMing        M        19        78.5
These 3 students' records are:
        Number              Name            Sex      Age       Score
        1001                ZhangQiang      M        18        82.5
        1002                WangYing        F        17        90.5
        1003                ZhaoMing        M        19        78.5
```

11.2.3　结构体数组应用举例

下面举一个简单的例子来说明结构体数组的定义、初始化和引用。

【例 11.5】编写一个统计候选人得票数的程序。设有 3 个候选人，输入得票的候选人的编号，最后输出每个候选人的得票数。

```c
#include <stdio.h>
struct person
{   int num;                            //候选人编号
    char name[20];                      //候选人姓名
    int count;                          //候选人得票数
}leader[3]={{1, "李某", 0},{2, "赵某", 0},{3, "王某", 0}};
                                        //定义并初始化 3 个候选人，得票数清零

void main()
{   int i,j,leader_num;
    for(i=1;i<=10;i++)
    {   printf("候选人的编号:");
        scanf("%d",&leader_num);        //输入候选人编号
        for(j=0;j<3;j++)
        if(leader_num==leader[j].num)   //比较候选人编号
            leader[j].count++;          //被选中的候选人的票数加 1
    }
    printf("The result is:\n");
    for(i=0;i<3;i++)
        printf("\t%s:%d\t\n",leader[i].name,leader[i].count);
                                        //输出每个候选人的姓名和得票数
}
```

程序的运行结果如下。

```
候选人的编号:1
候选人的编号:1
候选人的编号:2
候选人的编号:3
候选人的编号:1
候选人的编号:1
候选人的编号:2
候选人的编号:1
候选人的编号:3
候选人的编号:1
The result is ;
        李某:6              赵某:2              王某:2
```

说明：

（1）本例定义了一个全局的结构体数组 leader，它有 3 个元素，分别代表 3 个候选人。每个元素都包含两个成员——name（姓名）和 count（票数）。在定义数组的同时进行初始化，给 3 个候选

人的票数清零。

（2）主函数中定义的字符数组 leader_name 代表被选人的姓名。在 10 次循环中，每次可先输入一个被选人的编号，然后把它与 3 个候选人的编号相比较，在得票候选人的票数上加 1，最后输出 3 个候选人的姓名和得票数。

11.3　指向结构体类型数据的指针

指针变量可以指向普通变量、数组、函数等，同样指针变量也可以指向结构体类型的数据，如结构体变量和结构体数组。

11.3.1　指向结构体变量的指针

一个结构体变量的指针就是该变量所占内存空间的起始地址，可以将该起始地址存放在结构体类型的指针变量中。与结构体变量的定义相似，指向结构体变量的指针变量的定义也有 3 种形式，只不过需要在指针变量名前加 "*" 作为标识。例如：

```
struct student  *p;
```

【例 11.6】指向结构体变量的指针的应用。

```
#include <stdio.h>
struct student
{   int num;
    char name[20];
    float score;
}student1={1001,"ZhangQiang",82.5};
void main()
{   struct student *p;              //定义指向结构体类型的指针变量 p
    p=&student1;                    //使 p 指向 student1
    printf("\t%d\t%s\t%.1f\n",student1.num,student1.name,student1.score);
    printf("\t%d\t%s\t%.1f\n", (*p).num, (*p).name, (*p).score);
}
```

程序中两个 printf() 函数输出的结果相同，其运行结果如下。

```
        1001   ZhangQiang     82.5
        1001   ZhangQiang     82.5
```

说明：

（1）定义了一个指向 struct student 类型的指针变量 p，将 student1 的起始地址赋给 p，使 p 指向 student1。

（2）(*p)⇔student1。第一个 printf() 函数用的是 "student1" 的形式输出各成员值，第二个 printf() 函数用的是 "(*p)" 的形式输出各成员值。

（3）"(*p)" 两边的括号不可少，因为成员运算符 "." 的优先级最高，指针运算符 "*" 的优先级低于 "."，所以必须加括号。

C 语言引入了指向运算符 "->"（由减号和大于号组成），用来连接指针变量和其指向的结构体变量的成员。因此，以下 3 种引用形式等价：

① 结构体变量.成员名；

② (*指向结构体变量的指针变量).成员名；

③ 指向结构体变量的指针变量->成员名。

如果有语句 "p=&student1;"，那么存在以下等价关系。

```
student1.num ⇔ (*p).num ⇔ p->num
```

指向运算符 "->" 的优先级在所有运算符中也是最高的。

① p->num++ ⇔ (p->num)++：先使用 p 指向结构体变量中的成员 num 值，然后使其加 1。

② ++p->num ⇔ ++(p-> num)：先将 p 指向的结构体变量中的成员 num 值加 1，再使用 num 值。

11.3.2　指向结构体数组的指针

指针变量也可以指向一个结构体数组，指针变量可获得整个结构体数组的起始地址。指针变量也可以指向结构体数组中的一个元素，这时指针变量的值则是该元素的起始地址。

设 p 为指向结构体数组的指针变量，则 p 也指向该结构体数组的第 0 号元素，p+1 指向第 1 号元素，p+i 指向第 i 号元素。这与普通数组的情况相似。

【例 11.7】指向结构体数组指针的应用。

```
#include <stdio.h>
struct student
{   int num;
    char name[20];
    float score;
}stu[3]={{1001,"ZhangQiang",82.5},{1002,"WangYing",90.5},{1003,"ZhaoMing",78.5}};
void main()
{   struct student *p;
    printf("These 3 students' records are :\n\tNumber\tName\t\tScore\n");
    for(p=stu;p<stu+3;p++)
        printf("\t%d\t%s\t%.1f\n",p->num,p->name,p->score);
}
```

程序的运行结果如下。

```
These 3 students' records are :
        Number      Name            Score
        1001        ZhangQiang      82.5
        1002        WangYing        90.5
        1003        ZhaoMing        78.5
```

说明：

（1）语句 "p=stu"，使得 p 指向数组的第 0 号元素，然后输出第 0 号元素。

（2）每次循环执行 p++，使 p 指向数组的下一号元素，然后输出下一号元素。输出最后一号元素后再执行 p++，p 已指向最后一号元素之后，循环条件 p<stu+3 为假，则结束循环。

如果 p 的初值为 stu，则会指向数组 stu 的第 0 号元素，此时有以下两种运算。

① (++p)->num：先给 p 加 1，使 p 指向下一号元素 stu[1]，然后得到 stu[1]中的 num 成员值。

② (p++)->num：先得到 p 指向的元素 stu[0]的 num 成员值，然后给 p 加 1，使 p 指向下一号元素 stu[1]。

结构体指针变量允许获得结构体变量或者结构体数组元素的地址，不允许将一个成员的地址赋给结构体指针变量。例如：

```
p=stu;              //赋予数组的首地址，正确
p=&stu[0];          //赋予 0 号元素的首地址，正确
p=&stu[0].num;      //出错
```

11.3.3　用结构体变量和指向结构体的指针作函数参数

将一个结构体变量的值传递给另一个函数，可以有 3 种方式。

1. 用结构体变量的成员作参数

用结构体变量的成员作实参，将实参值传给形参。这种方式和用普通变量作实参是一样的，属于"值传递"。注意，形参与实参的类型要保持一致。

2. 用具有相同类型的结构体变量作实参和形参

这种方式将实参结构体变量的全部内容顺序传递给形参结构体变量，也属于"值传递"。在函数调用时形参也占用内存空间，而结构体变量一般占用的内存空间较大，所以使用这种方式，运行效率比较低。此外，由于采用值传递方式，在被调函数中改变形参的值，不会改变主调函数中实参的值。

【例 11.8】结构体变量作函数参数。

```
#include <stdio.h>
#include <string.h>
struct student
{   int num;
    char name[20];
    float score;
}student1={1001,"ZhangQiang",82.5};
void update(struct student stu)               //形参 stu 为结构体变量
{   stu.num=1002;
    strcpy(stu.name, "WangYing");
    stu.score=90.5;
}
void main()
{   printf("\t\tNumber\tName\t\tScore\n");
    printf("Before update:");
    printf("\t%d\t%s\t%.1f\n",student1.num,student1.name,student1.score);
    update(student1);                         //实参 student1 为结构体变量
    printf("After update:");
    printf("\t%d\t%s\t%.1f\n",student1.num,student1.name,student1.score);
}
```

程序的运行结果如下。

```
                Number    Name          Score
Before update:  1001      ZhangQiang    82.5
After  update:  1001      ZhangQiang    82.5
```

说明：

（1）函数 update() 的实参 student1 和形参 stu 均为 struct student 类型的结构体变量，函数调用时进行的是值传递，所以函数调用前后输出的结果相同。

（2）结构体类型 struct student 被声明为外部类型，所以函数 update() 可以用它来定义变量。

3. 用指向结构体变量（或数组）的指针作实参和形参

用这种方式传递给形参指针变量的是实参结构体变量（或数组）的起始地址，而不是其中的全部内容，所以运行效率比较高。此外，由于传送的是地址，在被调函数中改变形参所指向的结构体变量的值也将改变主调函数中结构体变量的值。

【例 11.9】用指向结构体变量的指针作实参，改写例 11.8 中的程序。

```
#include <stdio.h>
#include <string.h>
struct student
{   int num;
    char name[20];
    float score;
}student1={1001,"ZhangQiang",82.5};
void update(struct student *p)               //形参 p 为指向结构体类型的指针变量
{   p->num=1002;
    strcpy(p->name, "WangYing");
    p->score=90.5;
}
void main()
{   printf("\t\tNumber\tName\t\tScore\n");
```

```
printf("Before update:");
printf("\t%d\t%s\t%.1f\n",student1.num,student1.name,student1.score);
update(&student1);                //实参&student1 为结构体变量 student1 的地址
printf("After update:");
printf("\t%d\t%s\t%.1f\n",student1.num,student1.name,student1.score);
}
```

程序的运行结果如下。

```
               Number   Name        Score
Before update:  1001    ZhangQiang  82.5
After  update:  1002    WangYing    90.5
```

说明：

函数 update()的实参&student1 是结构体变量 student1 的起始地址，形参 p 是指向 struct student 类型的指针变量，函数调用时传送的值是地址，所以函数调用前后输出的结果不同。

11.4　链表

在 C 语言中用数组存放数据时，必须事先定义好数组长度，在整个程序执行期间数组长度是固定不变的。但在实际应用中经常会出现这种情况，数组中要存放多少数据，要由具体输入情况决定，事先则无法确定，这就要求我们事先把数组定义得足够大，但这显然会浪费内存空间。C 语言中有一种数据结构——链表就能很好地解决这个问题。

11.4.1　链表概述

链表是一种常见的数据结构，它是一组节点的序列，在序列中，除最后一个节点外，每个节点都与它后面的节点相链接。图 11-5 所示就是一种最简单的链表——单向链表的结构。

图 11-5　单向链表的结构

链表中的头指针变量（head）称为头节点，存放第一个节点的地址。其他每个节点都由存放实际数据的数据域和存放下一个节点地址的指针域两部分组成。通过每个节点指针域中的指针将所有节点链接在一起，即 head 指向第一个节点，第一个节点又指向第二个节点，……，直至最后一个节点。最后一个节点称为"表尾"，其地址域为 NULL（空地址），它不再指向任何节点。

链表和数组都可以存储一组数据，它们的主要区别如下。

（1）数组中的所有元素都是在内存中按顺序连续存放的。链表的各节点在内存中可以不连续存放，要找到某一节点，必须先找到前一个节点，根据前一个节点指针域中的指针才能找到该节点。若不提供头指针 head，则整个链表都无法访问。

（2）数组的内存空间的地址和大小固定不变，而链表允许动态分配内存，即需要时才开辟一个节点的内存空间。

可以使用结构体类型描述链表节点的存储结构。例如：

```
struct student
{   int num;                //数据成员
    float score;            //数据成员
    struct student *next;   //节点指针
};
```

其中，成员 num 和 score 用来存放节点的数据，相当于图 11-5 所示节点中的 A、B、C、D；成员 next 是指向自己所在的结构体类型的指针变量，即 next 既是 struct student 类型中的成员，又是指向 struct student 类型的数据。

【例 11.10】建立一个简单链表，它由 3 个学生数据的节点组成。输出各节点中的数据。

```
#include <stdio.h>
#define NULL 0
struct student
{   int num;
    float score;
    struct student *next;
};
void main()
{   struct student a,b,c, *head, *p;
    a.num=1001;a.score=82.5;
    b.num=1002;b.score=90.5;
    c.num=1003;c.score=78.5;                //给每个节点的num成员和score成员赋值
    head=&a;                                //将第一个节点a的起始地址赋给头指针head
    a.next=&b;b.next=&c;c.next=NULL;
    //将后面每个节点的起始地址赋给其前一个节点的next成员
    //最后一个节点c的next成员值为空地址NULL
    p=head;                                 //使p指向头节点
    printf("These 3 students' records are :\n\tNumber\tScore\n");
    do
    {    printf("\t%d\t%.1f\n",p->num, p->score);//输出p指向的节点的数据
         p=p->next;                         //使p指向下一个节点
    }while(p!=NULL);                        //p的值为NULL，则循环结束
}
```

程序的运行结果如下。

```
These 3 students' records are:
        Number  Score
        1001    82.5
        1002    90.5
        1003    78.5
```

说明：

（1）使 head 指向 a 节点，a.next 指向 b 节点，b.next 指向 c 节点，c.next 不指向任何节点，由此构成了链表。

（2）在输出链表时要借助 p，先使 p 指向头节点 a，输出其中的数据。p=p->next 使得 p 指向下一个节点。

（3）当 p 的值为 NULL 时，结束循环。

（4）本例中的所有节点都是通过变量定义的，其内存空间用完后也不会释放，链表的长度是固定的，这种链表称为"静态链表"。

11.4.2 处理动态链表所需的函数

动态链表是动态建立的，在需要时才建立节点，为其开辟内存空间，填入数据，并将其链接到链表中。在建好的链表中可以插入一个节点，也可以删除一个节点并释放其内存空间。动态链表的长度不固定，可以动态地增加或减少。

处理动态链表需要动态地开辟和释放内存，需要用到 C 语言提供的一些库函数。有了这些函数，就可以动态操作链表了，包括建立链表、插入节点、删除节点等。

1. malloc()函数

malloc()函数可在内存中分配一块连续的内存空间，其函数原型为：

```
void *malloc(unsigned int size);
```
功能：在内存的动态存储区中分配一块长度为 size 字节的连续空间。函数的返回值是一个指向该空间起始地址的指针，类型为 void。如果此函数未能成功执行（如内存空间不足），则返回空指针 NULL。函数的调用形式为：
```
(类型说明符 *)malloc(size)
```
说明："(类型说明符 *)"为强制类型转换，可把返回值（指向分配空间的起始地址）强制转换为指向该类型的指针。"类型说明符"为分配的空间中要存放的数据的类型。"size"表示分配的空间大小为 size 字节。

例如：
```
p=(char *)malloc(100);
```
上述语句表示分配一块长度为 100 字节的内存空间，该空间可用来存放 char 型的数据，并将函数值（指向该空间的起始地址）强制转换为指向 char 型的指针，把该指针赋给指针变量 p。

学习提示：

（1）常用"sizeof(类型说明符)"取得某数据类型的字节数。

（2）常用"(类型说明符 *)malloc(sizeof(类型说明符))"申请内存空间。

（3）语句"p=(struct student *)malloc(sizeof(struct student));"申请"struct student"类型长度的空间，并把该空间的起始地址赋给 p。

（4）语句"p=(int *)malloc(5*sizeof(int));"分配一块长度为"5 个 int 型数据"大小的内存空间，并把该空间的起始地址赋给 p。

2. calloc()函数

calloc()函数也用于分配内存空间，它与 malloc()函数的区别仅在于一次可以分配 n 块连续空间。其函数原型为：
```
void *calloc(unsigned n, unsigned size);
```
功能：在内存的动态存储区中分配 n 块长度为 size 字节的连续空间。函数返回一个指向分配域起始地址的指针；如果分配不成功则返回 NULL。

calloc()函数的调用形式为：
```
(类型说明符 *)calloc(n, size)
```
例如：
```
p=(struct student *)calloc(3,sizeof(struct student));
```
表示分配 3 块长度分别为 struct student 型数据大小的内存空间，并把该区域的起始地址赋给 p。

学习提示：

用 calloc()函数可以为一维数组开辟动态存储空间，n 为数组元素个数，每个元素长度为 size。

3. free()函数

free()函数用于释放内存空间，其函数原型为：
```
void free(void *p);
```
功能：释放 p 指向的内存区，使这部分内存能被其他变量使用。p 是最近一次调用 malloc()或 calloc()函数时返回的值。free()函数无返回值。

例如：
```
free(p);
```
表示释放 p 指向的一块内存区。p 是指针变量，其中存放最近一次分配的内存空间的起始地址。

223

学习提示：

　　ANSI C 标准将以上几个库函数的说明放在头文件"stdlib.h"中。在使用这些函数时，必须先用"#include <stdlib.h>"语句包含头文件。在有的编译系统中，函数的说明放在头文件"malloc.h"中，可以使用"#include <malloc.h>"语句包含头文件。

【例 11.11】分配一块内存区，填入一个学生的数据，输出数据后，释放该内存区。

```c
#include <stdio.h>
#include <stdlib.h>                  //将文件 stdlib.h 包含进来
#include <string.h>
struct student
{   int num;
    char name[20];
    float score;
};
void main()
{   struct student *p;
    //分配内存空间，将空间首地址赋给 p
    p=(struct student *)malloc(sizeof(struct student));
    p->num=1001;
    strcpy(p->name,"ZhangQiang");
    p->score=82.5;               //填入学生数据
    printf("The student's record is :\n");
    printf("\tNumber:%d\n\tName:%s\n\tScore:%.1f\n",p->num,p->name,p->score);
                                 //输出学生数据
    free(p);                     //释放存储空间
}
```

程序的运行结果如下。

```
The student's record is :
    Number:1001
    Name:ZhangQiang
    Score:82.5
```

说明：

　　上述程序中包含了申请内存空间、使用内存空间、释放内存空间 3 个步骤，实现了存储空间的动态分配。

11.4.3　建立动态链表

　　建立动态链表是指在程序执行过程中从无到有地建立一个链表，一个个地创建节点，输入数据，并建立起前后的链接关系。

　　【例 11.12】编写一个函数，建立有若干名学生数据的单向动态链表。

　　算法分析如下。

　　（1）单向动态链表的建立主要是反复执行以下 3 个步骤。

　　① 调用 malloc()函数向系统申请一个节点的存储空间。

　　② 输入该节点的数据。

　　③ 将节点加入链表中。

　　（2）设头指针变量 head 指向链表的第一个节点，设指针变量 p1 指向每个新节点。此外，由于新节点链接到表尾，所以还应设一个指针变量 p2 始终指向表尾节点。

　　（3）应设一个循环结束条件，例如，当输入的学号为 0 时结束，学号为 0 的节点不链接到链表中。

（4）设一个全局变量 n 作为计数器，用来统计节点的个数，以方便其他函数使用，也可以用于判断新节点是否为第一个节点。

算法的 N-S 流程图如图 11-6 所示。

注意：第一个节点链接在头节点 head 之后，而其他节点都链接在 p2 所指节点之后。

建立链表的函数如下：

```
#include <stdio.h>
#include <malloc.h>
#define NULL 0
#define LEN sizeof(struct student)
struct student
{   int num;
    float score;
    struct student *next;
};
//n为节点总个数，被定义为全局变量，可被其他函数所用
int n;
struct student *creat(void)          //函数无形参
{   struct student *head, *p1, *p2;
    head=NULL;n=0;                    //头指针置空，计数器清零
    p1=p2=(struct student *)malloc(LEN);  //p1、p2 同时指向第一个节点
    scanf("\t%d,%f",&p1->num,&p1->score);  //输入第一个节点的数据
    while(p1->num!=0)                 //学号为 0 时结束循环
    {    n=n+1;                       //计数器加 1
         if(n==1)
              head=p1;       //若 p1 所指节点为第一个节点，令头指针指向它，即链接到表头
         else
              p2->next=p1;            //否则令表尾指针指向它，即链接到表尾
         p2=p1;                       //p2 指向新表尾
         p1=(struct student *)malloc(LEN);  //申请一个新节点空间，使 p1 指向它
         scanf("%d,%f",&p1->num,&p1->score);  //输入新节点的数据
    }
    p2->next=NULL;                    //最终表尾节点的指针域置空
    free(p1);                         //释放 p1 指向的内存空间
    return(head);                     //返回头指针
}
```

图 11-6 的 N-S 流程图内容：

head=NULL, n=0
开辟一个新节点，并使p1、p2指向它
读入一个学生数据给p1所指节点
p1-> num!=0
n=n+1

n==1

T	F
head=p1 （把p1所指节点 作为第一个节点）	p2-> next=p1 （把p1所指节点 链接到表尾）

p2=p1（p2移到表尾）
再开辟一个新节点，使p1指向它
读入一个学生数据给p1所指节点

p2-> next=NULL（表尾节点的指针域置NULL）

图 11-6　建立单向动态链表的算法

函数的执行过程如下。

（1）第一个节点：申请空间，使 p1、p2 同时指向它，输入数据"1001,82.5"，如图 11-7（a）所示。然后进入循环，n=1，将头指针指向它，此时 head、p1、p2 均指向该节点（第一个节点），如图 11-7（b）所示。

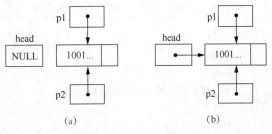

图 11-7　第一个节点链接入链表

（2）第二个节点：申请空间使 p1 指向它，输入数据"1002,90.5"，如图 11-8（a）所示。继续循环，n=2，将 p2 所指节点（第一个节点）指针域中的指针指向它，如图 11-8（b）所示。p2 指向第二个节点，如图 11-8（c）所示。

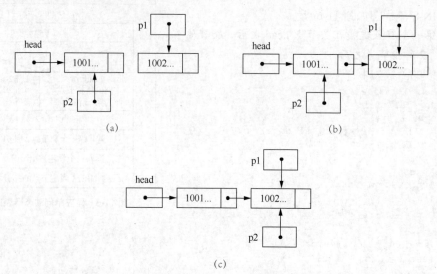

图 11-8　第二个节点链接入链表

（3）第三个节点：申请空间，使 p1 指向它，输入数据"1003,78.5"，如图 11-9（a）所示。然后进入循环，n=3，将 p2 所指节点（第二个节点）指针域中的指针指向它，如图 11-9（b）所示。然后 p2 也指向它（第三个节点），如图 11-9（c）所示。

（4）第四个节点：申请空间，使 p1 指向它，输入数据"0,0"，如图 11-10（a）所示。跳出循环，将 p2 所指节点（第三个节点）指针域中的指针置空 NULL，第四个节点并未链接入链表（此时 n 值仍为 3）。最后释放 p1 所指节点（第四个节点）的内存空间，返回链表头指针，建表结束，链表如图 11-10（b）所示。

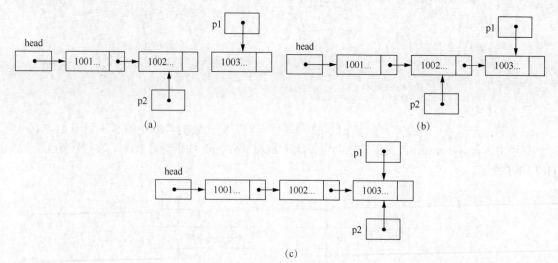

图 11-9　第三个节点链接入链表

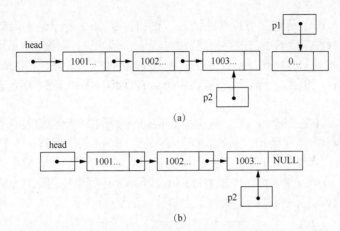

(a)

(b)

图 11-10　第四个节点不链接入链表

11.4.4　输出链表

将链表中各节点的数据依次输出是比较容易处理的。

【例 11.13】编写一个函数，输出链表中各节点的数据。

算法分析：首先要获得头指针 head，然后设一个指针变量为 p，并指向第一个节点，输出第一个节点的数据，接着使 p 依次后移一个节点，输出每个节点的数据，直到链表的尾节点。算法的 N-S 流程图如图 11-11 所示。

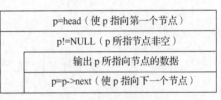

图 11-11　输出链表的算法

输出链表的函数如下：

```
void print(struct student *head)          //函数的形参head值为实参传来的链表的头指针
{   struct student *p;
    printf("共有 %d 条学生记录, 包括:\n",n);   //n 为全角变量
    p=head;                                //使 p 指向第一个节点
    while(p!=NULL)                          //p 所指节点非空时循环
    {   printf("\t%d\t%.1f\n",p->num,p->score);   //输出 p 所指节点的数据
        p=p->next;                         //使 p 指向下一个节点
    }
}
```

说明：

（1）如图 11-12 所示，p 先指向第一个节点，在循环中输出一个节点之后，使得 p 移到下一个节点。如此循环，直到节点的 next 值为 NULL，结束循环。

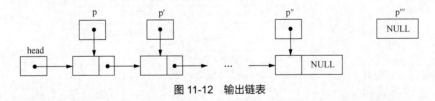

图 11-12　输出链表

（2）head 的值是由实参传过来的，也就是将已有链表的头指针传给 print()函数，在函数中从 head 所指的第一个节点出发顺序输出各个节点。

11.4.5　删除链表的节点

从链表中删除节点，就是撤销节点在链表中的链接，把节点从链表中孤立出来，其过程如图 11-13

227

所示。图 11-13（a）所示是删除节点前的链表，图 11-13（b）所示是删除节点 E 后的链表，图 11-13（c）所示是释放节点 E 所占内存空间后的链表。一般来说，删除一个节点只需撤销该节点原来的链接关系即可，如图 11-13（b）所示，但为了不浪费内存空间，最好释放该节点所占的内存空间。

【例 11.14】编写一个函数，删除动态链表中指定的节点。例如，删除指定学号的学生记录。

算法分析如下。

（1）首先必须找到准备删除的节点。从头指针 head 开始，依次比较输入的学号和每个节点中的学号是否相等。设一个指针变量 p1，依次指向每个节点，即 p1 每次后移一个节点。

（2）找到节点后，修改节点的链接关系。即将该节点前一个节点指针域中的指针由指向该节点改为指向该节点的下一个节点即可，如图 11-13（b）所示。还要用到删除节点的前一个节点，因此应再设一个指针变量 p2，始终指向 p1 所指节点的前一个节点。

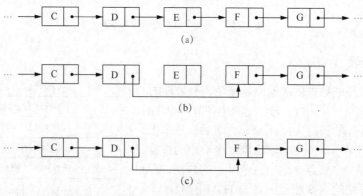

图 11-13　删除链表节点

（3）删除该节点后，释放该节点所占内存空间。

此外还有以下几种特殊情况需要考虑。

（1）若删除的节点是第一个节点，则直接将头指针 head 改为指向第二个节点。

（2）若找不到删除的节点，则应输出提示信息。

（3）若链表为空，则应输出提示信息。

算法的 N-S 流程图如图 11-14 所示。删除链表节点的函数如下。

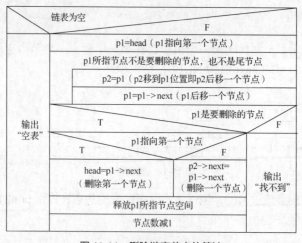

图 11-14　删除链表节点的算法

```
struct student *del(struct student *head,int num)  //形参 num 为要删除的节点数据域中的一个值
{   struct student *p1, *p2;
```

```
    if(head==NULL)
    {    printf("\nThe List is NULL!\n");
         return(head);
    }    //链表为空时，输出提示信息后函数返回
    p1=head;                                  //p1 指向第一个节点
    while(p1->num!=num&&p1->next!=NULL)        //p1 所指节点不是要删除的节点，也不是尾节点
    {    p2=p1;                               //p2 移到 p1 位置即 p2 后移一个节点
         p1=p1->next;                         //p1 后移一个节点
    }
    if(p1->num==num)                          //找到了要删除的节点
    {    if(p1==head)head=p1->next;           //若 p1 指向第一个节点，则直接令 head 指向第二个节点
         else p2->next=p1->next;              //否则令其前一个节点的 next 指针指向其后一个节点
         free(p1);                            //释放 p1 所指节点空间
         printf("Delete:%d\n",num);           //输出删除的数据
         n=n-1;                               //节点数减 1
    }
    else
         printf("%d is not been found!\n",num);  //找不到该节点，则输出提示信息
    return(head);
}
```

假设链表的初始状态如图 11-15 所示。函数的执行过程如下。

图 11-15　链表的初始状态

（1）假设要删除节点 1002。

① 执行 p1=head，p1 指向第一个节点（1001），如图 11-16（a）所示。

② 在循环中，p1->num 等于 num 则退出循环。使得 p2 指向第一个节点（1001），p1 指向第二个节点（1002），如图 11-16（b）所示。

③ 执行 "p2->next=p1->next" 语句，节点 1001 的 next 指针指向节点 1002 的 next 指针指向的节点 1003，如图 11-16（c）所示。

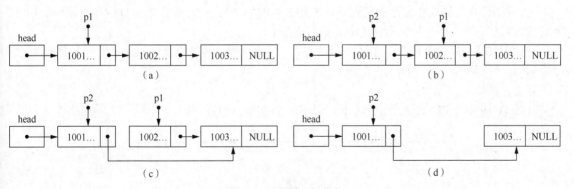

图 11-16　删除一般节点

④ 执行 "free(p1);" 语句释放 p1 所指节点 1002 的内存空间，如图 11-16（d）所示。

⑤ 删除节点成功，节点数 n-1，函数返回头指针 head。

（2）要删除的节点是第一个节点 1001。

① 执行 p1=head，将 p1 指向第一个节点（1001），如图 11-17（a）所示。

② 退出循环，p1 指向第一个节点（1001）。

③ head 指向节点 1001 的 next 指针指向节点 1002，如图 11-17（b）所示。

④ 执行 free(p1) 释放 p1 所指节点 1001 的内存空间，如图 11-17（c）所示。

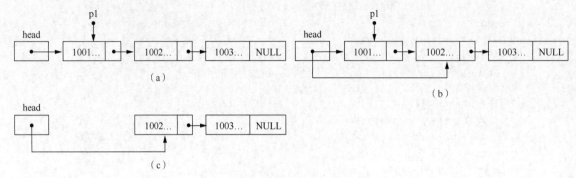

图 11-17　删除第一个节点

⑤ 删除节点成功，节点数 n 减 1，函数返回头指针 head。

（3）假设要删除节点 1004，此时找不到要删除的节点。

① 在循环结束时，p1->next 等于 NULL 时条件为假，跳出循环，如图 11-18 所示。

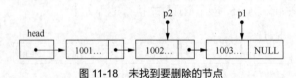

图 11-18　未找到要删除的节点

② 此时如果 p1->num 不等于 num，则输出提示信息"找不到"。

（4）链表为空时，输出提示信息"此表为空"。

11.4.6　插入链表节点

插入链表节点是指将一个节点插入一个已有的链表中。如图 11-19 所示，在节点 F 前插入一个节点 E。图 11-19（a）所示是插入节点前的链表，图 11-19（b）所示是插入节点 E 后的链表。

可以看出，插入节点 E 需要先找到节点 F 和 F 的前一个节点 D，然后修改 D 的指针域中的指针，使其指向新节点 E，并使 E 的指针域中的指针指向 F。

【例 11.15】编写一个函数，在链表中插入一个节点。假设各节点是按 num（学号）由小到大顺序排列的，现要按学号顺序插入一个新生节点。

算法分析如下。

从图 11-19 中可知，插入节点包括两个步骤：找到插入位置；插入节点。

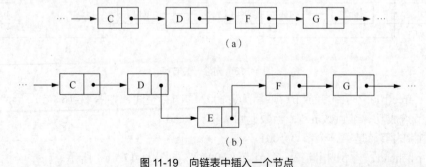

图 11-19　向链表中插入一个节点

① 找到新节点应该插在哪个节点之前，还要找到该节点的前一个节点，以备插入之用。循环使得 p1 指向插入节点之后的节点，并使得指针变量 p2 指向 p1 所指节点的前一个节点。

② 通过修改相关指针完成插入。修改 p2 所指节点 next 指针，使其指向新节点，p2->next=p0。使得新节点的 next 指针指向 p1 所指节点，p0->next=p1。

还存在以下几种特殊情况。

① 新节点插入第一个节点之前。令头指针 head 指向新节点，即 head=p0。令新节点的 next 指针指向 p1 所指节点，即 p0->next = p1。新节点成为第一个节点，原来的第一个节点成为第二个节点。

② 新节点插入表尾节点之后。将最后一个节点的 next 指针指向新节点，即 p1->next=p0。将新节点的 next 指针置 NULL，即 p0->next=NULL。

③ 原链表为空。将新节点作为唯一节点链入链表，即 head = p0，p0->next = NULL。

算法的 N-S 流程图如图 11-20 所示。

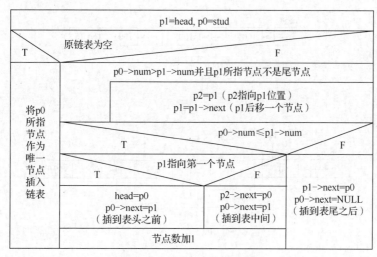

图 11-20 链表插入节点的算法

插入节点的函数如下：

```
struct student *insert(struct student *head,struct student *stud)
//形参 stud 指向要插入的新节点
{   struct student *p0, *p1, *p2;
    p1=head;                                //p1 指向第一个节点
    p0=stud;                                //p0 指向新节点
    if(head==NULL)                          //原链表为空
    {   head=p0; p0->next=NULL;}            //新节点作为第一个节点
    else
    {   while((p0->num>p1->num)&&(p1->next!=NULL))
                          //新节点数据大于当前节点数据并且当前节点不是尾节点
        {   p2=p1;p1=p1->next;}            //p2 后移一个节点，p1 后移一个节点
        if(p0->num<=p1->num)               //新节点数据小于等于当前节点数据
        //新节点插到原来的第一个节点之前（当前节点为第一个节点）
        {   if(head==p1)head=p0;
            else p2->next=p0;              //新节点插到 p2 所指节点之后
            p0->next=p1;                   //新节点 next 指针指向当前节点
        }
        else
        {   p1->next=p0; p0->next=NULL;}   //新节点插到表尾节点之后（当前节点为表尾节点）
    }
```

```
    n=n+1;                                    //节点数加 1
    return(head);
}
```

函数的执行过程如下。

（1）新节点插入在链表中间。假设链表的初始状态如图 11-21（a）所示，要插入新节点 1002。

① 循环结束时找到插入位置，p1 指向节点 1003，p2 指向节点 1001，如图 11-21（b）所示。

② 修改相关指针，将新节点插入 p2 所指节点 1001 和 p1 所指节点 1003 之间，如图 11-21（c）所示。

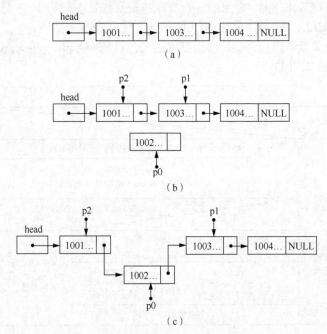

图 11-21　将新节点插入链表中间位置

（2）新节点应插入第一个节点。假设链表初始状态如图 11-22（a）所示，要插入新节点 1001。

① p1 指向第一个节点 1002，p2 未赋值，如图 11-22（b）所示。

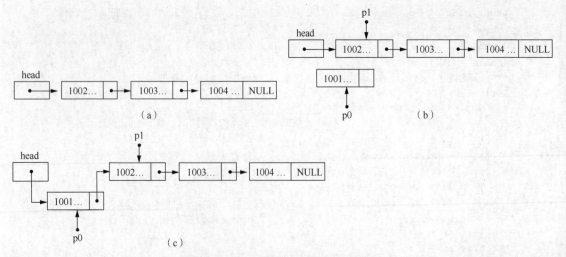

图 11-22　将节点插入链表第一个节点之前

② 头指针指向新节点 1001，新节点的 next 指针指向第一个节点 1002，这样，就将新节点插入第一个节点 1002 之前，如图 11-22（c）所示。

（3）新节点应插入表尾节点之后。假设链表初始状态如图 11-23（a）所示，要插入新节点 1004。

① 经过 p1、p2 的后移，p1 指向最后一个节点 1003，虽然 p0->num(1004)仍然大于 p1->num(1003)，但 p1->next 等于 NULL，while()语句条件为假，跳出循环。此时，p1 指向节点 1003，p2 指向节点 1002，如图 11-23（b）所示。

② 进入 if()语句，p0->num(1004)大于 p1->num(1003)，if()语句条件为假，执行 else，最后一个节点 1003 的 next 指针指向新节点 1004，并将新节点的 next 指针置 NULL，这样，就将新节点插入表尾节点 1003 之后，如图 11-23（c）所示。

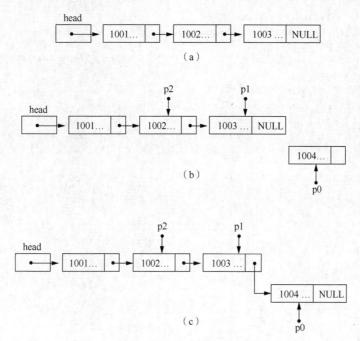

图 11-23　将节点插入链表最后一个节点之后

（4）初始链表为空时，如图 11-24 所示，直接将头指针 head 指向新节点，并将新节点的 next 指针置 NULL。

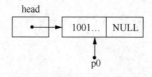

图 11-24　将节点插入空链表

11.4.7　链表的综合操作

【例 11.16】将以上建立、输出、删除、插入链表的函数编写在一个 C 语言源程序中，将例 11.12～例 11.15 中的 4 个函数最后加上主调函数 main。

编写的主函数如下：

```
void main()
{   struct student *head,*stu;
    int del_num;
```

```
        printf("请输入记录:\n");
        head=creat();                              //调用函数建立链表
        print(head);                               //调用函数输出链表
        printf("请输入删除的记录编号:");
        scanf("%d",&del_num);
        while(del_num!=0)
        {    head=del(head,del_num);               //调用函数删除链表中指定节点
             print(head);
             printf("请输入删除的记录编号:");
             scanf("%d",&del_num);
        }
        printf("请输入要插入的记录:\n");
        stu=(struct student *)malloc(LEN);
        scanf("%d,%f",&stu->num,&stu->score);
        while(stu->num!=0)
        {    head=insert(head,stu);                //调用函数将新节点插入有序链表中正确位置
             print(head);
             printf("请输入要插入的记录:\n");
             stu=(struct student *)malloc(LEN);    //申请内存空间
             scanf("%d,%f",&stu->num,&stu->score);
        }
}
```

程序的运行结果如下。

```
请输入记录:
1001,82.5
1002,90.5
1003,78.5
0,0
共有 3 条学生记录，包括:
        1001    82.5
        1002    90.5
        1003    78.5
请输入删除的记录编号: 1002
Delete:1002
共有 2 条学生记录，包括:
        1001    82.5
        1003    78.5
请输入删除的记录编号: 0
请输入要插入的记录:
1002,100
共有 3 条学生记录，包括:
        1001    82.5
        1002    100.0
        1003    78.5
请输入要插入的记录:
0
```

说明:

（1）在主函数前顺序加入建立链表、输出链表、删除节点、插入节点的函数，也可将每个函数单独放在一个文件中，在主函数前用文件包含命令将这几个文件顺序包含进来。

（2）在每次插入一个新节点，应先申请该节点的内存空间。

结构体和指针的应用领域很广，除了能处理单向链表外，还可以处理循环链表和双向链表。此外还可以处理队列、树、栈、图等数据结构。有关这些问题的算法可以学习"数据结构"课程，在此不再赘述。

11.5 共用体

11.5.1 共用体的概念

为了节省内存或提高程序运行效率，有时需要将几种不同类型的变量存放到同一块内存空间中。例如，可以把一个整型变量、一个字符型变量、一个实型变量放在同一个地址开始的内存空间中，如图 11-25 所示。3 个变量虽然在内存中所占字节数不同，但都从同一地址开始存放，3 个变量互相覆盖。

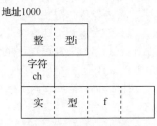

图 11-25 变量共用内存

这种使几个不同变量共占同一块内存的结构，称为共用体。定义共用体类型变量的一般形式为

```
union 共用体名
{    成员表列
} 变量名表列;
```

其中，"union"是定义共用体的关键字，"共用体名"是共用体的名字。与结构体的定义相似，也有 3 种方式定义共用体变量。

（1）定义共用体的同时定义变量。例如：

```
union data
{   int i;
    char ch;
    float f;
}a, b, c;
```

（2）定义共用体类型后，再定义变量。例如：

```
union data
{   int i;
    char ch;
    float f;
};
union data a, b, c;
```

（3）不定义共用体类型名，直接定义变量。例如：

```
union
{   int i;
    char ch;
    float f;
}a, b, c;
```

学习提示：

共用体与结构体的定义形式相似，但它们的含义不同。

（1）结构体变量所占内存长度为各成员的内存长度之和，每个成员分别占用自己的内存空间。

（2）共用体变量所占内存长度为最长的成员的长度。假设 int 类型变量占 2 个字节，float 类型变量占 4 个字节，上面定义的共用体变量 a、b、c 各占 4 个字节，而不是各占 2 + 1 + 4 = 7 个字节。

11.5.2　共用体变量的引用

只有先定义了共用体变量才能引用它，而且一般不能整体引用共用体变量，只能引用共用体变量中的成员。

例如，前面定义了 a、b、c 为共用体变量，下面介绍几种引用方式。

```
a.i=123;                    //引用 a 中的成员 i, 正确
b.ch='a';                   //引用 b 中的成员 ch, 正确
c.f=123.456;                //引用 c 中的成员 f, 正确
scanf("%d",&a.i)            //引用 a.i 地址, 正确
a=123.4;                    //整体引用共用体变量 a, 出错
printf("%d",a);             //整体引用共用体变量 a, 出错
```

a 的内存区被几个成员共用，只写出变量 a，无法确定输出的是哪一个成员。而应写成"printf("%d", a.i);" "printf("%c", a.ch);" 或 "printf("%f", a.f);"。

虽然不可以整体引用共用体变量，但是可以将一个共用体变量作为一个整体赋值给另一个同类型的共用体变量。例如：

```
union data a, b;
a=b;                        //共用体变量整体赋值
```

【例 11.17】共用体变量举例。

```
#include <stdio.h>
union data
{   int i;
    char ch;
    float f;
}a;
void main()
{   printf("请输入一个整型值: ");
    scanf("%d",&a.i);                       //引用共用体成员的地址
    printf("%d,%c,%f\n",a.i , a.ch, a.f);   //引用共用体成员
    a.ch='a';
    printf("%d,%c,%f\n",a.i , a.ch, a.f);
    a.f=123.456;
    printf("%d,%c,%f\n",a.i , a.ch, a.f);
    printf("%x,%x,%x,%x\n",&a, &a.i , &a.ch, &a.f);  //输出地址
}
```

程序的运行结果如下。

```
请输入一个整型值:123
123,{,0.000000
97,a,0.000000
1123477881,y,123.456001
42c21c,42c21c,42c21c,42c21c
```

共用体数据类型具有以下特点。

（1）同一块内存空间存放几个成员，但每一瞬时只能存放一个，不能同时存放几个。

（2）共用体变量中起作用的成员是最后一次存放的成员，在存入一个新成员后，原有的成员被替换。

例如，有以下赋值语句：

```
a.i = 123;
a.ch = 'a';
a.f = 123.456;
```

在顺序完成以上 3 个赋值语句后，只有 a.f 有效，a.i 和 a.ch 都无意义。此时，语句"printf("%d,%c, %f\n",a.i , a.ch, a.f);"把最后存储的数据当成整型、字符型和实型输出。

（3）共用体变量的地址和它各成员的地址都是同一地址。如&a、&a.i、&a.ch、&a.f 都是同一地址值。

（4）在定义共用体变量的同时可以对其进行初始化，只能用第一个成员的值，不能用其他成员的值。

例如：

```
union data
{   int i;
    char ch;
    float f;
}a={10};                        //正确
```

或

```
union data
{   int i;
    char ch;
    float f;
}a={10, 'a', 1.5};             //出错
```

（5）不能把共用体变量作为函数参数，也不能使函数带回共用体变量，但可以使用指针指向共用体变量。

（6）数组可以作为共用体的成员，也可以定义共用体数组。

（7）结构体变量可以作为共用体的成员，共用体变量也可以作为结构体的成员。

【例 11.18】设有若干人员的数据，其中有学生和教师。学生的数据包括"学号、姓名、职业、班级"，教师的数据包括"教师号、姓名、职业、职称"，如图 11-26 所示。如果 job 项是 s（学生），则第 4 项为 class（班级），否则第 4 项为 title（职称）。编写程序输入人员数据，然后输出。

num	name	job	class（班级）或者title（职称）
1001	Zhang	s	101
2002	Li	t	Professor

图 11-26　学生教师数据表

算法分析：可以用共用体来处理第 5 项，将 class 和 title 放在同一块内存中。算法的 N-S 流程图如图 11-27 所示。

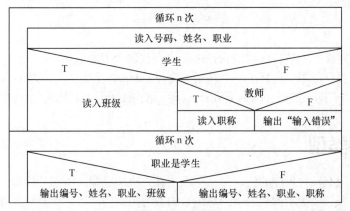

图 11-27　算法

编写程序如下：

```
#include <stdio.h>
struct
{   int num; char name[20];    char job;
    union
    {    int class;
         char title[20];
```

```
        }category;               //在结构体类型声明中定义共用体变量
}person[3];                      //两个元素的数组
void main()
{   int i;
    printf("输入记录:\n\t 编号\t 姓名\t 职业\t 班级或职称\n");
    for(i=0;i<3;i++)
    {   scanf("\t%d\t%s\t%c\t",&person[i].num,&person[i].name, &person[i].job);
        if(person[i].job=='s')
            scanf("%d",&person[i].category class);
        else if(person[i].job=='t')
            scanf("%s",&person[i].category.title);
        else
            printf("输入出错!");
    }
    printf("记录是:\n\t 编号\t 姓名\t 职业\t 班级或职称\n");
    for(i=0;i<3;i++)
    {   if(person[i].job=='s')
        printf("\t%d\t%s\t%c\t%d\n", person[i].num, person[i].name, person[i]
            .job, person[i].category class);
        else
        printf("\t%d\t%s\t%c\t%s\n",person[i].num, person[i].name, person[i]
            .job, person[i].category.title);
    }
}
```

程序的运行结果如下。

输入记录:
       编号   姓名   职业   班级或职称
101101 张某 s 1011
101102 李某 s 1011
1001 王某 t 教授
记录是:

编号	姓名	职业	班级或职称
101101	张某	s	1011
101102	李某	s	1011
1001	张某	t	教授

说明：

（1）在程序中定义一个结构体数组 person 用来存放每个人的数据。

（2）在结构体类型声明中定义了一个共用体变量 category（类别）作为结构体的成员。

（3）category 中有两个成员：class（班级），整型变量；title（职称），字符数组（存放职称名）。

11.6   枚举类型

如果一个变量只有几种可能的值，那么可以定义为枚举类型。所谓"枚举"是指将变量的所有可能值一一列举出来，变量的值只限于列举出来的值的范围内。定义枚举类型变量的一般形式为：

```
enum 枚举类型名{枚举值表列}变量名表列;
```

其中，"enum"是定义枚举类型的关键字。例如：

```
enum weekday {sun, mon, tue, wed, thu, fri, sat} workday, week_end;
```

weekday 为枚举类型名。sun、mon、…、sat 为枚举值（也称为枚举元素或枚举常量），是由用户自行定义的标识符。workday 和 week_end 为枚举类型变量，它们的取值只能是 sun 到 sat 中的一个。

例如：

```
workday=mon;
week_end=sun;
```

也可以将类型声明与变量定义分开：

```
enum weekday{sun, mon, tue, wed, thu, fri, sat};
enum weekday workday, week_end;
```

也可以直接定义共用体变量：

```
enum { sun, mon, tue, wed, thu, fri, sat }workday,week_end;
```

关于枚举类型有以下几点说明。

（1）枚举值不是字符串，所以在类型声明中不能加双引号，也不能用"printf("%s",…)"直接输出。

（2）枚举值是常量，不是变量，不能对它们赋值。例如：

```
sun=0;mon=1;    //出错
```

（3）枚举值在编译时被处理成整型常量，它们的值按定义时的顺序分别被处理为 0、1、2、…。例如，在以上定义中，sun、mon、…、sat 分别被处理为 0、1、…、6。

如果执行赋值语句：

```
workday=mon;
printf("%d ", workday);
```

将输出整数 1。

（4）在定义枚举类型时，也可以由程序员指定枚举元素的值。例如：

```
enum weekday{sun=7, mon=1, tue, wed, thu, fri, sat}workday, week_end;
```

定义 sun 为 7，mon 为 1，以后顺序加 1，sat 为 6。

（5）枚举值可以用来作判断比较，枚举值的比较规则是按其在定义时的顺序号进行。例如：

```
if (workday>mon) ...
if(week_end == sun) ...
```

（6）虽然枚举值被处理为一个整数，但是在程序中不能将一个整数直接赋值给一个枚举变量。例如：

```
workday=2;    //出错
```

上述语句是错误的，二者类型不同。

（7）可以将一个整数（或整型表达式）强制转换为枚举类型后，再赋值给一个枚举变量。例如：

```
workday=(enum weekday)2;
```

和

```
workday=(enum weekday)(5-3);
```

二者都是正确的，相当于 workday=tue。

【例 11.19】通过枚举类型实现输入一个 1～7 的整数，输出对应的星期名。

```
#include <stdio.h>
enum weekday{sun=7,mon=1,tue,wed,thu,fri,sat};        //声明枚举类型
void main()
{   enum weekday a;                                   //定义枚举变量
    int i;
    printf("Input Day No:");
    scanf("%d",&i);
    if(i>=1&&i<=7)
    {   a=(enum weekday)i;                            //将 i 转换为枚举类型后赋给 a
        switch(a)                                     //输出星期名
        {   case sun: printf("Sunday\n");break;
            case mon: printf("Monday\n");break;
            case tue: printf("Tuesday\n");break;
            case wed: printf("Wednesday\n");break;
            case thu: printf("Thursday\n");break;
```

```
                case fri: printf("Friday\n");break;
                case sat: printf("Saturday\n");break;
            }
        }
    else
        printf("Input Error!\n");
}
```

程序的运行结果如下。

```
Input Day No:3
Wednesday
```

说明：

（1）枚举值对应的整数值默认情况下从 0 开始，可以在枚举类型声明中自定义。

（2）枚举值不是字符串，不能用 "printf("%s", a);" 输出。

（3）不用枚举类型也可实现此程序功能，但用枚举类型更直观，便于阅读和理解。

11.7　用 typedef 定义类型

在 C 语言中提供了标准的类型名（如 int、char、float、double 等）和结构体、共用体、指针、枚举类型，还可以用关键字 typedef 声明新的类型名来代替已有的类型名（即给已有类型名起个别名），然后用新类型名定义变量。例如：

```
typedef int INTEGER;
typedef float REAL;
```

指定用 INTEGER 表示 int 类型，用 REAL 表示 float 类型。这样，以下 2 行定义等价：

```
int m,n; float x, y;
INTEGER m, n; REAL x, y;
```

再如：

```
typedef struct
{   int year;
    int month;
    int day;
}DATE;
DATE birthday, *p;
```

声明一个新类型名 DATE 表示该结构体类型，然后用新类型名定义变量 birthday 和指针变量 p。

还可以为数组和指针声明新类型名：

```
typedef int COUNT[100];
COUNT a;                 //相当于int a[100];
typedef char *STRING;
STRING p, s[10];         //相当于char *p, *s[10];
```

归纳起来，声明一个新的类型名的书写方法如下。

① 先按定义变量的方法写出定义体。

② 将变量名换成新类型名。

③ 在最前面加上 typedef。

④ 可以用新类型名定义变量。

其中，步骤①、②是构造③的中间过程，不应在程序中出现。

例如：①int I; ②int INTEGER; ③typedef int INTEGER; ④INTEGER I;（相当于 int I; ）。

再如：①int a[100]; ②int COUNT[100]; ③typedef int COUNT[100]; ④COUNT a;（相当于 int a[100]; ）。

又如：①char *p; ②char *STRING; ③typedef char *STRING; ④STRING　p, s[10];（相当于 char *p, *s[10]; ）。

关于用 typedef 声明新类型，有以下几点需要说明。

（1）经常把新类型名用大写字母表示，以便与系统提供的标准类型标识符区别。

（2）typedef 是用来声明新类型名的，不能用它来定义变量。

（3）用 typedef 只是给已有类型起了一个别名，并没有创造一个新类型。

（4）声明新类型名后，老类型名仍然可用。

（5）typedef 与 #define 有相似之处，例如："typedef int INTEGER；"和"#define INTEGER int"，都是用 INTEGER 代表 int。但二者有本质区别：#define 是在编译前处理的，它只能做简单的字符串替换；而 typedef 是在编译时处理的，它并不是做简单的字符串替换，如前面所举的数组的例子。

（6）可以使新类型名比老类型名更贴切，以便于阅读和理解。

（7）可以为复杂的类型（如结构体、共用体等）取一个更简洁的名字，以方便使用。

（8）有利于程序的通用和移植。

【例 11.20】typedef 应用举例。

```c
#include <stdio.h>
typedef int INTEGER;            //定义类型名 INTEGER
typedef struct
{   int year;
    int month;
    int day;
}DATE;                          //定义类型名 DATE
DATE birthday;
typedef int COUNT[10];          //定义数组类型名 COUNT
void main()
{   INTEGER i;                  //定义 int i
    COUNT c;                    //定义数组 int c[10]
    DATE birthday;              //定义结构体变量 birthday
    for (i=0;i<=9;i++)
        c[i]=2*i;
    printf("数组: ");
    for (i=0;i<=9;i++)
        printf("%d ",c[i]);
    birthday.year=2010;
    birthday.month=10;
    birthday.day=1;
    printf("\n生日: %d年%d月%d日\n", birthday.year, birthday.month, birthday.day);
}
```

程序的运行结果如下。

```
数组: 0 2 4 6 8 10 12 14 16 18
生日: 2010 年 10 月 1 日
```

习题

一、选择题

（1）有以下结构体说明、变量定义和赋值语句：

```c
struct STD
{   char name[10];    int age; char sex;
}s[5], *ps;
ps=&s[0];
```

则以下 scanf() 函数的调用语句中，引用结构体变量成员错误的是（　　）。

  A.　scanf("%s",s[0].name);   B.　scanf("%d",&s[0].age);

  C.　scanf("%c",&(ps->sex));   D.　scanf("%d",ps->age);

（2）以下程序的运行结果是（　　　）。

```c
#include <stdio.h>
struct ord
{    int x,y;
}dt[2]={1,2,3,4};
void main( )
{    struct ord *p=dt;
    printf("%d,",++p->x);
    printf("%d\n",++p->y);
}
```

  A. 1,2   B. 2,3   C. 3,4   D. 4,1

（3）以下程序的运行结果是（　　　）。

```c
#include <stdio.h>
struct st
{    int x, y;
} data[2]={1,10,2,20};
void main( )
{    struct st *p=data;
    printf("%d,", p->y);
    printf("%d\n", (++p)->x);
}
```

  A. 10,1   B. 20,1   C. 10,2   D. 20,2

（4）以下程序的运行结果是（　　　）。

```c
#include <stdio.h>
struct S {int n; int a[20];};
void f(struct S *p)
{   int i,j,t;
    for(i=0;i<p->n-1;i++)
        for(j=i+1;j<p->n;j++)
            if(p->a[i]>p->a[j])
            {    t=p->a[i];
                p->a[i]=p->a[j];
                p->a[j]=t;
            }
}
void main( )
{    int i;struct S s={10,{2,3,1,6,8,7,5,4,10,9}};
    f(&s);
    for(i=0;i<s.n;i++)
        printf("%d ",s.a[i]);
}
```

  A. 1 2 3 4 5 6 7 8 9 10   B. 10 9 8 7 6 5 4 3 2 1
  C. 2 3 1 6 8 7 5 4 10 9   D. 10 9 8 7 6 1 2 3 4 5

（5）以下程序的运行结果是（　　　）。

```c
#include <stdio.h>
struct S {int n; int a[20];};
void f(int *a,int n)
{    int i;
    for(i=0;i<n-1;i++)
        a[i]+=i;
}
void main( )
{    int i;
    struct S s={10,{2,3,1,6,8,7,5,4,10,9}};
    f(s.a,s.n);
    for(i=0;i<s.n;i++)
        printf("%d, ",s.a[i]);
}
```

  A. 2,4,3,9,12,12,11,11,18,9,   B. 3,4,2,7,9,8,6,5,11,10,
  C. 2,3,1,6,8,7,5,4,10,9,   D. 1,2,3,6,8,7,5,4,10,9,

（6）以下程序的运行结果是（　　）。

```c
#include <stdio.h>
struct tt
{   int x;
    struct tt *y;
} *p;
struct tt a[4]={20,a+1,15,a+2,30,a+3,17,a};
void main( )
{   int i;
    p=a;
    for(i=1;i<=2;i++)
    {   printf("%d,",p->x);
        p=p->y;
    }
}
```

　　A. 20,30,　　　　　B. 30,17,　　　　　C. 15,30,　　　　　D. 20,15,

（7）已有定义：double *p;，写出完整的语句，利用 malloc()函数使 p 指向一个双精度型的动态存储单元，语句为（　　）。

　　A. p=(double *)malloc(sizeof(double));　　B. p=&(double)malloc(sizeof(double));
　　C. p=(* double)malloc(sizeof(double));　　D. *p=(double)malloc(sizeof(double));

（8）以下程序的运行结果是（　　）。

```c
#include <stdio.h>
#include <stdlib.h>
void main()
{   char *s1,*s2,m;
    s1=s2=(char*)malloc(sizeof(char));
    *s1=15;
    *s2=20;
    m=*s1+*s2;
    printf("%d\n",m);
}
```

　　A. 20　　　　　B. 30　　　　　C. 35　　　　　D. 40

（9）以下程序的运行结果是（　　）。

```c
#include <stdio.h>
#include <stdlib.h>
int fun(int n)
{   int *p;
    p=(int*)malloc(sizeof(int));
    *p=n;
    return *p;
}
void main( )
{   int a;
    a=fun(10);
    printf("%d\n", a+fun(10));
}
```

　　A. 0　　　　　B. 10　　　　　C. 20　　　　　D. 出错

（10）假定已建立以下链表结构，且指针 p 和 q 指向图 11-28 所示的节点。则以下选项中可将 q 所指节点从链表中删除并释放该节点的语句组是（　　）。

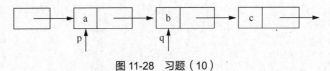

图 11-28　习题（10）

A. (*p).next=(*q).next; free(p);　　　　B. p=q->next; free(q);

C. p=q; free(q);　　　　D. p->next=q->next; free(q);

（11）程序中已构成图 11-29 所示的不带头节点的单向链表结构，指针变量 s、p、q 均已正确定义，并指向链表节点，指针变量 s 总是作为头指针指向链表的第一个节点。以下程序段实现的功能是（　　　）。

图 11-29　习题（11）

```
q=s; s=s->next; p=s;
while(p->next)
    p=p->next;
p->next=q; q->next=NULL;
```

A. 首节点成为尾节点　　　　B. 尾节点成为首节点

C. 删除首节点　　　　D. 删除尾节点

（12）以下程序的功能是建立一个有 3 个节点的单向循环链表（见图 11-30），并求所有节点数值域 data 中数据的和，横线处应填入（　　　）。

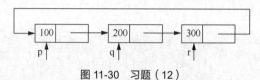

图 11-30　习题（12）

```
#include <stdio.h>
#include <stdlib.h>
struct NODE
{   int data;
    struct NODE *next;
};
void main( )
{   struct NODE *p,*q,*r;
    int sum=0;
    p=(struct NODE*)malloc(sizeof(struct NODE));
    q=(struct NODE*)malloc(sizeof(struct NODE));
    r=(struct NODE*)malloc(sizeof(struct NODE));
    p->data=100;  q->data=200;   r->data=200;
    p->next=q;    q-> next=r;       r->next=p;
    sum=p->data+p->next->data+r->next->next_____;
    printf("%d\n",sum);
}
```

A. ->data　　　　B. ->next->data

C. ->next ->next->data　　　　D. ->next ->next ->next->data

（13）以下程序中函数 fun() 的功能是构成一个图 11-31 所示的带头节点的单向链表，在节点数据域中放入了有两个字符的字符串。函数 disp() 的功能是输出该单链表中所有节点中的字符串。请填空。

head → | b | | → | ab | | → | cd | | → | ef | NULL |

图 11-31　习题（13）

```
#include <stdio.h>
typedef struct node  //链表节点结构
{   char sub[3];
    struct node *next;
}Node;
```

```
Node fun(char s)     //建立链表
{  …}
void disp(Node *h)
{  Node *p;
   p=h->next;
   while(____①____)
   {    printf("%s\n",p->sub);
        p=____②____;
   }
}
main( )
{  Node *hd;
   hd=fun( );
   disp(hd);
   printf(" \n");
}
```

    ① A. p!=NULL   B. *p!=NULL   C. p->sub!=NULL   D. p->next!=NULL

    ② A. p-> sub   B. p->next   C. h-> sub   D. h->next

（14）以下程序把 3 个 NODETYPE 型的变量链接成一个简单的链表，并在 while 循环中输出链表节点数据域中的数据。请填空。

```
#include <stdio.h>
struct node
{  int data; struct node *next;};
typedef struct node NODETYPE;
void main( )
{  NODETYPE a,b,c,*h,*p;
   a.data=10;b.data=20;c.data=30;
   h=&a;a.next=____①____;
   b.next=____②____;
   c.next=NULL;
   p=h;
   while(p!=NULL)
   {    printf("%d",____③____);
        p=____④____;
   }
}
```

    ① A. b   B. &b   C. c   D. &c

    ② A. b   B. &b   C. c   D. &c

    ③ A. p   B. p->data   C. p->next   D. p->next ->data

    ④ A. p   B. p->data   C. p->next   D. p->next ->data

（15）设有以下定义：

```
union data
{  int d1; float d2;
}demo;
```

则以下叙述中错误的是（   ）。

    A. 变量 demo 与成员 d2 所占的内存字节数相同

    B. 变量 demo 中各成员的地址相同

    C. 变量 demo 和各成员的地址相同

    D. 给 demo.d1 赋 99 后，demo.d2 中的值是 99.0

（16）若有以下定义和语句：

```
union data
{  int i; char c; float f;
}x;
int y;
```

则以下语句中正确的是（　　）。

  A．x=10.5;   B．x.c=101;   C．y=x;   D．printf("%d\n",x);

（17）在 16 位编译系统上，以下程序的运行结果是（　　）。

```
#include <stdio.h>
void main( )
{  union
   {   char ch[2];int d;
   }s;
   s.d=0x4321;
   printf("%x,%x\n",s.ch[0],s.ch[1]);
}
```

  A．21,43   B．43,21   C．43,00   D．21,00

（18）以下关于 typedef 的叙述中错误的是（　　）。

  A．用 typedef 可以增加新类型

  B．typedef 只是将已存在的类型用一个新的名字来代表

  C．用 typedef 可以为各种类型说明一个新名，但不能用它为变量说明一个新名

  D．用 typedef 为类型说明一个新名，通常可以增加程序的可读性

（19）关于以下程序段的叙述中正确的是（　　）。

```
typedef struct node
{  int data;struct node *next;} *NODE;
NODE p;
```

  A．p 是指向 struct node 结构变量的指针的指针

  B．"NODE p;"语句出错

  C．p 是指向 struct node 结构变量的指针

  D．p 是 struct node 结构变量

（20）以下结构体类型说明和变量定义中正确的是（　　）。

  A．typedef struct   B．struct REC;

    { int n; char c;}REC;   { int n; char c;};

    REC t1,t2;   REC t1,t2;

  C．typedef struct REC ;   D．struct

    { int n=0; char c='A';}t1,t2;   { int n;char c;}REC t1,t2;

（21）以下程序的运行结果是（　　）。

```
#include <stdio.h>
typedef struct{int b,p;}A;
void f(A c)                        //注意：c是结构变量名
{  int j;
   c.b+=1;
   c.p+=2;
}
void main( )
{  int i;
   A a={1,2};
   f(a);
   printf("%d,%d\n",a.b,a.p);
}
```

  A．2,3   B．2,4   C．1,4   D．1,2

（22）以下程序的运行结果是（　　）。

```
#include <stdio.h>
#include <string.h>
typedef struct{ char name[9]; char sex; float score[2]; } STU;
void f( STU a)
```

```
{   STU b={"Zhao" , 'm',85.0,90.0};
    int i;
    strcpy(a.name,b.name);
    a.sex=b.sex;
    for(i=0;i<2;i++)
        a.score[i]=b.score[i];
}
void main( )
{   STU c={"Qian",'f',95.0,92.0};
    f(c);
    printf("%s,%c,%2.0f,%2.0f\n",c.name,c.sex,c.score[0],c.score[1]);
}
```

　　　A．Qian,f,95,92　　B．Qian,m,85,90　　C．Zhao,f,95,92　　D．Zhao,m,85,90

（23）以下程序的运行结果是（　　　）。

```
#include <stdio.h>
#include <string.h>
typedef struct{ char name[9];char sex; float score[2]; } STU;
STU f(STU a)
{   STU b={"Zhao",'m',85.0,90.0};
    int i;
    strcpy(a.name,b.name);
    a.sex=b.sex;
    for(i=0;i<2;i++)
        a.score[i]=b.score[i];
    return a;
}
void main( )
{   STU c={"Qian",'f ',95.0,92.0},d;
    d=f(c);
    printf("%s,%c,%2.0f,%2.0f\n",d.name,d.sex,d.score[0],d.score[1]);
}
```

　　　A．Qian,f,95,92　　B．Qian,m,85,90　　C．Zhao,m,85,90　　D．Zhao,f,95,92

二、编程题

1．用结构体定义复数，并求两个复数的乘积。

2．定义结构体，输入两个同学的信息。比较两个同学的生日，输出生日较大的同学的全部信息，包括学号、姓名、性别、生日（年、月、日）。

3．使用共用体类型建立一个班级通讯录，其中包含30名学生和5名任课教师的信息。学生信息包括：身份（学生）、学号、姓名、性别、电话。教师信息包括：身份（教师）、任课科目、姓名、性别、电话。

4．输入当天的星期号，计算并输出 n 天后的星期号。例如，今天是星期二，求 3 天后是星期几，即输入"2，3"，输出"3 天后是星期五"（使用枚举类型）。

5．有 10 名学生，每名学生的信息包括学号、姓名、3 门课程的分数。要求按每名学生 3 门课程的平均分由高至低输出所有学生的信息，包括名次、学号、姓名、3 门课程的分数、3 门课程的平均分，并求每门课程的平均分。（使用结构体数组）

6．删除一个链表中数据值相等的所有节点。

7．在一个链表指定的节点前插入一个新节点。

8．将一个链表逆置，即原链头作新链尾，原链尾作新链头。

9．将两个链表连接起来，并按数据值升序排列。

第 12 章　位运算

数据在计算机中以二进制形式存储,这就使得许多程序可以直接对数据进行操作,即直接操作二进制数位。在 C 语言中借助位运算能够直接对二进制数位进行操作,这是 C 语言的重要特点之一,具有明显的优越性。本章将详细介绍 C 语言的位运算。

12.1　位运算符和位运算

由于位运算能直接进行二进制数位操作,不需要转换成十进制,因此其处理速度比十进制快很多。在 C 语言中,位运算的对象只能是整型或字符型数据,不能是其他类型数据。

表 12-1 列出了 C 语言提供的 6 种位运算符及其含义。

表 12-1　位运算符

运算符	含义	优先级
～	按位取反	高
<<	左移	
>>	右移	
&	按位与	
^	按位异或	
|	按位或	低

说明:

(1)除了按位取反(～)为单目运算符,其他均为双目运算符。

(2)运算对象只能是整型或字符型数据,不能是其他类型的数据。

12.1.1　按位取反(～)运算符

～运算符是位运算中唯一的单目运算符,用来对二进制数按位取反,即每一位上的 0 变 1、1 变 0。例如,表达式～37 是将十进制数 37(二进制数 00100101)按位取反,得到的结果是十进制数 218(二进制数 11011010)。

$$\sim \quad \underline{00100101}$$
$$11011010$$

～运算符的优先级高于算术运算符、关系运算符、逻辑运算符和其他位运算符,例如,～a+c,会先进行"～a"运算,然后进行"+"运算,相当于(～a)+c。

【例 12.1】将正整数 m 按位取反，并输出。

编写程序如下：

```
#include<stdio.h>
void main()
{   unsigned short int m=37;
    printf("m=%u %o\n",m,m);     //m= 00000000 00100101B, 37D, 45O
    m=~m;
    printf("m=%u %o\n",m,m);     //m= 11111111 11011010B, 65498D, 177732O
}
```

程序的运行结果如下。

```
m=37 45
m=65498 177732
```

学习提示：

（1）Visual C++ 6.0 中无符号短整型占 2 字节的空间。

（2）在注释中，37D 中的字符"D"表示为十进制数，00000000 00100101B 中的字符"B"表示为二进制数，45O 中的字符"O"表示为八进制数。

（3）37 按位取反得到的无符号短整数的二进制数为 1111111111011010，即十进制数 65498、八进制数 177732。

12.1.2　按位与（&）运算符

&运算符是把参加运算的两个运算数，按二进制位进行"与"运算，如果对应的二进制位都为 1，则该位的结果为 1，否则为 0。即：

$$0\&0=0 \qquad 0\&1=0 \qquad 1\&0=0 \qquad 1\&1=1$$

例如，12&6 的运算是将 12（二进制 00001100）与 6（二进制 00000110）按位做"与"运算，得到的结果为 4（二进制 00000100），运算过程如下：

$$
\begin{array}{r}
12: 00001100 \\
\&\ \ 6: 00000110 \\
\hline
00000100
\end{array}
$$

说明：

（1）如果有负数参与&运算，则是将负数的补码按位依次进行"与"运算。

（2）任何二进制数位只要和 0 做"与"运算，则该位被屏蔽（清零），和 1 做"与"运算，则该位保持原值不变。例如，如果要保留 m=212（二进制数 11010100）的第 5 位，则只需要同二进制数 00010000 进行&运算，其结果是除了第 5 位以外的其他位均为 0。

运算过程如下：

$$
\begin{array}{r}
m: 11010100 \\
\&\ \ 16: 00010000 \\
\hline
00010000
\end{array}
$$

（3）&运算通常用来对某些位清零或保留某些位。例如，要让整数 m（在内存中占 2 字节）的高 8 位清零，保留低 8 位的值不变，则只需 m&255 即可（255 的二进制数为 0000000011111111）。

【例 12.2】将正整数 m 与正整数 16 进行按位"与"运算以保留其第 5 位二进制数，并输出结果。

编写程序如下：

```
#include<stdio.h>
void main()
{   unsigned short int m=212;
```

```
    printf("m=%u %o\n",m,m);           //m=00000000 11010100B, 212D, 324O
    m=m&16;
    printf("m=%u %o\n",m,m);           //m=00000000 00010000B, 16D, 20O
}
```

程序的运行结果如下。

```
m=212 324
m=16 20
```

12.1.3 按位或（|）运算符

|运算符是把参加运算的两个运算数按二进制位进行"或"运算，如果对应的二进制位都为 0，则该位的结果为 0，否则为 1。即：

$$0|0=0 \qquad 0|1=1 \qquad 1|0=1 \qquad 1|1=1$$

例如，12|6 的运算为将 12（二进制 00001100）与 6（二进制 00000110）按位做"或"运算，得到的结果为 14（二进制 00001110），运算过程如下：

$$
\begin{array}{r}
12: 00001100 \\
|\quad 6: 00000110 \\
\hline
00001110
\end{array}
$$

说明：

（1）如果是负数参与|运算，则是将负数的补码按位进行"或"运算。

（2）任何位上的二进制数，只要和 1 做"或"运算，则该位被置为 1，和 0 做"或"运算，则该位保持原值不变。例如，如果要将 m=212（二进制数为 11010100）的第 2 位置为 1，则只需要同二进制数 00000010 进行"或"运算。

运算过程如下：

$$
\begin{array}{r}
m: 11010100 \\
|\quad 2: 00000010 \\
\hline
11010110
\end{array}
$$

（3）|运算通常用来把某些位置为 1。例如，要让一个整数 m（在内存中占 2 字节）的高 8 位保持不变，低 8 位置 1，则只需 m|255 即可（255 的二进制数为 0000000011111111）。

【例 12.3】将正整数 m 与正整数 2 进行按位"或"运算以将其第 2 位二进制数置为 1，并输出结果。

编写程序如下：

```
#include<stdio.h>
void main()
{   unsigned short int m=212;
    printf("m=%u %o\n",m,m);           //m=00000000 11010100B, 212D, 324O
    m=m|2;
    printf("m=%u %o\n",m,m);           //m=00000000 11010110, 214D, 326O
}
```

程序的运行结果如下。

```
m=212 324
m=214 326
```

12.1.4 按位异或（^）运算符

^运算符也称为"异或"运算符，它会把参加运算的两个运算数按二进制位进行"异或"运算，如果对应的二进制位相同，则该位的结果为 0，如果对应的二进制位不同，则该位的结果为 1。即：

$$0^0 = 0 \qquad 0^1=1 \qquad 1^0 = 1 \qquad 1^1 = 0$$

例如，12^6 的运算为将 12（二进制 00001100）与 6（二进制 00000110）按位依次做"异或"运算，得到结果为 10（二进制 00001010），运算过程如下：

$$
\begin{array}{r}
12：00001100 \\
^\wedge \quad 6：00000110 \\
\hline
00001010
\end{array}
$$

说明：

（1）如果是负数参与^运算，则是将负数的补码按位进行"异或"运算。

（2）可用于进行特定位的翻转。要使得某位翻转，可使其和 1 进行"异或"运算；要使得某位保持不变，可使其和 0 进行"异或"运算。例如，要让 m=212（二进制数为 11010100）的高 4 位保持不变，低 4 位依次翻转，只需要同二进制数 00001111 进行^运算即可。

运算过程如下：

$$
\begin{array}{r}
m：11010100 \\
^\wedge \quad 15：00001111 \\
\hline
11011011
\end{array}
$$

（3）与 0 进行"异或"运算，其值保持不变。例如，12^0=12。

$$
\begin{array}{r}
12：00001100 \\
^\wedge \quad 0：00000000 \\
\hline
00001100
\end{array}
$$

【例 12.4】将正整数 m 与正整数 15 按位进行"异或"运算以将其低 4 位二进制数翻转，并输出结果。

编写程序如下：

```
#include<stdio.h>
void main()
{   unsigned short int m=212;
    printf("m=%u %o\n",m,m);        //m=00000000 11010100B，212D，324O
    m=m^15;
    printf("m=%u %o\n",m,m);        //m=00000000 11011011，219D，333O
}
```

程序的运行结果如下。

```
m=212 324
m=219 333
```

12.1.5 左移（<<）运算符

<<运算符是双目运算符。其一般形式为：

变量名<< 整型表达式

运算符左边是移位对象，右边是"整型表达式"，代表左移的位数。左移时，右端（低位）补 0，左端（高位）移出的部分舍弃。例如，m=m<<2，将 m 的二进制数左移 2 位，右端补 0，如果 m=12（二进制数 00001100），左移 2 位可得到二进制数 00110000（十进制数 48）。

左移时，如果左端移出的部分不包含二进制数 1，则每左移 1 位相当于移位对象乘以 2，左移 2 位相当于移位对象乘以 2^2。因此当左移后移出部分不包含 1 时，可以用这一特性代替乘法运算，以加快运算速度。如果移出部分包含二进制数 1 时，则这一特性就不适用。例如，m=64（二进制数 01000000）左移 1 位时，相当于乘以 2；左移 2 位时，移出部分包含二进制数 1，因此等于 0。运算结果如表 12-2 所示。

表 12-2　左移运算结果

m 的值	m 的二进制数	m<<1	m<<2
12	00001100	00011000	00110000
64	01000000	10000000	00000000

【例 12.5】将正整数 m 进行左移 2 位运算，并输出结果。

编写程序如下：

```
#include<stdio.h>
void main()
{   unsigned short int m=212;
    printf("m=%u %o\n",m,m);          //m=00000000 11010100B, 212D, 324O
    m=m<<2;
    printf("m=%u %o\n",m,m);          //m=00000011 01010000, 848D, 1520O
}
```

程序的运行结果如下。

```
m=212 324
m=848 1520
```

12.1.6　右移（>>）运算符

>>运算符是双目运算符。其一般形式为：

```
变量名>>整型表达式
```

运算符左边是移位对象，右边是 "整型表达式"，代表右移的位数。右移时，右端（低位）移出的部分舍弃，左端（高位）分两种情况：对于无符号整数和正整数，高位补 0；对于负整数，高位补 1。因为负数在计算机中是以补码的形式表示的。例如，m=m>>2，将 m 的二进制数右移 2 位，左端补 0 或 1，如果 m=12（二进制数 00001100），右移 2 位可得到二进制数 00000011，即十进制数 3。

右移时，如果右端移出的部分不包含二进制数 1，则每右移 1 位相当于移位对象除以 2，右移 2 位相当于移位对象除以 2^2。因此当右移后移出部分不包含 1 时，可以用这一特性代替除法运算，以加快运算速度。如果移出部分包含二进制数 1 时，则这一特性就不适用了。例如，当 m=2（二进制数 00000010）时，右移 1 位时，相当于除以 2，右移 2 位时，移出部分包含二进制数 1，因此等于 0。运算结果如表 12-3 所示。

表 12-3　右移运算结果

m 的值	m 的二进制数	m>>1	m>>2
12	00001100	00000110	00000011
2	00000010	00000001	00000000

说明：

负数在进行右移运算的时候比较特殊。例如，m=-37，假设计算机中存储一个整型数据使用 1 字节的空间，二进制表示的运算过程如下。

m 的二进制原码表示：10100101

m 的二进制补码表示：11011011

n=m>>2：11110110

n 的二进制原码表示：10001010

n 的十进制数：-10

【例 12.6】将正整数 m 进行右移 2 位运算，并输出结果。

编写程序如下：

```
#include<stdio.h>
void main()
```

```
{  unsigned short int m=12;
   printf("m=%u %o\n",m,m);          //m=00000000 00001100B, 12D, 14O
   m=m>>2;
   printf("m=%u %o\n",m,m);          //m=00000000 00000011B, 3D, 3O
}
```

程序的运行结果如下。

```
m=12 14
m=3 3
```

12.1.7   位运算赋值运算符

位运算符与赋值运算符可以组成以下 5 种复合位运算赋值运算符:

```
&=、|=、>>=、<<=、^=
```

例如, x&=y 相当于 x=x&y; x<<=2 相当于 x=x<<2; x>>=3 相当于 x=x>>3; x^=5 相当于 x=x^5。

【例 12.7】将正整数 m 进行右移 2 位运算, 并输出结果。

编写程序如下:

```
#include<stdio.h>
void main()
{  unsigned short int m=12;
   printf("m=%u %o\n",m,m); //m=00000000 00001100B, 12D, 14O
   m>>=2;
   printf("m=%u %o\n",m,m); //m=00000000 00000011B, 3D, 3O
}
```

程序的运行结果如下。

```
m=12 14
m=3 3
```

12.1.8   不同长度的运算数之间的运算规则

位运算的对象可以是整型 (int 或 long int) 和字符型 (char) 数据。如果在进行位运算时, 两个运算量长度不同 (如 char 和 long int), 系统会自动进行如下处理。

(1) 将两个运算量右端对齐。

(2) 将位数短的运算数高位补齐。规则为, 无符号数和正整数左侧补 0, 负数左侧补 1。补满后再进行位运算。

12.2   位运算程序实例

【例 12.8】输入一个正整数 m, 将其从右端开始的第 3 位到第 6 位构成的数输出。

解决该问题的主要步骤如下。

(1) 将正整数 m 右移 3 位, 将 3~6 位移至低 4 位上, 方法是 m=m>>3。

(2) 设置 1 个低 4 位为 1, 其余各位均为 0 的正整数 n, 方法是~(~0 << 4)。

(3) 将构造的正整数 n 与 m 进行按位 "与" 运算。

根据以上解决问题的步骤, 编写程序如下:

```
#include<stdio.h>
void main()
{  int m, n, r;
   printf("Input a integer number: ");
   scanf("%d",&m);
```

```
    printf("m=%u %o\n",m,m);        //m=00000000 11101010B, 234D, 352O
    m = m>>3;                       //右移 3 位，将 3～6 位移到低 4 位上
    n = ~ (~0 << 4);                //设置 1 个低 4 位为 1、其余各位均为 0 的整数
    r = m&n;
    printf("r=%u %o\n",r,r);        //r=00000000 00001101B, 13D, 15O
}
```

程序的运行结果如下。

```
Input a integer number: 234
m=234 352
r=13 15
```

【例 12.9】输入一个正整数 m，将其循环右移 3 位，并输出结果。

解决该问题的主要步骤如下。

（1）将正整数 m 的右端 3 位存放于另一个正整数 n 的左端最高 3 位中，方法是 n=m<<(16-3)，其中 16 是 short int 型数据占用的内存位数。

（2）将正整数 m 右移 3 位，由于是正整数，因此左端最高 3 位补 0，方法是 m=m>>3。

（3）将 m 与 n 进行按位"或"运算。

编写程序如下：

```
#include<stdio.h>
void main()
{   int m, n, r;
    printf("Input a integer number: ");
    scanf("%d",&m);
    printf("m=%u %o\n",m,m);    //m=00000000 00000011B, 3D, 3O
    n = m<<13;                  //将右端 3 位存放于另一个正整数的左端最高 3 位中
    m = m>>3;                   //右移 3 位
    r = m|n;                    //计算 m|n
    printf("r=%u %o\n",r,r);    //r=01100000 00000000B, 24576D, 60000 O
}
```

程序的运行结果如下。

```
Input a integer number: 3
m=3 3
r=24576 60000
```

【例 12.10】不通过中间变量，使用^运算符，将两个整型变量交换。

编写程序如下：

```
#include <stdio.h>
main()
{   short m,n;
    printf("请输入 m 和 n: ");
    scanf("%hd%hd",&m,&n);
    printf("m=%hd,n=%hd \n",m,n);
    //m=00000000 01111011B, 123D, 173O n=00000001 11001000B, 456D, 710O
    m=m^n;//m=110110011B, 435D, 663O
    n=m^n;//n=00000000 01111011B, 123D, 173O
    m=m^n;//m=00000001 11001000B, 456D, 710O
    printf("m=%hd,n=%hd \n",m,n);
}
```

程序的运行结果如下。

```
请输入 m 和 n: 123 456
m=123, n=456
m=456, n=123
```

习题

一、选择题

（1）对八进制数 15，按位求反 ~15，得到的八进制数是（   ）。

    A. 14   B. 2   C. 3   D. 15

（2）表达式 0x15&0x18 的值是（   ）。

    A. 0x13   B. 0x10   C. 0x8   D. 0xab

（3）若 int x = 5，y = 4，则 x&y 的结果是（   ）。

    A. 0   B. 1   C. 3   D. 4

（4）表达式 0x15|0x18 的值是（   ）。

    A. 0x17   B. 0x11   C. 0x1d   D. 0x10

（5）表达式 0x15^0x18 的值是（   ）。

    A. 0x1d   B. 0x0d   C. 0x07   D. 0xe8

（6）设二进制数 x 的值是 11001101。若想通过 x&y 运算使 x 中的低 4 位不变，高 4 位清零，则 y 的二进制数是（   ）。

    A. 00001111   B. 11110000   C. 10101010   D. 01010101

（7）设有 char a,b;，若要通过 a&b 运算屏蔽掉 a 中的其他位，只保留第 2 位和第 8 位（右起为第 1 位），则 b 的二进制数是（   ）。

    A. 00001111   B. 11110000   C. 10000010   D. 01111101

（8）设 x 为任意整数，能够将变量 x 清零的表达式是（   ）。

    A. x&0   B. x|0   C. x^0   D. x-0

（9）正整数 a=37，要使 a 的低 4 位全置为 1，并且其余位保持原样，则可将 a 与（   ）进行或运算。

    A. 00100101   B. 11011010   C. 11110000   D. 00001111

（10）任何数字与（   ）进行异或运算，其值保值不变。

    A. 自身   B. 0   C. 1   D. -1

（11）在位运算中，操作数每左移一位，则结果相当于（   ）。

    A. 操作数乘以 2   B. 操作数除以 2   C. 操作数除以 4   D. 操作数乘以 4

（12）以下程序运行后的输出结果是（   ）。

```c
#include <stdio.h>
main()
{   int a=24;
    printf("%d\n",a<<1);
}
```

    A. 1   B. 12   C. 24   D. 48

（13）以下语句运行后，x 的值是（   ）。

```c
int x=40;
x>>=2;
```

    A. 40   B. 20   C. 10   D. 1

（14）以下语句运行后，z 的二进制值是（   ）。

```c
int x=3,y=6,z;
z=x^y<<2;
```

    A. 00011011   B. 00011101   C. 00011110   D. 00011001

（15）以下程序运行后的输出结果是（   ）。

```c
#include <stdio.h>
```

```
main()
{   int  x=1.5;
    char  z='a';
    printf("%d",(x&1)&&(z<'z'));
}
```

  A. 0   B. 1   C. 2   D. 3

（16）要交换两个变量的值，且不允许使用临时变量，可以使用（ ）位运算符。

  A. &   B. ^   C. | D. ~

（17）利用位运算十进制数 40 除以 4，然后赋值给变量 a 的表达式是（ ）。

  A. a=40<<4 B. a=40<<2 C. a=40>>4 D. a=40>>2

（18）以下程序执行后的输出结果是（ ）。

```
#include<stdio.h>
main()
{   int a=16;
    printf("%d,%d,%d\n",a>>1,a>>2,a);
}
```

  A. 1,6,16   B. 16,8,4   C. 8,4,16   D. 4,8,16

二、编程题

1. 输入一个整数，并输出该整数转换成二进制数后包含的二进制数位数。

2. 输入一个整数，并取出从右端开始的 4～9 位。

13

第 13 章　文件

用户在处理数据时，不仅需要输入和输出数据，同样还需要保存数据。前面所学程序的数据都是通过键盘输入和屏幕输出，其实数据并没有保存到外存储器中，每次运行程序都要重新输入数据。这种方式并不能满足处理大量数据的要求。把输入和输出的数据以文件的形式保存在计算机的外存储器中，可以确保数据随时可用，避免反复输入数据。

13.1　文件概述

在计算机系统中，文件是指一组相关数据的有序集合。源程序文件、目标文件、可执行文件、库文件（头文件）等都被称作文件。文件是存储数据的基本单位，可以通过读取文件访问数据。按照不同角度可以对文件进行分类。例如，按存储介质不同，文件可以分为磁盘文件、磁带文件、打印文件等；按存储内容不同，文件可以分为程序文件和数据文件；按访问方式不同，文件可以分为顺序文件、随机文件和二进制文件；按用户不同，文件可以分为普通文件和设备文件。

在 C 语言中，可把文件看作字符序列，根据数据的组织形式可将其分为 ASCII 文件和二进制文件。

（1）ASCII 文件也称为文本文件，在磁盘中存放时每个字符对应一个字节，用来存放对应的 ASCII。

（2）二进制文件是按二进制的编码方式存放文件的，将内存中的数据按照其在内存中的存储形式原样输出到磁盘中存放。例如，短整数 968（二进制数 00000011 11001000），在内存中占用 2 字节，如果按 ASCII 的形式输出则占 3 字节（每个字符占 1 字节），而按二进制形式输出，则会在磁盘上占 2 字节，如图 13-1 所示。

使用 ASCII 输出数值时与字符一一对应，一个字节代表一个字符，便于对字符逐个进行处理，但占用的存储空间较多，而且从二进制转换为 ASCII 值也要花费

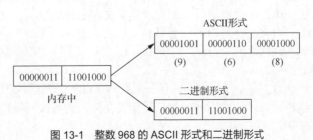

图 13-1　整数 968 的 ASCII 形式和二进制形式

时间。用二进制形式输出数值，由于内存中的存放形式与文件中的存放形式一致，就可以节省转换的时间，但一个字节并不对应一个字符，因此不能直接以字符的形式输出。

C 语言以字符为单位存取文件。一个文件就是一个字节流或二进制流。输入/输出字符流的开始和结束只由程序控制而不受物理符号（如回车符）的控制，即输出时不会自动增加回车符作为文件的结束，输入时也不会自动增加回车符作为记录的间隔，这种文件就称作"流式文件"。

由于使用的 C 语言版本不同，对文件的处理方式也不相同，主要有两种方式：一种是"缓冲文件系统"，另一种是"非缓冲文件系统"。

（1）缓冲文件系统会自动在内存中为每一个正在使用的文件分配一个缓冲区。在写文件时，不是直接向文件中写入数据，而是先将数据放入缓冲区，当缓冲区存满数据后才将缓冲区中的数据写入文件。在读文件时，不是直接从文件中读出数据，而是先一次将一部分数据读入缓冲区，当缓冲区存满数据后，才将数据送到程序数据区。缓冲区的大小由 C 语言的版本决定，一般为 512 字节。ANSI C 中使用了缓冲文件系统。缓冲文件系统中内存与磁盘的数据传递过程如图 13-2 所示。

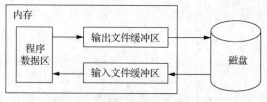

图 13-2　内存与磁盘的数据传递过程

（2）非缓冲文件系统是指系统不会在内存中为文件分配缓冲区，所有的文件操作都直接与文件打交道，这会导致系统整体效率下降。

在 C 语言中，没有输入/输出语句，文件的读写都是通过库函数来完成的。ANSI C 规定了标准的输入/输出函数用于文件读写，它们的声明在 stdio.h 文件中，使用之前必须先包含头文件 stdio.h。

13.2　文件指针

在缓冲文件系统中，每个文件都在内存中分配了一个缓冲区，用以存放文件信息（如文件名、文件状态、存放位置等）。这些信息被存放在一个结构体中，该结构体由系统定义，并命名为 FILE。FILE 结构体在 stdio.h 文件中有以下类型声明。

```
typedef struct
{   int level;                    //缓冲区"满"或"空"的标志
    unsigned flags;               //文件状态标志
    char fd;                      //文件描述
    unsigned char hold;           //如果没有缓冲区则不读取字符
    int bsize;                    //缓冲区大小
    unsigned char _FAR *buffer;   //缓冲区位置
    unsigned char _FAR *curp;     //指向缓冲区当前数据的指针
    unsigned istemp;              //临时文件指示器
    short token;                  //用于有效性检查
}FILE;
```

有了 FILE 文件类型后，就可以定义文件指针变量了，文件指针变量是一个文件结构体类型的指针变量。定义文件类型指针变量的一般形式为：

```
FILE *指针变量名;
```

例如：

```
FILE *fp;          //fp 是一个指向 FILE 结构体类型的指针变量
```

上述语句可以通过指针变量打开相关文件，进行读写操作。访问多个文件时可以定义多个指针变量。

13.3　文件的打开与关闭

在 C 语言中文件操作一般包括以下 3 个步骤。

（1）用 fopen()函数打开文件。

（2）进行读写操作。

（3）用 fclose()函数关闭文件。

13.3.1　fopen()函数

fopen()函数用于打开文件，并把结果赋值给 FILE 指针变量，它的一般形式为：

```
fopen(文件名,文件打开方式);
```

（1）"文件名"是要打开的文件名称，如 "hello.cpp"，它也可以是一个完整的文件路径，如 "E:\hello.cpp"。

（2）"文件打开方式"是指打开文件的访问方式。例如：

```
FILE *fp;                          //fp 是一个指向 FILE 结构体类型的指针变量
fp = fopen("file_data.txt","r");   //以只读方式打开文件 file_data.txt
```

上述语句表示要打开的文件名为 file_data.txt，文件的打开方式为"只读"。fopen()函数会返回指向 file_data 文件的指针并赋值给 fp，使得 fp 指向 file_data.txt 文件。文件的打开方式如表 13-1 所示。

表 13-1　文件的打开方式

文件的打开方式	含义
"r"（只读）	为输入打开一个文本文件
"w"（只写）	为输出打开一个文本文件
"a"（追加）	向文本文件末尾追加数据
"rb"（只读）	为输入打开一个二进制文件
"wb"（只写）	为输出打开一个二进制文件
"ab"（追加）	向二进制文件末尾追加数据
"r+"（读写）	为读/写打开一个文本文件
"w+"（读写）	为读/写建立一个新的文本文件
"a+"（读写）	为读/写打开一个文本文件
"rb+"（读写）	为读/写打开一个二进制文件
"wb+"（读写）	为读/写建立一个新的二进制文件
"ab+"（读写）	为读/写打开一个二进制文件

说明：

（1）"r"为输入打开一个文本文件。这种方式只能对打开的文件进行"读"操作，且只能打开已经存在的文件，如果文件不存在则会出错。

（2）"w"为输出打开一个文本文件。这种方式只能对打开的文件进行"写"操作，如果指定的文件不存在，则在打开时新建一个以指定文件名命名的文件。如果指定的文件存在，则将从文件的起始位置开始写入数据，原来的数据被全部覆盖。

（3）"a"向文本文件末尾追加数据。这种方式如果指定的文件不存在，则在打开时会新建一个以指定文件名命名的文件。如果指定的文件存在，则将从文件的末尾开始写入新数据，原有数据保留。

（4）"rb"为输入打开一个二进制文件。除了操作的是二进制文件外，其他功能与"r"相同。

（5）"wb"为输出打开一个二进制文件。除了操作的是二进制文件外，其他功能与"w"相同。

（6）"ab"向二进制文件末尾追加数据。除了操作的是二进制文件外，其他功能与"a"相同。

（7）"r+"为读/写打开一个文本文件。这种方式只能打开已经存在的文件，如果文件不存在，则会报错。打开文件后指针指在文件头，此时可以读取数据，也可以写入数据。

（8）"w+"为读/写建立一个新的文本文件。这种方式如果指定的文件不存在，则在打开时会新建一个以指定文件名命名的文件；如果指定的文件存在，则将该文件删除，并建立一个同名的新文件。打开文件后指针指在文件头，此时可以读取数据，也可以写入数据。

（9）"a+"为读/写打开一个文本文件。这种方式只能打开已经存在的文件，如果文件不存在，则会报错。打开文件后指针指在文件末尾，此时可以读取数据，也可以写入数据。写入的新数据会添加到文件的末尾。

（10）"rb+"为读/写打开一个二进制文件。除对二进制文件进行的操作外，其他功能与"r+"相同。

（11）"wb+"为读/写建立一个新的二进制文件。除对二进制文件进行的操作外，其他功能与"w+"相同。

（12）"ab+"为读/写打开一个二进制文件。除对二进制文件进行的操作外，其他功能与"a+"相同。

（13）在使用 fopen()函数时可能会因无法打开指定文件而出现错误。如果出错，fopen()函数会返回一个空指针值 NULL（NULL 在 stdio.h 中被定义为 0）。例如，以"r"方式打开时，文件不存在。这时可以使用以下语句进行错误处理。

```
FILE *fp;
if( (fp = fopen("file_data.txt","r") ) == NULL )
{   printf("can not open the file\n");
    exit(0);
}
```

当有错时，就会在屏幕上给出错误提示信息，并通过语句"exit(0);"退出程序。

13.3.2 fclose()函数

在操作完一个文件后要关闭文件指针，以释放缓冲区内存，防止其他误操作。关闭文件就是使文件指针变量不再指向该文件。在 C 语言中，使用 fclose()函数可以让文件关闭。

fclose()函数的一般形式为：

```
fclose(文件类型指针);
```

"文件类型指针"是指向已打开的文件的文件类型指针。如果成功，则返回 0，否则返回非 0 值。成功后该文件类型指针不再指向该文件了。例如：

```
fclose(fp);
```

学习提示：

在设计与文件操作有关的程序时，应养成程序终止前关闭所有文件的习惯，如果不关闭文件，则可能造成数据丢失。文件关闭后不能再对文件进行读写操作。

13.4 文件的读写

打开文件后可以对文件进行读取和写入操作。C 语言提供专门的文件读写函数来实现该功能，常用的读写函数如表 13-2 所示。

表 13-2 文件读写函数

函数名	函数功能
fputc()函数	将一个字符写入文件中
fgetc()函数	从文件中读入一个字符

函数名	函数功能
fputs()函数	将指定长度的字符串写入文件中
fgets()函数	从文件中读入指定长度的字符串
fprintf()函数	将数据按指定格式写入文件中
fscanf()函数	从文件中按指定格式读入数据
fwrite()函数	将指定长度的数据写入文件中
fread()函数	从文件中读入指定长度的数据
rewind()函数	使位置指针重新返回文件的开头
fseek()函数	将文件的位置指针移到指定位置
ftell()函数	返回文件的位置指针的位置
feof()函数	判断文件是否结束
ferror()函数	检查文件中的错误

13.4.1　fputc()函数

fputc()函数的作用是将一个字符写入指定文件中，它的一般形式为：

```
fputc(字符型数据,文件指针);
```

【例 13.1】从键盘输入文本，并将文本写入磁盘上存储的文本文件 file_data.txt 中。以字符#作为输入结束标志。

分析： 首先打开文件，然后从键盘循环输入字符，如果字符不是结束标志"#"，那么就将字符写入文件，否则关闭文件。其算法如图 13-3 所示。

编写程序如下：

```
#include<stdio.h>
#include<stdlib.h>
void main()
{   FILE *fp;
    char ch;
    if((fp = fopen("file_data.txt","w")) == NULL )
                //打开文件
    {   printf("can not open the file\n");
        exit(0);
                //退出程序,必须包含 stdlib.h 头文件
    }
    ch = getchar();
    while(ch != '#' )
    {   fputc(ch,fp);
                //输出字符
        ch = getchar();
    }
    fclose(fp);    //关闭文件
}
```

程序的运行结果如下。

```
This is a test!
That is a program!#
```

打开 file_data.txt 文件后，可以看到文件中保存的文本与屏幕上输入的文本一致，如图 13-4 所示。

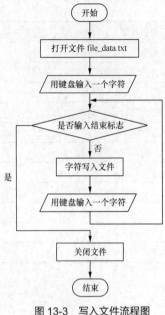

图 13-3　写入文件流程图

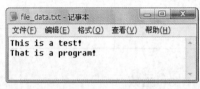

图 13-4　写入文件中的字符

13.4.2　fgetc()函数

fgetc()函数的作用是从指定的文件中读入一个字符，并作为函数的返回值返回，如果读到文件结束符时，则返回一个文件结束标志 EOF（值为-1）。fgetc()函数的一般形式为：

```
fgetc(文件指针);
```

【例 13.2】读取文本文件 file_data.txt，并将文件中的内容输出到屏幕上。

分析：首先打开文件，然后反复从文件中读入一个字符，并输出到屏幕，直到文件的结尾，最后关闭文件。其算法如图 13-5 所示。

编写程序如下：

```
#include<stdio.h>
#include<stdlib.h>
void main()
{   FILE *fp;
    char ch;
    if((fp = fopen("file_data.txt","r")) == NULL )
                            //打开文件
    {   printf("can not open the file\n");
        exit(0);            //退出程序
    }
    ch = fgetc(fp);         //从文件中读入一个字符
    while(ch != EOF )
    {    putchar(ch);
         ch = fgetc(fp);   //从文件中读入一个字符
    }
    fclose(fp);             //关闭文件
}
```

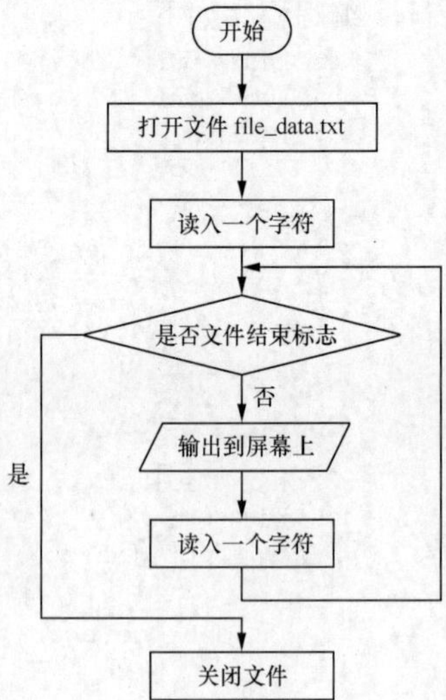

图 13-5　读取文件流程图

在程序运行时，打开并读入例 13.1 中的 file_data.txt 文件，运行结果如下。

```
This is a test!
That is a program!
```

13.4.3 fputs()函数

fputs()函数的作用是将字符串写入指定文件中，它的一般形式为：

```
fputs(字符串数据,文件指针);
```

"字符串数据" 可以是字符串常量或者字符数组名，写入时字符串最后的'\0'并不会一起写入，也不会自动添加回车符。如果写入成功，则函数返回值为 0，否则返回值为 EOF。

【例 13.3】从键盘输入一串字符串，并将字符串写入文本文件 file_data.txt 中。

解决该问题的主要步骤如下。

（1）打开文本文件 file_data.txt。

（2）从键盘输入一串字符串。

（3）将字符串写入文件中。

（4）关闭文件。

（5）结束程序。

编写程序如下：

```
#include<stdio.h>
#include<stdlib.h>
void main()
{    FILE *fp;
    char str[20];
    if((fp = fopen("file_data.txt","w")) == NULL )
    {    printf("can not open the file\n");
        exit(0);
    }
    printf("input the string: ");
    gets(str);
    fputs(str,fp);                    //写入字符串
    fclose(fp);
}
```

程序的运行结果如下。

```
input the string: HelloWorld
```

打开 file_data.txt 文件后，可以看到文件中保存的文本与屏幕上输入的文本一致。

13.4.4 fgets()函数

fgets()函数的作用是从指定文件中读入指定长度的字符串，它的一般形式为：

```
fgets(字符数组名,n,文件指针);
```

指定的长度由整型数据 n 决定。从文件中读入 n-1 个字符，然后在最后添加一个'\0'字符作为字符串结束标志。如果在读完 n-1 个字符之前遇到一个换行符或一个 EOF，则读入结束。因此，在调用 fgets()函数时，最多只能读入 n-1 个字符，读入的所有字符被赋值放入作为参数的字符数组中，读入结束后，将字符数组的首地址作为函数返回值。

【例 13.4】读取文本文件 file_data.txt 中指定长度的文本，长度由键盘输入，并将读取的内容输出到屏幕上。

解决该问题的主要步骤如下。

（1）打开文本文件 file_data.txt。

（2）从键盘输入要读取的文本长度。

（3）读入数据。

（4）输出数据。

（5）关闭文件。

（6）结束程序。

编写程序如下：

```c
#include<stdio.h>
#include<stdlib.h>
void main()
{   FILE *fp;
    char str[20];
    int n;
    if((fp = fopen("file_data.txt","r")) == NULL )
    {    printf("can not open the file\n");
         exit(0);
    }
    printf("input the character's number: ");
    scanf("%d",&n);
    fgets(str,n+1,fp);
    printf("%s\n",str);
    fclose(fp);
}
```

在程序运行时，打开例 13.3 中生成的 file_data.txt 文件，输入 "5"，程序的运行结果如下。

```
input the character's number: 5
Hello
```

说明：

如果输入的长度为 n，那么实际上只能读取 n-1 个字符，因此在程序代码中需要使用 n+1 来读取 n 个字符。

13.4.5　fprintf()函数

fprintf()函数可将数据按指定格式写入指定文件中，它与 printf()函数的作用相似。它的一般形式为：

```
fprintf(文件指针,格式字符串,输出表列);
```

【例 13.5】将指定数据写入文本文件 file_data.txt 中。

编写程序如下：

```c
#include<stdio.h>
#include<stdlib.h>
void main()
{   FILE *fp;
    int i=10,j=12;
    double m=1.5,n=2.345;
    char s[]="this is a string";
    char c='\n';
    if((fp = fopen("file_data.txt","w")) == NULL )
    {    printf("can not open the file\n");
         exit(0);
    }
    fprintf(fp,"%s%c",s,c);
    fprintf(fp,"%d %d\n",i,j);
    fprintf(fp,"%lf %lf\n",m,n);
    fclose(fp);
}
```

在程序运行后，打开 file_data.txt 文件，可以看到文件中保存的文本与程序中的数据一致，且格式与指定的格式相同，如图 13-6 所示。

【例 13.6】按照每行 5 个数，将 Fibonacci 数列的前 40 个数写入 file_data.txt 文件中。

图 13-6　文件中的数据

编写程序如下：

```
#include<stdio.h>
#include<stdlib.h>
void main()
{   FILE *fp;
    int f[40];
    int i;
    if( (fp = fopen("file_data.txt","w")) == NULL )
    {   printf("can not open the file\n");
        exit(0);
    }
    for(i=0;i<=39;i++)                  //求 Fibonacci 数列
    {   if(i==0||i==1)
            f[i]=1;
        else
            f[i]=f[i-2]+f[i-1];
    }
    for (i=0;i<=39;i++)                 //写入文件
    {   if ((i+1)%5==0)
            fprintf(fp,"%10d\n",f[i]);
        else
            fprintf(fp,"%10d",f[i]);
    }
    fclose(fp);
}
```

在程序运行后，打开 file_data.txt 文件，如图 13-7 所示。

图 13-7 文件中的数据

13.4.6 fscanf()函数

fscanf()函数可从指定文件中按指定格式读入数据，它与 scanf()函数作用相似。scanf()是从键盘输入，而 fscanf()是从文件读入。fscanf()函数的一般形式为：

```
fscanf(文件指针,格式字符串,输入表列);
```

【例 13.7】以指定格式读取例 13.5 中生成的文件 file_data.txt 中的数据，并输出到屏幕上。

编写程序如下：

```
#include<stdio.h>
#include<stdlib.h>
void main()
{   FILE *fp;
    int i,j;
    double m,n;
    char s1[100],s2[100],s3[100],s4[100];
    if((fp = fopen("file_data.txt","r")) == NULL )
    {   printf("can not open the file\n");
        exit(0);
    }
    fscanf(fp,"%s%s%s%s",s1,s2,s3,s4);      //读入 4 个单词
    fscanf(fp,"%d%d",&i,&j);                //读入 2 个整型数据
    fscanf(fp,"%lf%lf",&m,&n);              //读入 2 个 double 类型数据
    printf("%s %s %s %s\n",s1,s2,s3,s4);
    printf("%d %d\n",i,j);
    printf("%lf %lf\n",m,n);
    fclose(fp);
}
```

程序的运行结果如下。

```
this is a string
```

```
10 12
1.500000 2.345000
```

说明：

因为字符串"this is a string"以 3 个空格分开，而"%s"格式以"␣"空格作为分隔符，所以需要定义 4 个字符数组，分别通过"%s"格式读入一个单词。

13.4.7　fwrite()函数

fwrite()函数的作用是将指定长度的数据写入指定文件中。它的一般形式为：

```
fwrite(buffer,size,count,文件指针);
```

buffer 是数据块的指针，是一个写入数据的内存地址，size 是每个数据块的字节数，count 是要写入多少个 size 字节的数据块。fwrite()函数主要用于写入二进制文件，因此在打开文件时需要以"wb"方式打开。

如果有一个结构体类型为：

```
struct Book_Type
{   char name[10];              //书名
    int price;                  //价格
    char author[10];            //作者名
};
```

再定义一个此结构体类型的数组，数组中包含 2 个元素，每个元素用于存放一本书的信息（包括书名、价格和作者），此时可以借助 fwrite()函数将信息写入文件。

如果要将书的信息写入磁盘中，可以通过如下代码来实现：

```
for(i=0;i<2;i++)
    fwrite(&book[i],sizeof(struct Book_Type),1,fp);
```

说明：

（1）需要定义一个 Book_Type 结构体类型的数组，用来存放所有书的信息。

（2）fwrite()函数中的 size 应为 Book_Type 结构体类型占用的内存，可通过 sizeof()函数取得该值。

【例 13.8】通过键盘输入两本书的信息，并存储在文本文件 file_data.txt 中。

编写程序如下：

```
#include<stdio.h>
#include<stdlib.h>
void main()
{   struct Book_Type
    {     char name[10];            //书名
          int price;                //价格
          char author[10];          //作者名
    };
    FILE *fp;
    struct Book_Type book[2];
    int i;
    if((fp = fopen("file_data.txt","wb")) == NULL )
    {     printf("can not open the file\n");
          exit(0);
    }
    printf("input the book info: \n");
    for(i=0;i<2;i++)
    {     scanf("%s%d%s",book[i].name,&book[i].price,book[i].author);
          fwrite(&book[i],sizeof(struct Book_Type),1,fp);        //读入一条记录
    }
    fclose(fp);
}
```

在程序运行时输入两本书的信息，并保存在文件中，程序的运行结果如下。用记事本打开该文

件，如图 13-8 所示。因为它是以二进制方式保存的，所以记事本中的内容显示为乱码。

图 13-8　文件中的数据

```
input the book info:
book1 10 author1
book2 20 author2
```

13.4.8　fread()函数

fread()函数的作用是从指定文件中读入指定长度的数据块。它的一般形式为：

```
fread(buffer,size,count,文件指针);
```

buffer 是数据块的指针，是一个读入数据的内存地址，size 是每个数据块的字节数，count 是要读入多少个 size 的数据块。fread()函数主要用于读取二进制文件，因此在打开文件的时候需要以"rb"方式打开。例如：

```
fread(data,2,3,fp);
```

其中，data 是一个整型数组名，一个整型数据会占用 2 字节的内存空间。此函数调用的功能是从 fp 所指向的文件中读入 3 次（每次 2 字节）数据，并将之存储到整型数组 data 中。

【例 13.9】将例 13.8 中已经存有 book 信息的文件打开，读出信息并显示在屏幕上。

编写程序如下：

```
#include<stdio.h>
#include<stdlib.h>
void main()
{   struct Book_Type
    {    char name[10];            //书名
         int price;                //价格
         char author[10];          //作者名
    };
    FILE *fp;
    struct Book_Type book[2];
    int i;
    if((fp = fopen("file_data.txt","rb")) == NULL )
    {    printf("can not open the file\n");
         exit(0);
    }
    printf("the book info: \n");
    for(i=0;i<2;i++)
         fread(&book[i],sizeof(struct Book_Type),1,fp);
    for(i=0;i<2;i++)
         printf("name=%s,price=%d,author=%s\n",book[i].name,book[i].price,book[i]
.author);
    fclose(fp);
}
```

程序的运行结果如下。

```
the book info:
name=book1,price=10,author=author1
name=book2,price=20,author=author2
```

13.4.9　rewind()函数

rewind()函数的作用是使位置指针重新返回指定文件的开头，它的一般形式为：

```
rewind(文件指针);
```

此函数没有返回值。在文件操作中会移动文件的位置指针，使用 rewind()函数可让位置指针回到文件头部。

【例 13.10】将指定字符串数据写入文本文件 file_data.txt 中，并将文件的位置指针重新定位到文件开头，读出文件中的第 1 个字符数据后显示在屏幕上。

编写程序如下：

```
#include<stdio.h>
#include<stdlib.h>
void main()
{   FILE *fp;
    char s[]="abcdefghijklmnopqrstuvwxyz";
    char c;
    if((fp = fopen("file_data.txt","w+")) == NULL )
    {    printf("can not open the file\n");
         exit(0);
    }
    fprintf(fp,"%s",s);              //向文件中写入字符串
    rewind(fp);                      //指针返回开始
    fscanf(fp,"%c",&c);              //读入一个字符
    printf("The first character is: %c\n",c);
    fclose(fp);
}
```

程序的运行结果如下。

```
The first character is: a
```

说明：

因为对 file_data.txt 既要进行读操作也要进行写操作，所以应该选择 w+方式打开文件。

13.4.10 fseek()函数

fseek()函数的作用是将文件的位置指针移到指定位置。它的一般形式为：

```
fseek(文件指针,位移量,起始点);
```

在文件操作中可能需要从文件中的某个位置开始进行读写，此时可以使用 fseek()函数将位置指针移动到指定位置，以实现随机读写操作。

其中，"位移量"是以"起始点"为基准移动的字节数（long）。"+"表示向后移动，"–"表示向前移动。起始点可以取 0、1、2 三个值，0 代表"文件开始"，1 代表"文件当前位置"，2 代表"文件末尾"，ANSI C 标准指定了标识符来表示这 3 个值，如表 13-3 所示。

表 13–3 位移量的表示

起始点	标识符	数字
文件开始	SEEK_SET	0
文件当前位置	SEEK_CUR	1
文件末尾	SEEK_END	2

例如：

```
fseek(fp,40L,0);       //将位置指针移动到文档开始后 40 字节的位置
fseek(fp,30L,1);       //将位置指针移动到当前位置后 30 字节的位置
fseek(fp,-20L,2);      //将位置指针移动到文档末尾前 20 字节的位置
```

【例 13.11】先将指定字符串数据写入文本文件 file_data.txt 中，再将文件位置指针定位到第 5 个字符之后，最后读出第 6 个字符并显示在屏幕上。

编写程序如下：

```
#include<stdio.h>
#include<stdlib.h>
```

```
void main()
{   FILE *fp;
    char s[]="abcdefghijklmnopqrstuvwxyz";
    char c;
    if((fp = fopen("file_data.txt","w+")) == NULL )
    {   printf("can not open the file\n");
        exit(0);
    }
    fprintf(fp,"%s",s);
    fseek(fp,5L,0);
    fscanf(fp,"%c",&c);
    printf("The first character is: %c\n",c);
    fclose(fp);
}
```
程序的运行结果如下。
```
The first character is: f
```

13.4.11 ftell()函数

ftell()函数的作用是返回位置指针的位置，给出当前位置指针相对于文件头的字节数，其返回值为 long 型。当函数调用出错时，函数返回-1L。它的一般形式为：
```
ftell(文件指针);
```
【例 13.12】求出文件中包含的字节数。

分析：先将文件的位置指针移到文件末尾，再通过返回位置指针的位置来取得文件的字节数。

编写程序如下：
```
#include<stdio.h>
#include<stdlib.h>
void main()
{   FILE *fp;
    long l;
    if((fp = fopen("file_data.txt","r")) == NULL )
    {   printf("can not open the file\n");
        exit(0);
    }
    fseek(fp,0L,SEEK_END);        //将文件的位置指针移到文件末尾
    l=ftell(fp);                  //返回位置指针的位置
    fclose(fp);
    printf("the length of file is %ld\n",l);
}
```
file_data.txt 文件中存放的文字是“This is test”，共 12 个字符，程序的运行结果如下。
```
the length of file is 12
```

13.4.12 feof()函数

feof()函数的作用是判断文件指针是否在文件末尾，如果在文件末尾，则返回非 0，否则返回 0。它的一般形式为：
```
feof(文件指针);
```
【例 13.13】判断文件指针是否在文本文件 file_data.txt 的末尾，并给出相应提示。

编写程序如下：
```
#include<stdio.h>
#include<stdlib.h>
void main()
{   FILE *fp;
    char ch;
    if((fp = fopen("file_data.txt","r")) == NULL )
    {   printf("can not open the file\n");
```

```
        exit(0);
    }
    do
    {   ch=fgetc(fp);
        putchar(ch);
    }while (!feof(fp));                                    //判断是否到达文件末尾
    if(feof(fp)) printf("\nWe have reached end-of-file\n");//判断是否到达文件末尾
    fclose(fp);
}
```

file_data.txt 文件中存放的文字是"This is a test!That is a program!"，程序的运行结果如下。

```
This is a test!That is a program!
We have reached end-of-file
```

13.4.13 ferror()函数

ferror()函数的作用是检查文件中是否有错误，如果有错，则返回非 0，否则返回 0。它的一般形式为：

```
ferror(文件指针);
```

【例 13.14】判断文本文件 file_data.txt 是否有错误，并给出相应提示。

编写程序如下：

```
#include<stdio.h>
#include<stdlib.h>
void main()
{   FILE *fp;
    if((fp = fopen("file_data.txt","r")) == NULL )
    {   printf("can not open the file\n");
        exit(0);
    }
    if(ferror(fp))
        printf("Error reading from file_data.txt\n");
    else
        printf("There is no error\n");
    fclose(fp);
}
```

程序的运行结果如下。

```
There is no error
```

习题

一、选择题

（1）在 C 语言中，下面对文件的叙述正确的是（　　　）。

    A．用"r"方式打开的文件只能向文件写数据

    B．用"r"方式也可以打开文件

    C．用"w"方式打开的文件只能用于向文件写数据，且该文件可以不存在

    D．用"a"方式可以打开不存在的文件

（2）当操作文件出错时，可以通过（　　　）语句退出程序。

    A．return   B．exit(0)   C．quit   D．break

（3）若执行 fopen()函数时发生错误，则函数的返回值是（　　　）。

    A．地址值   B．0   C．1   D．EOF

（4）当顺利执行了文件关闭操作时，fclose()函数的返回值是（　　　）。

    A．-1   B．TRUE   C．1   D．0

（5）若以 "a+" 方式打开一个已存在的文件，则以下叙述正确的是（　　　）。

　　A. 文件打开时，原有文件内容不被删除，可在文件末尾做添加操作

　　B. 文件打开时，原有文件内容被删除，可在文件开头做写操作

　　C. 文件打开时，原有文件内容被删除，只可做写操作

　　D. 以上说法都不对

（6）如果需要打开一个已经存在的非空文件 "FILE" 并进行修改，正确的语句是（　　　）。

　　A. fp=fopen("FILE","r");　　　　　　　　B. fp=fopen("FILE","a+");

　　C. fp=fopen("FILE","w+");　　　　　　　D. fp=fopen("FILE","r+");

（7）在 C 语言中，系统自动定义了 3 个文件指针 stdin、stdout 和 stderr，分别指向终端输入、终端输出和标准出错输出，则函数 fputc(ch,stdout) 的功能是（　　　）。

　　A. 从键盘输入一个字符给字符变量 ch　　B. 在屏幕上输出字符变量 ch 的值

　　C. 将字符变量的值写入文件 stdout 中　　D. 将字符变量 ch 的值赋给 stdout

（8）fgetc() 函数的作用是从指定文件读入一个字符，该文件的打开方式必须是（　　　）。

　　A. 只写　　　　　B. 追加　　　　　C. 读或读写　　　　D. 追加、读或读写

（9）fgets(str,n,fp) 函数可从文件中读入一个字符串，以下错误的叙述是（　　　）。

　　A. 字符串读入后会自动加上 '\0'

　　B. fp 是指向该文件的文件型指针

　　C. fgets() 函数从文件中最多读入 n 个字符

　　D. fgets() 函数从文件中最多读入 n-1 个字符

（10）有如下程序：

```
int a=7;
FILE *fp;
fp=fopen("f1.txt","w");
fprintf(fp,"%d",a);
fclose(fp);
```

若文本文件 f1.txt 中原有内容为 5，则运行以上程序后文件 f1.txt 中的内容为（　　　）。

　　A. 57　　　　　　B. 5　　　　　　　C. 7　　　　　　　D. 5 7

（11）fscanf() 函数的正确调用形式是（　　　）。

　　A. fscanf(格式字符串,输出表列)

　　B. fscanf(格式字符串,输出表列,fp)

　　C. fscanf(格式字符串,文件指针,输出表列)

　　D. fscanf(文件指针,格式字符串,输入表列)

（12）利用 fwrite (buffer, sizeof(Student),3, fp) 函数描述不正确的是（　　　）。

　　A. 将 3 个学生的数据块按二进制形式写入文件

　　B. 将由 buffer 指定的数据缓冲区内的 3* sizeof(Student) 字节的数据写入指定文件

　　C. 返回实际输出数据块的个数，若返回 0 值则表示输出结束或发生了错误

　　D. 若由 fp 指定的文件不存在，则返回 0 值

（13）已知函数的调用形式：fread(buffer,size,count,fp)，其中 buffer 代表的是（　　　）。

　　A. 一个整型变量，代表要读入的数据项总数

　　B. 一个文件指针，指向要读的文件

　　C. 指向输入数据存放在内存中的起始位置的指针

　　D. 一个存储区，存放要读的数据项

（14）利用 fread (buffer,size,count,fp) 函数可实现的操作是（　　　）。

　　A. 从 fp 指向的文件中，将 count 字节的数据读到由 buffer 指出的数据区中

B. 从 fp 指向的文件中，将 size*count 字节的数据读到由 buffer 指出的数据区中

C. 以二进制形式读取文件中的数据，返回值是实际从文件读取数据块的个数 count

D. 若文件操作出现异常，则返回实际从文件读取数据块的个数

（15）函数 rewind(fp)的作用是（　　　）。

A. 使 fp 指定的文件的位置指针重新定位到文件的开始位置

B. 将 fp 指定的文件的位置指针指向文件中所要求的特定位置

C. 将 fp 指定的文件的位置指针指向文件的末尾

D. 使 fp 指定的文件的位置指针自动移至下一个字符位置

（16）利用 fseek()函数可以实现的操作是（　　　）。

A. 改变文件的位置指针　　　　　　　　B. 文件顺序读写

C. 文件随机读写　　　　　　　　　　　D. 以上说法均正确

（17）ftell()函数调用出错时，函数会返回（　　　）。

A. 0　　　　　　　B. False　　　　　　C. −1　　　　　　D. EOF

（18）当文件指针变量 fp 已指向文件结尾，则函数 feof(fp)的值是（　　　）。

A. T　　　　　　　B. F　　　　　　　　C. 0　　　　　　　D. 1

（19）检查由 fp 指定的文件在读写时是否出错的函数是（　　　）。

A. feof()　　　　　B. ferror()　　　　　C. fclear()　　　　　D. fcheck()

（20）以下程序的主要功能是（　　　）。

```
FILE *fp;
float x[4]={-12.1,12.2,-12.3,12.4};
int i;
fp=fopen("data1.dat","wb");
for(i=0;i<4;i++)
    fwrite(&x[i],4,1,fp);
fclose(fp);
```

A. 创建空文档 data1.dat

B. 创建文本文件 data1.dat

C. 将数组 x 中的 4 个实数写入文件 data1.dat 中

D. 定义数组 x

二、编程题

1. 编写程序，从键盘输入 10 个整数，并存入文本文件 data.txt 中。

2. 编写程序，将第 1 题文本文件 data.txt 中的 10 个整数读出，并显示在屏幕上。

3. 编写程序，按照每行 10 个数，将 10 000 以内的所有素数写入 file_data.txt 文件中。

4. 一条学生记录包括学号、姓名和成绩等信息，按照以下要求编写程序。

（1）格式化输入多个学生记录。

（2）利用 fwrite()将学生信息按二进制的方式写到文件 student.dat 中。

（3）利用 fread()从文件中读出所有学生成绩，并求最大值和平均值。

（4）将文件中的成绩排序，并将排序好的成绩写入文本文件 score.txt 中。

5. 编写程序，从键盘输入一个字符串，先将其中的小写字母全部转换成大写字母，再写入 data.txt 文件中，最后将文件中的内容读出并显示在屏幕上。

6. 编写程序，将两个文本文件中的内容合并到一个文件中。

第 14 章　综合程序设计

前面已经介绍了 C 语言、算法设计、程序设计、程序调试。本章将通过几个具体的程序实例加强读者对程序设计的理解，了解如何使用 C 语言设计复杂程序。

14.1　排序算法比较

【例 14.1】编写程序，对 3 种经典的排序算法（冒泡排序、选择排序和插入排序）进行比较，观察各种排序算法的优缺点，包括排序过程中的比较次数、交换次数和排序时间，并实现以下 5 个功能。

（1）使用 3 种排序算法对 100 000 个通过随机函数生成的[0, 99]之间的数字进行排序。

（2）排序完毕给出相应的比较信息，其中包括比较次数、交换次数和排序时间等信息。

（3）将排序前生成的 100 000 个随机数存入文本文件中，并将该文件命名为 BeforeSort.txt。

（4）将不同排序方式排序后的数据存入相应的文件中。将冒泡法排序后的数字存入 PoPsort.txt 中，将选择法排序后的数字存入 SelectSort.txt 中，将插入法排序后的数字存入 InsertSort.txt 中。

（5）查看比较结果后，单击回车键退出程序。

分析：

① 每个排序算法均通过独立的函数实现。

② 在主函数中调用每个算法的函数。

③ 时间函数的用法可参考如下程序，使用时间函数需要引入头文件 time.h，函数 clock 可返回近似调用程序运行时间量的值，该值除以 CLOCKS_PER_SEC 后转换为秒数。返回值-1 表示无法取得时间。

```c
#include<stdio.h>
#include<time.h>
void main()
{   clock_t start;
    clock_t end;
    int t;
    long i;
    start=clock();                  //得到程序运行时的时间量的值
    for(i=0;i<=1000000000;i++);     //空循环，耗费时间
    end=clock();
```

```
            t=(end-start)/CLOCKS_PER_SEC;              //得到空循环运行的时间
            printf("%d",t);
    }
```

④ 冒泡排序的基本思想见例 7.7 的算法。

⑤ 选择排序的基本思想见例 7.8 的算法。

⑥ 插入排序的基本思想是：经过 i-1 遍处理后，1 到 i-1 的元素已排好序。第 i 遍处理仅将第 i 个元素插入 1 到 i-1 的适当位置，使得数组又是排好序的序列。要实现这个目的，可以使用顺序比较的方法。首先比较第 i 个元素和第 i-1 个元素，如果第 i-1 个元素小于等于第 i 个元素，则 1 到 i 个元素已排好序，第 i 遍处理就结束了；否则交换第 i 个元素与第 i-1 个元素的位置，继续比较第 i-1 个元素和第 i-2 个元素，直到找到某一个位置 j（1<=j<=i-1），使得第 j 个元素小于等于第 j+1 个元素为止。其算法如图 14-1 所示。

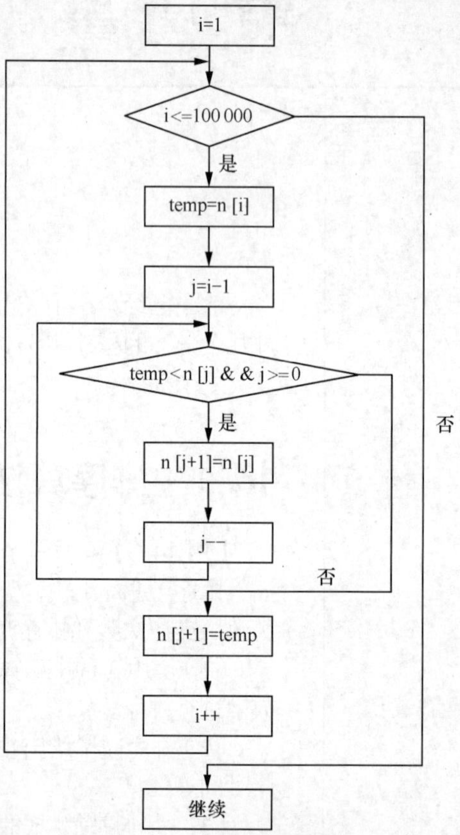

具体的程序如下。

```
#include<stdio.h>
#include<stdlib.h>
#include<time.h>
int num[100000];        //用于存放 100 000 个数字
void init(int *);       //init()函数声明
void SelectSort();
//SelectSort()函数声明，选择法排序
void InsertSort();
//InsertSort()函数声明，插入法排序
void PopSort();
//PopSort()函数声明，冒泡法排序
void main()
{   int i;
    srand( (unsigned)time( NULL ) );
    for( i=0; i<100000; i++ )          //随机生成 100000 个数，存入 num 数组中
        num[i]=rand()/1000;
    FILE *fp;
    fp=fopen("BeforeSort.txt","w+");
    for( i=0; i<100000; i++ )          //将排序前的数字写入 BeforeSort.txt 文件中
        fprintf(fp,"%d\n",num[i]);
    fclose(fp);
    printf("Result:\n\n");
    SelectSort();
    printf("\n=======================================\n");
    InsertSort();
    printf("\n=======================================\n");
    PopSort();
}
/*初始化数组
为了保证每次排序不会破坏 num 数组中元素的顺序，在每次排序前将 num 数组复制一份，
放入另一个数组，并对新数组排序，以保证 num 数组中的元素不被改变
*/
void init( int *a )
{   int i;
    for( i=0; i<100000; i++ )
        a[i]=num[i];
}
```

图 14-1　插入排序算法流程图

```
/*选择排序
排序前复制一份 num 数组放入 num2 数组中，并对 num2 数组排序
排序中统计排序时间、比较次数、交换次数
将排序后的结果写入 SelectSort.txt 文件中，并在屏幕上显示统计结果
*/
void SelectSort()
{   int num2[100000];
    int i,j;
    int iPos=0;
    int temp;
    clock_t start;
    clock_t end;
    long int compare=0;
    long int swap=0;
    init(num2);
    start=clock();                      //记录排序前的时间
    for( i=0; i<100000; i++ )           //进行选择排序
    {    iPos=i;
         for(j=i; j<100000; j++ )
         {   if(   num2[iPos]>num2[j] )
             {      iPos=j;
                    compare++;
             }
         }
         temp=num2[i];
         num2[i]=num2[iPos];
         num2[iPos]=temp;
         swap++;
    }
    end=clock();                        //记录排序后的时间
    FILE *fp;
    fp=fopen("SelectSort.txt","w+");
    for( i=0; i<100000; i++ )           //将排序后的结果输出到指定文件中
        fprintf(fp,"%d\n",num2[i]);
    fclose(fp);
    printf("Select Sort Spend %.2f seconds!\n",(double)(end-start)/1000);
    //输出排序花费的时间
    printf("Select Sort Compare %ld times!\n",compare);
    printf("Select Sort Swap %ld times!\n",swap);
}
/*插入排序
排序前复制一份 num 数组放入 num2 数组中，并对 num2 数组排序
排序中统计排序时间、比较次数、交换次数
将排序后的结果写入 InsertSort.txt 文件中，并在屏幕上显示统计结果
*/
void InsertSort()
{   int num2[100000];
    int i,j;
    int iPos=0;
    int temp;
    clock_t start;
    clock_t end;
    long double compare=0;
    long int swap=0;
    init(num2);
    start=clock();
    for( i=1; i<100000; i++ )                   //进行插入排序
    {    temp=num2[i];
         j=i-1;
```

```
          while( temp<num2[j] && j>=0 )
          {   num2[j+1]=num2[j];
              j--;
              compare++;
          }
          num2[j+1]=temp;
      }
      end=clock();
      FILE *fp;
      fp=fopen("InsertSort.txt","w+");
      for( i=0; i<100000; i++ )                    //将排序后的结果输出到指定文件中
          fprintf(fp,"%d\n",num2[i]);
      fclose(fp);
      printf("Insert Sort Spend %.2f seconds!\n",(double)(end-start)/1000);
      printf("Insert Sort Compare %.0lf times!\n",compare);
      printf("Insert Sort Swap %ld times!\n",swap);
  }
  /*冒泡排序
  排序前复制一份 num 数组放入 num2 数组中，并对 num2 数组排序
  排序中统计排序时间、比较次数、交换次数
  将排序后的结果写入 PopSort.txt 文件中，并在屏幕上显示统计结果
  */
  void PopSort()
  {   int num2[100000];
      int i,j;
      int iPos=0;
      int temp;
      clock_t start;
      clock_t end;
      long int compare=0;
      long double swap=0;
      init(num2);
      start=clock();
      for( i=0; i<100000; i++ )                //进行冒泡排序
      {      for( j=0; j<99999-i; j++ )
         { if( num2[j]>num2[j+1] )
            {    swap++;
                 temp=num2[j];
                 num2[j]=num2[j+1];
                 num2[j+1]=temp;
            }
            compare++;
            }
      }
      end=clock();
      FILE *fp;
      fp=fopen("PopSort.txt","w+");
      for( i=0; i<100000; i++ )                    //将排序后的结果输出到指定文件中
          fprintf(fp,"%d\n",num2[i]);
      fclose(fp);
      printf("Pop Sort Spend %.2f seconds!\n",(double)(end-start)/1000);
      printf("Pop Sort Compare %ld times!\n",compare);
      printf("Pop Sort Swap %.0lf times!\n",swap);
  }
```

程序的运行结果如下。

```
Result:
Select Sort Spend 28.44 seconds!
Select Sort Compare 309271 times!
Select Sort Swap 100000 times!
=====================================
```

```
Insert Sort Spend 30.67 seconds!
Insert Sort Compare 2423941976 times!
Insert Sort Swap 0 times!
====================================
Pop Sort Spend 76.08 seconds!
Pop Sort Compare 704982704 times!
Pop Sort Swap 2423941976 times!
```

14.2 个人通讯录

【例 14.2】编写个人通讯录管理系统，实现以下功能。

（1）管理系统提供操作的菜单功能。

（2）将通讯录信息存入文件中，并将文件命名为 PersonInfo.txt。

（3）通过管理系统能执行以下基本操作。

① 查看通讯录中的所有信息。

② 输入要查找的人名，在通讯录中查找，如果找到则显示相关信息。

③ 编辑某人的基本信息，并将该信息添加到通讯录中。

④ 查找要删除的人名是否存在，如果存在，就将其删除。

（4）人员基本信息包括姓名、性别、电话、生日和地址等基本信息。

（5）人员信息文件中每一行存放一个人员的信息。

（6）每个功能均可以通过独立的函数来实现。

（7）在 main()函数中，可调用各个函数来完成相应的功能。

（8）在键盘输入数据之前会有相应提示。

分析：

（1）当程序执行时读取的通讯录文件必须存在，否则会出错。

（2）通讯录文件中存放的通讯录信息需按行存放。

（3）通讯录信息需要存放于结构体中，同时还需要定义链表以存放所有从文件中读出的通讯录信息。

（4）程序执行的基本过程如下。

① 在所有操作之前，即加载操作菜单之前，先从文件中读取所有通讯录信息，并存入一个链表中。

② 所有操作都需要操作链表，即都要进行链表的查找、添加、修改、删除等操作。

③ 当退出系统时将当前链表中的所有元素按照每人一行的方式写回通讯录文件，此时注意选择文件的读写方式，将原有数据覆盖，只保留最新数据。

④ 当按行读取通讯录文件时，有可能最后一行只有一个回车符，此时读取的数据为空字符串。如果是空字符串，则说明已经没有数据了，且不能将读入的空字符串写入链表中。

编写程序如下：

```
#include<stdio.h>
#include<stdlib.h>
#include<string.h>
/*定义一个结构体用于存放通讯录中的个人信息，其中包括编号、姓名、性别、生日、电话、地址
*/
struct person
{   char name[20];
    char sex[3];
    char birthday[15];
```

```
        char telephone[20];
        char address[40];
    }per;
    /*定义一个结构体用于存放链表中的一个节点*/
    struct node
    {   struct person data;
        struct node *next;
    };
    struct node *head;
    struct node *curr;
    void ShowMainMenu();                    //ShowMainMenu()函数声明，显示主菜单
    void ViewAPersonInfo();                 //ViewAPersonInfo()函数声明，查看通讯录中的个人信息
    void ViewAllPersonInfo();               //ViewAllPersonInfo()函数声明，查看通讯录中所有人的信息
    void AddAPersonInfo();                  //AddAPersonInfo()函数声明，添加一条通讯录信息
    void DelAPersonInfo();                  //DelAPersonInfo()函数声明，删除一条通讯录信息
    void ModifyAPersonInfo();               //ModifyAPersonInfo()函数声明，修改一条通讯录信息
    void Exit();                            //Exit()函数声明，退出程序
    void LoadAllPerson();                   //LoadAllPerson()函数声明，加载通讯录数据
    int ShowInputAPerson();                 //ShowInputAPerson()函数声明，添加用户信息时显示输入提示
    int ShowDeleteAPerson();                //ShowDeleteAPerson()函数声明,判断是否结束用户信息的输入
    int ShowModifyAPerson();                //ShowModifyAPerson()函数声明,判断是否结束用户信息的输入
    int FindPerson( char* name );           //FindPerson()函数声明，查看某人信息是否存在
    void main()
    { int choice;
      LoadAllPerson();                      //从文件中将用户信息读出并存放于链表中
      while(1)
        {   ShowMainMenu();                 //显示主菜单
            scanf("%d",&choice);
            switch(choice)
            {   case 1:ViewAllPersonInfo();break;
                case 2:ViewAPersonInfo();break;
                case 3:AddAPersonInfo();break;
                case 4:DelAPersonInfo();break;
                case 5:ModifyAPersonInfo();break;
                case 6:Exit();break;
                default:printf("Please input right number!\n");break;
            }
        }
    }
    /*加载通讯录数据，将文件中的通讯录信息读入链表中*/
    void LoadAllPerson()
    {   FILE *fp;
        struct node *pointer;
        head=NULL;
        fp=fopen("PersonInfo.txt","r");
        while( !feof(fp) )              //将文件中信息读入链表
    { fscanf(fp,"%s%s%s%s%s",per.name,per.sex,per.birthday,per.telephone,per.address);
            if( head==NULL )
            {   head=(struct node*)malloc(sizeof(struct node));
                head->data=per;
                head->next=NULL;
                curr=head;
            }
            else
            {   pointer=(struct node*)malloc(sizeof(struct node));
                pointer->data=per;
                pointer->next=NULL;
```

```
                curr->next=pointer;
                curr=pointer;
            }
        }
        fclose(fp);
}
/*退出程序，同时将链表中的信息写入文件中*/
void Exit()
{   FILE *fp;
    fp=fopen("PersonInfo.txt","w");
    curr=head;
    while( curr!=NULL )               //将链表中的信息重新写入文件
    {
fprintf(fp,"%s%ss%s%s\n",curr->data.name,curr->data.sex, curr->data. birthday,
    curr->data. telephone,curr->data.address);
        curr=curr->next;
    }
    fclose(fp);
    printf("\nThank you for using this system!\n");
    printf("Press enter to exit...\n");
    getchar();
    exit(0);
}
/*显示主菜单*/
void ShowMainMenu()
{   printf("=====Welcome to Person Management System!=====\n");
    printf("1.View All Person Information\n");
    printf("2.View A Person Information\n");
    printf("3.Add Person Information\n");
    printf("4.Delete Person Information\n");
    printf("5.Modify Person Information\n");
    printf("6.Exit\n");
    printf("===================================\n");
    printf("Please Select:");
}
/*查看通讯录中某人信息的功能*/
void ViewAPersonInfo()
{   char input[10];
    int flag;
    while(1)
    {   printf("Please input person name(input $ to return):");
        scanf("%s",input);
        if (strcmp(input,"$") == 0)           //输入"$"符号则返回
            break;
        else
        {   curr=head;
            flag=0;
            while( curr!=NULL )               //依次查找链表中的元素，判断信息是否存在
            {   if( strcmp(input,curr->data.name)==0 )
                {   flag=1;
                    printf("Find a person\n");
                    printf("%s %s %s %s %s\n\n", curr->data.name, curr->data.sex,
curr->data.birthday, curr->data.telephone,curr->data.address);
                }
                curr=curr->next;
            }
            if( flag==0 )                     //如果不存在则提示未找到
                printf("Not found!\n\n");
        }
    }
```

```
    }
/*查看通讯录中所有人的信息*/
void ViewAllPersonInfo()
{   int count=1;
    int flag=0;
    if( head==NULL )
        printf("\nThere is no person!\n");
    else
    {   curr=head;
        printf("\nName Sex Birthday Telephone Address\n");
        while( curr!=NULL )                    //依次将链表中的所有信息显示出来
        {   printf("%-10s",curr->data.name);
            printf("%-10s",curr->data.sex);
            printf("%-15s",curr->data.birthday);
            printf("%-15s",curr->data.telephone);
            printf("%-15s\n",curr->data.address);
            curr=curr->next;
        }
    }
    printf("\n");
}
/*添加一个新的通讯录信息*/
void AddAPersonInfo()
{   if( ShowInputAPerson()==1 )                //输入要添加的通讯录信息
    {   struct node *pointer;
        pointer=(struct node*)malloc(sizeof(struct node));
        pointer->data=per;
        pointer->next=NULL;
        if( curr==NULL )
        {   pointer->next=head;
            head=pointer;
        }
        else
        {   while(curr->next!=NULL)            //将新信息添加到链表末尾
                curr=curr->next;
            curr->next=pointer;
        }
        printf("Insert success!\n");
    }
}
/*添加用户信息时显示输入提示*/
int ShowInputAPerson()
{   printf("Please input person's name(input $ to return):");
    scanf("%s",per.name);
    if( strcmp(per.name,"$")!=0 )         //输入 "$" 符号则返回
    {   printf("Please input person's sex:");
        scanf("%s",per.sex);
        printf("Please input person's birthday:");
        scanf("%s",per.birthday);
        printf("Please input person's telephone:");
        scanf("%s",per.telephone);
        printf("Please input person's address:");
        scanf("%s",per.address);
        return 1;
    }
    else
        return 0;
}
/*删除一个通讯录信息*/
void DelAPersonInfo()
```

```
{  if( ShowDeleteAPerson()==1 )
   {   if( !FindPerson(per.name) )              //查看要删除的信息是否存在
       {    printf("The person is not exist!\n");
            DelAPersonInfo();
       }
       else
       {   curr=head;
           while(1)
           {   if( curr==NULL )
               {    printf("There is no person!\n");
                    break;
               }
               if( strcmp(per.name,curr->data.name)==0 )
               {    head=curr->next;
                    free(curr);
                    printf("Delete success!\n");
                    break;
               }
               struct node *back;
               back=(struct node*)malloc(sizeof(struct node));
               back=curr;
               curr=curr->next;
               if( strcmp(per.name,curr->data.name)==0 )
               {   back->next=curr->next;
                   free(curr);
                   printf("Delete success!\n");
                   break;
               }
           }
       }
   }
}
/*判断是否结束用户信息的输入*/
int ShowDeleteAPerson()
{   printf("Please input person's name(input $ to return):");
    scanf("%s",per.name);
    if( strcmp(per.name,"$")!=0 )                  //输入 "$" 符号则返回
        return 1;
    else
        return 0;
}
/*修改一个通讯录中某人的信息*/
void ModifyAPersonInfo()
{  if( ShowModifyAPerson()==1 )
   {   if( !FindPerson(per.name) )                 //查看要修改的信息是否存在
       {   printf("The person is not exist!\n");
           ModifyAPersonInfo();
       }
       else
       {   printf("Please input person's sex:");     //输入新的信息
           scanf("%s",per.sex);
           printf("Please input person's birthday:");
           scanf("%s",per.birthday);
           printf("Please input person's telephone:");
           scanf("%s",per.telephone);
           printf("Please input person's address:");
           scanf("%s",per.address);
           curr=head;
           while(1)                                  //替换链表中的原有信息
           {   if( curr==NULL )
```

```
                    {     printf("There is no person!\n");
                          break;
                    }
                    if( strcmp(per.name,curr->data.name)==0 )
                    {   curr->data=per;
                        printf("Modify success!\n");
                        break;
                    }
                    curr=curr->next;
                }
            }
        }
    }
}
/*判断是否结束用户信息的输入*/
int ShowModifyAPerson()
{   printf("Please input person's name(input $ to return):");
    scanf("%s",per.name);
    if( strcmp(per.name,"$")!=0 )
        return 1;
    else
        return 0;
}
/*查看某人信息是否存在*/
int FindPerson( char* name )
{   curr=head;
    while( curr!=NULL )
    {   if( strcmp(name,curr->data.name)==0 )
        {     return 1;
        }
        curr=curr->next;
    }
    return 0;
}
```

说明：

（1）程序在运行时，主菜单显示如下。

```
====Welcome to Person Management System !====
1.View All Person Information
2.View A Person Information
3.Add Person Information
4.Delete Person Information
5.Modify Person Information
6.Exit
==============================
Please select:
```

（2）增加一条新记录的界面如下。

```
==============================
Please Select:3
Please input person's name(input $ to return ):宁雨晨
Please input person's sex:男
Please input person's birthday:20050408
Please input person's telephone:02260274460
Please input person's address:天津市河西区
Insert success!
```

（3）显示所有记录的界面如下。

```
==============================
Please Select:1
Name      Sex        Birthday        Telephone        Address
宁雨晨     男          20050408        02260274460      天津市河西区
```

```
宁爱军      男          19730910      02260274460       天津市河西区
=====Welcome to Person Management System!=====
```

（4）显示一条记录的界面如下，输入"$"则结束查找。

```
==================================
Please Select:2
Please input person name (input $ to return):宁雨晨
Find a person
宁雨晨  男  20050408  02260274460      天津市河西区

Please input person name (input $ to return):$
=====Welcome to Person Management System!=====
```

习题

1. 设计一个学生管理系统，其功能包括：

（1）录入学生信息，并将信息保存在文件中；

（2）可以添加、删除、修改和查询学生信息。

2. 设计一个简单的泊车模拟系统。假定有 100 个车位，汽车停车时首先选择车位，并记录当前停车的时间，在离开时记录取车的时间，并根据停留时间计算费用。将停车的数据写入文件中，并可以读出、显示、查询和统计数据。

3. 设计一个查询并打印万年历的程序。要求实现以下功能：

（1）能够查询某年某月某日是星期几；

（2）能够打印某年某月的全月日历；

（3）能够打印某年的全年日历；

（4）在键盘输入数据之前有相应的提示。

附录 ANSI C 常用库函数

　　库函数是由编译程序提供用户使用的一组程序，每种 C 编译系统都提供了一批库函数，不同的编译系统所提供的库函数的数目和函数名及函数功能可能不相同。本附录提供一些常用的符合 ANSI C 标准的库函数，如果需要使用其他库函数，读者可以查阅有关手册。

　　（1）数学函数（math.h）

　　在使用数学函数之前，必须在源程序中使用命令"#include "math.h""，其中包含了头文件"math.h"。

函数名	函数与形参类型	功能	返回值
abs()	int abs(int x)	计算整数 x 的绝对值	计算结果
acos()	double acos(double x)	计算 $\cos^{-1}(x)$ 的值，$-1 \leqslant x \leqslant 1$	计算结果
asin()	double asin(double x)	计算 $\sin^{-1}(x)$ 的值，$-1 \leqslant x \leqslant 1$	计算结果
atan()	double atan(double x)	计算 $\tan^{-1}(x)$ 的值	计算结果
atan2()	double atan2(double x, double y)	计算 $\tan^{-1}(x/y)$ 的值	计算结果
cos()	double cos(double x)	计算 $\cos(x)$ 的值，x 的单位为弧度	计算结果
cosh()	double cosh(double x)	计算 x 的双曲余弦 $\cosh(x)$ 的值	计算结果
exp()	double exp(double x)	求 e^x 的值	计算结果
fabs()	double fabs(double x)	求 x 的绝对值	计算结果
floor()	double floor(double x)	求不大于 x 的最大整数	整数的双精度实数
fmod()	double fmod(double x, double y)	求整除 x/y 的余数	余数的双精度实数
frexp()	double frexp(double val, int *eptr)	把双精度实数 val 分解成数字部分（尾数 x）和以 2 为底的指数 n，即 $val = x*2^n$，n 放在 eptr 指向的变量中	数字部分 x $0.5 \leqslant x < 1$
log()	double log(double x)	求 $\log_e x$，即 lnx	计算结果
log10()	double log10(double x)	求 $\log_{10} x$	计算结果
modf()	double modf(double val, int *iptr)	把双精度实数 val 分解成数字部分和小数部分，把整数部分存放在 iptr 指向的变量中	val 的小数部分
pow()	double pow(double x, double y)	求 x^y 的值	计算结果
sin()	double sin(double x)	求 $\sin(x)$ 的值，x 的单位为弧度	计算结果
sinh()	double sinh(double x)	计算 x 的双曲正弦函数 $\sinh(x)$ 的值	计算结果
sqrt()	double sqrt (double x)	计算 $\sqrt{x}$ 的值，$x \geqslant 0$	计算结果
tan()	double tan(double x)	计算 $\tan(x)$ 的值，x 的单位为弧度	计算结果
tanh()	double tanh(double x)	计算 x 的双曲正切函数 $\tanh(x)$ 的值	计算结果

　　（2）字符处理函数（ctype.h）

　　在使用字符处理函数时，应该在源文件中使用命令"#include "ctype.h""，其中包含了头文件"ctype.h"。

函数名	函数和形参类型	功能	返回值
isalnum()	int isalnum(int ch)	检查 ch 是否为字母或数字	是则返回 1，否则返回 0
isalpha()	int isalpha(int ch)	检查 ch 是否为字母	是则返回 1，否则返回 0
iscntrl()	int iscntrl(int ch)	检查 ch 是否为控制字符（其 ASCII 值在 0 和 0xlF 之间）	是则返回 1；否则返回 0
isdigit()	int isdigit(int ch)	检查 ch 是否为数字	是则返回 1；否则返回 0
isgraph()	int isgraph(int ch)	检查 ch 是否为可打印字符（其 ASCII 值在 0x21 和 0x7e 之间），不包括空格	是则返回 1；否则返回 0
islower()	int islower(int ch)	检查 ch 是否为小写字母（a~z）	是则返回 1；否则返回 0
isprint()	int isprint(int ch)	检查 ch 是否为可打印字符（其 ASCII 值在 0x21 和 0x7e 之间），不包括空格	是则返回 1；否则返回 0
ispunct()	int ispunct(int ch)	检查 ch 是否为标点字符(不包括空格)，即除字母、数字和空格以外的所有可打印字符	是则返回 1；否则返回 0
isspace()	int isspace(int ch)	检查 ch 是否为空格、跳格符（制表符）或换行符	是则返回 1；否则返回 0
isupper()	int isupper (int ch)	检查 ch 是否为大写字母（A~Z）	是则返回 1；否则返回 0
isxdigit()	int isxdigit(int ch)	检查 ch 是否为一个 16 进制数字（即 0~9，或 A~F，a~f）	是则返回 1；否则返回 0
tolower()	int tolower(int ch)	将 ch 字符转换为小写字母	返回 ch 对应的小写字母
toupper()	int toupper (int ch)	将 ch 字符转换为大写字母	返回 ch 对应的大写字母

（3）字符串函数（string.h）

使用字符串函数时，应该在源文件中使用命令"#include "string.h""，其中包含了头文件"string.h"。

函数名	函数和形参类型	功能	返回值
memchr()	void *memchr(void *buf, char ch, unsigned int count)	在 buf 的前 count 个字符里搜索字符 ch 首次出现的位置指针	返回指向 buf 中 ch 第一次出现的位置指针；如没找到，则返回 NULL
memcmp()	int memcmp(void *buf1, void *buf2, unsigned int count)	按字典顺序比较由 buf1 和 buf2 指向的数组的前 count 个字符	buf1<buf2，为负数 buf1=buf2，返回 0 buf1>buf2，为正数
memcpy()	void *memcpy(void *to, void *from, unsigned int count)	将 from 指向的数组中的前 count 个字符复制到 to 指向的数组中 from 和 to 指向的数组不允许重叠	返回指向 to 的指针
memmove()	void * memmove (void *to, void *from, unsigned int count)	将 from 指向的数组中的前 count 个字符复制到 to 指向的数组中 from 和 to 指向的数组不允许重叠	返回指向 to 的指针
memset()	void *memset(void *buf, char ch, unsigned int count)	将字符 ch 复制到 buf 指向的数组的前 count 个字符中	返回 buf
strcat()	char *strcat(char *str1, char *str2)	把字符 str2 接到 str1 后面，取消原来 str1 最后面的串结束符'\0'	返回 str1
strchr()	char *strchr(char *str, int ch)	找出 str 指向的字符串中第一次出现字符 ch 的位置	返回指向该位置的指针，如没找到，则返回 NULL
strcmp()	int strcmp(char *str1, char *str2)	比较字符串 str1 和 str2	str1<str2，为负数 str1=str2，返回 0 str1>str2，为正数
strcpy()	char *strcpy(char *str1, char *str2)	把 str2 指向的字符串复制到 str1 中去	返回 str1
strlen()	unsigned int strlen(char *str)	统计字符串 str 中字符的个数（不包括终止符'\0'）	返回字符个数
strncat()	char *strncat(char *str1, char *str2, unsigned int count)	把 str2 指向的字符串中的 count 个字符连接在 str1 后面	返回 str1

续表

函数名	函数和形参类型	功能	返回值
strncmp()	int strncmp(char *str1, char *str2, unsigned int count)	比较字符串 str1 和 str2 中的前 count 个字符	str1<str2，为负数 str1=str2，返回 0 str1>str2，为正数
strncpy()	char *strncpy(char *str1, char *str2, unsigned int count)	把 str2 指向的字符串中前 count 个字符复制到 str1 中	返回 str1
strnset()	void * strnset (char *buf, char ch, unsigned int count)	将字符 ch 复制到 buf 指向的数组前 count 个字符中	返回 buf
strset()	void * strset (void *buf, char ch)	将 buf 所指向的字符串中的全部字符都变为字符 ch	返回 buf
strstr()	char *strstr(char *str1, char *str2)	寻找 str2 指向的字符串在 str1 指向的字符串中首次出现的位置	返回 str2 指向的字符串首次出现的地址。否则返回 NULL

（4）标准输入/输出函数（stdio.h）

在使用输入/输出函数时，应该在源文件中使用命令 "#include "stdio.h""，其中包含了头文件 "stdio.h"。

函数名	函数和形参类型	功能	返回值
clearerr()	void clearerr (FILE *fp)	清除文件指针错误指示器	无
fclose()	int fclose(FILE *fp)	关闭 fp 指向的文件，释放文件缓冲区	关闭成功返回 0，否则返回非 0
feof()	int feof(FILE *fp)	检查文件是否结束	文件结束返回非 0，否则返回 0
ferror()	int ferror(FILE *fp)	测试 fp 指向的文件是否有错误	无错返回 0；否则返回非 0
fflush()	int fflush(FILE *fp)	将 fp 指向的文件的全部控制信息和数据存盘	存盘正确返回 0；否则返回非 0
fgets()	char *fgets(char *buf, int n, FILE *fp)	从 fp 指向的文件中读取一个长度为（n-1）的字符串，并存入起始地址为 buf 的空间	返回地址 buf；若遇到文件结束或出错，则返回 EOF
fgetc()	int fgetc(FILE *fp)	从 fp 指向的文件中读取下一个字符	返回得到的字符；出错则返回 EOF
fopen()	FILE *fopen(char *filename, char *mode)	以 mode 指定的方式打开名为 filename 的文件	成功则返回文件指针；否则返回 0
fprintf()	int fprintf(FILE *fp, char *format, args, ...)	把 args 的值以 format 指定的格式输出到 fp 指向的文件中	实际输出的字符数
fputc()	int fputc(char ch, FILE *fp)	将字符 ch 输出到 fp 指向的文件中	成功则返回字符；出错则返回 EOF
fputs()	int fputs(char *str, FILE *fp)	将 str 指定的字符串输出到 fp 指向的文件中	成功则返回 0；出错返回 EOF
fread()	int fread(char *pt, unsigned int size, unsigned int n, FILE *fp)	从 fp 指向的文件中读取长度为 size 的 n 个数据，并保存到 pt 指向的内存区	返回所读的数据项个数，若文件结束或出错，则返回 0
fscanf()	int fscanf(FILE *fp, char *format, args, …)	从 fp 指向的文件中按给定的 format 格式将读入的数据送到 args 所指向的内存变量中（args 是地址表列）	返回输入的数据个数
fseek()	int fseek(FILE *fp, long offset, int base)	将 fp 指向文件的位置指针移到以 base 指出的位置为基准、以 offset 为位移量的位置	返回当前位置；否则，返回-1
ftell()	long ftell(FILE *fp)	返回 fp 指向文件中的读写位置	返回文件中的读写位置；否则返回 0
fwrite()	int fwrite(char *ptr, unsigned int size, unsigned int n, FILE *fp)	把 ptr 所指向的 n*size 字节输出到 fp 指向的文件中	写到 fp 文件中的数据项的个数
getc()	int getc(FILE *fp)	从 fp 指向的文件中读出下一个字符	返回读出的字符；若文件出错或结束返回 EOF
getchar()	int getchar ()	从标准输入设备中读取下一个字符	返回字符；若出错则返回-1
gets()	char *gets(char *str)	从标准输入设备中读取字符串存入 str 指向的数组	成功返回 str,否则返回 NULL

函数名	函数和形参类型	功能	返回值
printf()	int printf(char *format, args, …)	以 format 字符串格式，将输出列表 args 输出到标准设备	输出字符的个数；若出错返回负数
putc()	int putc(int ch, FILE *fp)	把一个字符 ch 输出到 fp 指向的文件中	输出字符 ch；若出错返回 EOF
putchar()	int putchar(char ch)	把字符 ch 输出到标准输出设备	返回换行符；若失败返回 EOF
puts()	int puts(char *str)	把 str 指向的字符串输出到标准输出设备；将'\0'转换为回车符	返回换行符；若失败返回 EOF
remove()	int remove(char *fname)	删除以 fname 为文件名的文件	成功返回 0；出错返回-1
rename()	int rename(char *oname, char *nname)	把 oname 所指的文件名改为由 nname 所指的文件名	成功返回 0；出错返回-1
rewind()	void rewind(FILE *fp)	将 fp 指向文件的指针置于文件头，并清除文件结束标志和错误标志	无
scanf()	int scanf(char *format, args, …)	从标准输入设备按 format 格式字符串的格式，输入数据给 args 所指示的单元	读入并赋给 args 数据个数

（5）动态存储分配函数（stdlib.h）

在使用动态存储分配函数时，应该在源文件中使用命令"#include "stdlib.h""，其中包含了头文件"stdlib.h"。

函数名	函数和形参类型	功能	返回值
calloc()	void *calloc(unsigned int n, unsigned int size)	分配 n 个长度为 size 的数据项的连续内存空间	所分配内存单元的地址。如失败则返回 0
free()	void free(void *p)	释放 p 所指内存区	无
malloc()	void *malloc(unsigned int size)	分配 size 字节的内存区	所分配的内存地址，如失败则返回 0
realloc()	void *realloc(void *p, unsigned int size)	将 p 指向已分配的内存区的大小改为 size。size 可以比原来分配的空间大或小	返回指向该内存区的指针。若重新分配失败，返回 NULL

（6）其他函数

其他函数是 C 语言的标准库函数，由于不便归入某一类，所以单独将之列出。使用这些函数时，应该在源文件中使用命令"#include "stdlib.h""，其中包含了头文件"stdlib.h"。

函数名	函数和形参类型	功能	返回值
atof()	double atof(char *str)	将 str 指向的字符串转换为 double 型的值	返回转换结果
atoi()	int atoi(char *str)	将 str 指向的字符串转换为 int 型的值	返回转换结果
atol()	long atol(char *str)	将 str 指向的字符串转换为 long 型的值	返回转换结果
exit()	void exit(int status)	终止程序运行。将 status 的值返回调用的过程	无
itoa()	char *itoa(int n, char *str, int radix)	将整数 n 的值按照 radix 进制转换为等价字符串，并将结果存入 str 指向的字符串中	返回指向 str 的指针
labs()	long labs(long num)	计算长整数 num 的绝对值	返回计算结果
ltoa()	char *ltoa(long int n, char *str, int radix)	将长整数 n 的值按照 radix 进制转换为等价字符串，并将结果存入 str 指向的字符串	返回指向 str 的指针
rand()	int rand()	产生 0 到 RAND_MAX 之间的伪随机数。RAND_MAX 在头文件中定义	返回一个伪随机(整)数
strtod()	double strtod(char *start, char **end)	将 start 指向的数字字符串转换成 double，直到出现不能转换为实型的字符为止，剩余的字符串符给指针 end	返回转换结果。若为转换成功则返回 0
strtol()	long strtol(char *start, char **end, int radix)	将 start 指向的数字字符串转换成 long，直到出现不能转换为长整型数的字符为止，剩余的字符串赋给指针 end。转换时，数字的进制由 radix 确定	返回转换结果。若转换成功则返回 0
system()	int system(char *str)	将 str 指向的字符串作为命令传递给 DOS 的命令处理器	返回所执行命令的退出状态

参考文献

[1] 中国高等院校计算机基础教育改革课题研究组. 中国高等院校计算机基础教育课程体系 2014[M]. 北京：清华大学出版社，2014.

[2] 教育部高等学校计算机基础课程教学指导委员会. 大学计算机基础课程教学基本要求[M]. 北京：高等教育出版社，2016.

[3] 宁爱军. 以能力为目标的程序设计教学[J]. 首届"大学计算机基础课程报告论坛"专题报告论文集. 北京：高等教育出版社，2005.

[4] 宁爱军，熊聪聪. 以能力培养为重点的程序设计课程教学[J]. 全国高等院校计算机基础教育研究会 2006 年会学术论文集. 北京：清华大学出版社，2006.

[5] 宁爱军，赵奇，窦若菲，等. Visual Basic 程序设计教程 [M]. 北京：人民邮电出版社，2009.

[6] 宁爱军，张艳华. C 语言程序设计[M]. 2 版. 北京：人民邮电出版社，2016.

[7] 谭浩强. C 语言程序设计[M]. 3 版. 北京：清华大学出版社，2005.

[8] Samuel P. Harbison III, Guy L. Steele Jr. C 语言参考手册[M]. 5 版. 北京：人民邮电出版社，2007.

[9] 何钦铭，颜晖. C 语言程序设计[M]. 北京：高等教育出版社，2008.

[10] 龚沛曾，杨志强. C/C++语言程序设计教程[M]. 北京：高等教育出版社，2004.